应用微生物学实验
分级训练教程

张一婷　主编　　孙颖　副主编

化学工业出版社

·北京·

内容简介

本书从不同学科对微生物学实验技能应用的实际需求出发，设计了从基础实验到综合实验再到拓展实验逐级递进的分级训练模式。本书包括 11 个基础实验任务，重点培养学生规范操作、无菌操作的意识；13 个综合实验项目，从各行业实际岗位需求出发，培养学生系统性、批判性逻辑思维方式，提高交流与合作能力，锻炼分析解决实际问题的能力；7 个具有代表性的拓展实验任务，在基础实验和综合实验的基础上，侧重相关领域前沿知识，旨在提高学生的研究和创新能力，进一步培养学生的科学精神、理论联系实际的辩证思维和解决实际问题的能力。

本书可作为高等院校环境微生物学、食品微生物学、农业微生物学、微生物生态学等相关专业的理论与实验教材。

图书在版编目（CIP）数据

应用微生物学实验分级训练教程/张一婷主编；孙颖副主编. —北京：化学工业出版社，2023.9
ISBN 978-7-122-43603-0

Ⅰ.①应… Ⅱ.①张…②孙… Ⅲ.①微生物学-应用-实验-教材 Ⅳ.①Q939.9-33

中国国家版本馆 CIP 数据核字（2023）第 102255 号

责任编辑：高　宁　仇志刚　　　　　装帧设计：关　飞
责任校对：李雨晴

出版发行：化学工业出版社
　　　　　（北京市东城区青年湖南街 13 号　邮政编码 100011）
印　　装：三河市延风印装有限公司
710mm×1000mm　1/16　印张 18½　字数 352 千字
2023 年 9 月北京第 1 版第 1 次印刷

购书咨询：010-64518888　　　售后服务：010-64518899
网　　址：http://www.cip.com.cn

定　　价：59.80 元

前 言

应用微生物学实验是微生物学理论和实验技能在环境科学与工程、生态学、食品科学与工程等多学科领域的具体应用，反映了多学科交叉融合，更能突出微生物学实验技能在不同行业的综合应用。根据认知规律，依托现代教育技术，实验技能从基础到综合再到拓展的分级训练，更有利于学生对理论知识和实验操作技能的全面掌握。

本教程以 OBE 教育理念❶为指导思想，从学生的角度出发，从不同学科对微生物学实验技能应用的实际需求出发，通过从基础实验到综合实验再到拓展实验逐级递进的分级训练模式，辅助教师在授课过程中思政元素的融入，实现对学生"知识、能力、素养"三位一体的培养目标。本教程重在综合实验技能的训练，力求满足"新工科"背景下应用型人才培养的需要，可作为应用型本科高校师生的教材或参考书使用，也可为从事微生物工作的有关企、事业人员提供参考。本教程附有电子资源，可扫描书后二维码回复书名获取。

为了实现分级训练的目标，教程编写中编者重新解构和筛选了原有课程中碎片化无关联的实验项目，选择了 11 个基础实验任务，学生可通过基础实验训练，重点培养规范操作、无菌操作的意识。在综合实验阶段，从实际岗位需求出发，以不同行业实际工作中 13 个微生物学实验具体项目为切入点，培养学生系统性、批判性逻辑思维方式，提高交流与合作能力，锻炼分析解决实际问题的能力，学生在经过训练后更容易将所学知识以完整项目呈现出来，并用于处理实际问题。在此基础上，拓展实验的训练则侧重相关领域前沿知识，选择 7 个具有代表性的拓展实验项目，旨在提高学生的研究和创新能力，进一步培养学生的科学精神、理论联系实际的辩证思维和解决实际问题的能力。

本教程编写人员多年从事环境微生物学、食品微生物学、农业微生物学、微生物生态学等与微生物学相关的理论与实验教学，具有丰富的教学工作经验。本教程基础实验由张一婷、孙颖编写；综合实验中项目一、二、三由张一婷、孙颖编写，项目四、九、十二由晋利编写，项目五由谭海霞编写，项目六、十、十一由郝英君编写、项目七、八由王华编写，项目十三由梁雅洁编写；拓展实验主要由梁雅洁编写，青岛农业大学王致鹏教授参与了海洋微生物相关内容的编写。本教程的编写得到了青岛海德城生物有限公司的宝贵建议和大力支持，使得编写工作得以顺利完成，在此一并表示感谢。

由于编者水平有限以及经验不足，书中难免有不足之处，敬请广大读者谅解并批评指正。

编者

2023 年 5 月

---

❶ OBE（outcome based education）教育理念，又称成果导向教育、能力导向教育、目标导向教育或需求导向教育。

目录

绪　论

一、微生物实验室安全教育

1. 生物安全概念

生物安全的概念有狭义和广义之分。狭义的生物安全是指防范现代生物技术的开发和应用所产生的负面影响，即对生物多样性、生态环境及人体健康可能造成的风险。广义的生物安全还包括重大突发传染病、动植物疫情、外来生物入侵、生物遗传资源和人类遗传资源的流失、实验室生物安全、微生物耐药性、生物恐怖袭击、生物武器威胁等。生物类实验室需要进行安全管理，这不仅关系到实验室人员的健康安全，还关系到公众安全、环境安全以及社会稳定。

2. 生物安全实验室及分级

生物安全实验室，是通过防护屏障和管理措施，能够避免或控制被操作的有害生物因子危害，达到生物安全要求的生物实验室和动物实验室。依据实验室所处理对象的生物危险程度，把生物安全实验室分为四级，其中一级对生物安全隔离的要求最低，四级最高。生物安全实验室的分级见表0-1。

表 0-1　生物安全实验室的分级

实验室分级	处理对象
一级	对人体、动植物或环境危害较低，不具有对健康成人、动植物致病的致病因子
二级	对人体、动植物或环境具有中等危害或具有潜在危险的致病因子，对健康成人、动物和环境不会造成严重危害，有有效的预防和治疗措施
三级	对人体、动植物或环境具有高度危险性，主要通过气溶胶使人传染上严重的甚至是致命疾病，或对动植物和环境具有高度危害的致病因子，通常有预防治疗措施
四级	对人体、动植物或环境具有高度危险性，通过气溶胶途径传播或传播途径不明，或未知的、危险的致病因子，没有预防治疗措施

3. 微生物实验室安全

根据生物安全分级标准，《实验室　生物安全通用要求》（GB 19489—2008）规定了对不同生物安全防护级别实验室的设施、设备和安全管理的基本要求。微生物实验中要注重生物安全，一方面要注意自己身体健康，实验前要明确使用菌种的生物安全等级，根据其等级选择相应的实验条件及采取适当的防护措施；另一方面要避免操作不当导致污染，避免各类病原微生物在环境中传播。

用于教学的普通微生物实验室属于一级基础实验室，对人体、动植物或环境危害较低，不具有对健康成人、动植物致病的因子，无须对使用者、管理者进行特殊的防护与规避，实验室人员需经过相关培训，在开放实验台上依循微生物学操作技术规范（GMT）进行相关实验。在一般情况下，被污染的材料都留在开放分类废弃物容器中。实验完成后需采用日常生活对于微生物的预防措施（如用抗菌肥皂洗手、用消毒剂擦拭实验台面等）。使用的微生物材料都必须经过高压灭菌消毒处理。

二、微生物实验室常用仪器与设备

微生物相关实验须具备的仪器与设备包括：生物显微镜、超净工作台、高压灭菌锅、培养箱、恒温摇床、低温冰箱、恒温干燥箱、恒温水浴锅、菌落计数器、离心机、微生物均质器、天平、移液器、生物安全柜、纯水装置、微波炉/电炉、分光光度计、pH 计、液氮罐等，具体见表 0-2。

表 0-2 微生物实验室常用仪器与设备及其功能

序号	名称	功能
1	生物显微镜	由于微生物体积较小，所以在观察时需要借助生物显微镜。生物显微镜用于微生物和微小物品结构、形态等的观察
2	超净工作台	微生物在特定培养基中进行无菌培养，需要超净工作台提供一个无菌的工作环境
3	高压灭菌锅	微生物学所用到的大部分实验物品、试剂、培养基应严格消毒灭菌。灭菌锅也有不同大小型号，有些是手动的，有些是全自动的，根据需要选配
4	培养箱	培养箱有多种类型，它的作用在于为微生物的生长提供一个适宜的环境。生化培养箱只能控制温度，可作为一般细菌的平板培养；霉菌培养箱可以控制温度和湿度，可作为霉菌的培养；CO_2 培养箱适用于厌氧微生物的培养
5	恒温摇床	摇床是实验室常用的一种仪器，在微生物实验操作过程中，液体培养基培养细菌时需要在特定温度下振荡使用
6	低温冰箱	冰箱是实验室保存试剂和样品必不可少的仪器。微生物学实验中用到的试剂有些要求 4℃保存，有些要求−20℃保存，实验人员一定要看清试剂的保存条件，放置在恰当的温度下保存
7	恒温干燥箱	用于灭菌和洗涤后的物品烘干。烘箱有不同的控温范围，用户可以根据实验需求进行选择。例如，有些塑料用具只能在 42～45℃的烤箱中进行烘干，一般玻璃用具的烘干可以选择 60℃
8	恒温水浴锅	水浴锅是一种控温装置，水浴控温对于样品来说比较快速且接触充分。有些微生物反应需要在 37℃、42℃、56℃水浴下进行，所以恒温水浴锅可以提供需要的温度
9	菌落计数器	用于协助操作者计数菌落数量。通过放大、拍照、计数等方式准确获取菌落的数量。有些高性能的菌落计数器还可连接电脑完成自动计数的操作
10	离心机	用于收集微生物菌体以及其他沉淀物，有冷冻和常温之分。有些样品由于在常温下不太稳定，需要低温环境，选用时要视样品的种类而定
11	微生物均质器	用于从固体样品中提取细菌。用微生物均质器制备微生物检测样本，具有样品无污染、无损伤、不升温、不需要灭菌处理、不需洗刷器皿等特点，是微生物实验中使用较为方便的仪器

序号	名称	功能
12	天平	用于精确称量各类试剂。实验室常用的是电子天平,电子天平按照精度不同有不同的级别
13	移液器	用于定量转移液体的器具。实验时一般采用移液器移取少量或微量的液体
14	生物安全柜	微生物实验中涉及的试剂和样品微生物有些是有毒的,对于操作人员来说伤害较大。为了防止有害悬浮微粒、气溶胶的扩散,可以利用生物安全柜为操作人员、样品和环境提供安全保护,防止样品间交叉感染
15	纯水装置	纯水装置包括蒸馏水器和纯水机。蒸馏水器的价格便宜,但在造水过程中需要有人值守;纯水机价格高些,但是使用方便,可以储存一定量的纯水。纯水使用也有不同的级别。实验中配制试剂、培养基均需用纯水
16	微波炉/电炉	用于溶液的快速加热、微生物固体培养基的加热熔化
17	分光光度计	用于测定微生物悬液的浓度,可以正确选取合适的培养时间。一般是在 600nm 波长测定菌液浓度
18	pH 计	用于配制试剂时精确测量 pH 值,从而保证配制的溶液的精确性。有时也需要利用 pH 计测定样品溶液的酸碱度
19	液氮罐	液氮罐储存液氮,可用于细菌、酵母、霉菌和大型真菌等各种微生物的长期保存

以上介绍的是微生物实验室的基本仪器配置,实验室还需一些其他仪器与材料,例如接种环、接种针、酒精灯、杜氏小管、吸头以及吸头盒、移液管、试管、试管塞(硅胶塞)、铝制或塑料制的试管帽、螺口试管、试管架、锥形瓶、培养皿、载玻片、盖玻片、血细胞计数板、目镜测微尺、镜台测微尺、滴瓶、烧杯、玻璃漏斗、量筒、玻璃棒、涂布棒、试剂瓶、剪刀、镊子、脱脂棉、纱布、记号笔、洗耳球、药匙、试管筐、无菌采样及称样袋、过滤器等。

第一章 基础实验

任务一 普通光学显微镜的使用及标本的观察

一、实验目的

1. 了解普通光学显微镜的构造及原理，能够准确快速掌握显微镜的使用。
2. 了解油镜的基本原理，掌握油镜的使用方法。
3. 观察微生物标本的个体形态，掌握微生物图谱的记录方法。

二、实验原理

普通光学显微镜是利用光学原理，把人眼所不能分辨的微小物体放大成像，以供人们观察微观世界的一种精密的光学仪器。

普通光学显微镜的构造（图 1-1）可以分为两大部分：一部分为机械装置，一

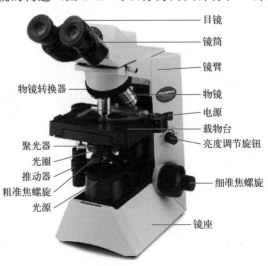

图 1-1　普通光学显微镜的构造

部分为光学系统。显微镜的机械装置包括镜座、镜筒、物镜转换器、载物台、推动器、粗准焦螺旋及细准焦螺旋等部件。显微镜的光学系统由物镜、目镜、聚光器、反光镜等组成，光学系统使物体放大，形成物体放大像。

普通光学显微镜是根据凸透镜的成像原理制成的，要经过凸透镜的两次成像。第一次先经过物镜（凸透镜 1）成像，这时候的物体应该在物镜（凸透镜 1）的一倍焦距和两倍焦距之间，根据物理学的原理，形成的应该是放大的倒立的实像。而后以第一次成的物像作为"物体"，经过目镜（凸透镜 2）的第二次成像。由于我们观察的时候是在目镜的另外一侧，根据光学原理，第二次成的像应该是一个虚像，这样像和物才在同一侧。因此第一次成的像应该在目镜的一倍焦距以内，这样经过第二次成像后，目镜看到的这个像是一个由第一次放大的倒立的实像再经目镜放大后倒立的虚像，其工作原理见图1-2。

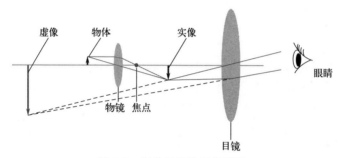

图 1-2　光学显微镜工作原理

显微镜分辨能力的高低取决于光学系统的各种条件。被观察的物体必须放大率高，而且清晰。物体放大后，能否呈现清晰的细微结构，首先取决于物镜的性能，其次为目镜和聚光镜的性能。

1. 数值孔径

简写为 NA，也称为镜口率，是指介质折射率与镜口角 1/2 正弦的乘积，可用下式表示：

$$NA = n\sin(\theta/2) \tag{1-1}$$

式中，n 为物镜与标本之间介质的折射率；θ 为镜口角（通过标本的光线延伸到物镜边缘所形成的夹角，见图1-3）。

在物镜和聚光器上都标有它们的数值孔径，数值孔径是物镜和聚光器的主要参数，也是判断它们性能的最重要指标。数值孔径和显微镜的各种性能有密切的关系，因为镜口角总是小于 $180°$，所以 $\sin(\theta/2)$ 的最大值不可能超过 1。又因为空气的折射率为 1，所以以空气为介质的数值孔径不可能大于 1，一般为 0.05～0.95。根据式(1-1)，要提高数值孔径，有效途径就是提高物镜与标本之间介质的折射率（图1-4）。使用香柏油（折射率为 1.52）浸没物镜（即油镜）理论上可将数值孔径提高到 1.5 左右，实际数值孔径也可达 1.2～1.4。

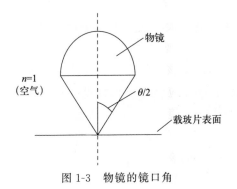

图 1-3 物镜的镜口角

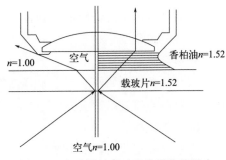

图 1-4 介质折射率对光线通路的影响

2. 分辨力

分辨力以 D 表示：

$$D = \lambda/(2NA) \tag{1-2}$$

式中，λ 为光源波长。D 值越小，分辨力越高，物像越清楚。物镜分辨力的高低与成像是否清楚有密切的关系。目镜没有这种性能，只放大物镜所成的像。

3. 放大率

显微镜的放大率（V）等于物镜放大率（V_1）和目镜放大率（V_2）的乘积，即

$$V = V_1 V_2 \tag{1-3}$$

4. 焦深

在显微镜下观察一个标本时，焦点对在某一像面时，物像最清晰，该像面为目的面。在视野内除目的面外，还能在目的面的上面和下面看见模糊的物像，这两个面之间的距离称为焦深。物镜的焦深和数值孔径及放大率成反比，即数值孔径和放大率越大，焦深越小。因此调节油镜比调节低倍镜要更加仔细，否则容易使物像滑过而找不到。

三、实验用品

显微镜、微生物标本片、香柏油、二甲苯、擦镜纸、吸水纸等。

四、实验步骤

1. 安放

右手握住镜臂，左手托住镜座，使镜体保持直立，将显微镜安放在距离桌边 3～4cm 处。

2. 清洁

按照干净的擦镜纸—蘸上少量的二甲苯擦镜纸—干净的擦镜纸的顺序清洁显

微镜镜头。

3. 对光

转动物镜转换器，使低倍物镜对准通光孔，通过聚光器、光圈或亮度调节旋钮调节合适的亮度。

4. 镜筒调节

双筒显微镜，如观察者双眼视度有差异，可通过视度调节圈调节，另外可通过调整双筒的位置以适应操作者两眼间距。

5. 安装标本

将玻片放在载物台上用玻片夹固定，使观察目的物置于圆孔正中央。

6. 调焦

载物台升至最高（当用低倍物镜时，一般物镜和玻片不会相撞）。旋转粗准焦螺旋慢慢降低载物台，目镜观察，直到看清标本物像时停止，再用细准焦螺旋回调清晰。

7. 显微观察

① 用低倍镜观察根霉（注意观察其假根与孢子囊部分）。

② 按照低倍镜转高倍镜次序观察酵母菌（注意其形态、液泡）、其他霉菌（注意其菌丝和分生孢子梗、顶囊或足细胞等特殊结构）、藻类（注意其形态、液泡、细胞核、顶细胞分支、花纹等）和原生动物、后生动物等标本片，记录形态。

③ 按照低倍镜转高倍镜次序找到标本片上的目的原核生物（球形、杆形和螺形三种形态的细菌，放线菌，枯草芽孢杆菌），并将目的物移至视野正中，对聚光器光圈及视野亮度进行适当调节，微调细准焦螺旋使物像清晰。标本片上滴加香柏油，将油镜移至正中，使镜面浸没在油中，调节细准焦螺旋至看清目的物，记录形态。观察完毕后按规定清洁物镜及标本片。

五、实验结果

1. 记录酵母菌、霉菌、藻类和原生动物、后生动物等标本形态，注明标本名称及放大倍数（包括目镜和物镜）。

2. 记录原核生物标本形态，注明标本名称及放大倍数（包括目镜和物镜）。

3. 微生物形态观察问题分析及小结。

六、注意事项

1. 显微镜不应在高倍镜下直接调焦，调节焦距顺序是低倍镜—高倍镜—油镜。

2. 通过聚光器、光圈和亮度调节旋钮调节亮度。

3. 按要求擦拭镜头、使用油镜，保养显微镜和保护标本片。

七、考评

考评标准见表1-1。

表1-1 考评表

序号	考核内容	分值	评分标准
1	实验准备	10	① 香柏油、二甲苯、擦镜纸及标本准备到位,3分。 ② 显微镜取用姿势准确,摆放位置合理,3分。 ③ 使用前正确擦拭显微镜镜头,4分
2	实验操作	17	低倍镜使用: ① 插上电源,打开光源,升起聚光器,预热,2分。 ② 正确放置载玻片,调节目镜焦距,调节视野明暗,3分。 ③ 双眼视物镜,调节粗准焦螺旋,再用细准焦螺旋调至图像清晰,10分。 ④ 将观察对象调至视野中央,2分
		8	高倍镜使用: ① 从侧面转动物镜转换器至高倍镜,防止撞到玻片,3分。 ② 调节视野明暗适宜,调节细准焦螺旋至图像清晰,5分
		25	油镜使用: ① 转动物镜转换器,使高倍镜离开通光口,在玻片上滴加香柏油,慢慢转动油镜,从侧面观察油镜和玻片距离,使镜头进入油中而又不压迫玻片,10分。 ② 调节粗、细准焦螺旋至图像清晰,5分。 ③ 正确擦拭目镜、物镜、玻片油污,二甲苯擦拭方法正确,10分
3	数据记录	15	① 正确记录标本形态,10分。 ② 正确标注标本名称及放大倍数,5分
4	结果分析	15	① 总结分析实验过程的注意事项及问题,10分。 ② 实验收获及心得体会,5分
5	文明实验	10	① 实验结束,拔下电源,下降载物台并归位,物镜八字摆开,罩上防尘罩,6分。 ② 整理实验台,4分

八、思考题

1.用显微镜观察标本时,为什么要先用低倍物镜观察,而不直接用高倍物镜或油镜?

2.油镜与普通物镜在使用方法上有何不同?应注意些什么?

3.在使用高倍镜和油镜进行调焦时,应将载物台徐徐上升还是下降?为什么?

4.在明视野显微镜下,观察细菌形态时,是用染色标本好,还是用未染色的活标本好,为什么?

任务二 培养基的配制及玻璃器皿的包扎灭菌

一、实验目的

1. 掌握实验室常用玻璃器皿的清洗、干燥和包扎方法。
2. 掌握实验室常用的灭菌方法。
3. 了解微生物的营养需求。
4. 掌握培养基制备的一般方法和步骤。

二、实验原理

微生物实验常会使用一些玻璃器皿，如试管、锥形瓶、培养皿、烧杯、移液管、载玻片等，这些器皿在使用前应根据具体情况经过一定的处理，洗刷干净后，置于干燥箱中吹干或置于通风无尘的场所自然晾干，然后进行包装灭菌后才能使用。

培养基是按照微生物的营养需要，由人工配制的、适合微生物生长代谢的营养基质，不同种类的培养基一般都含有一定比例的水分、碳源、氮源、生长因子和无机盐等。微生物的种类繁多，不同营养类型的微生物对营养物质的要求也不同，必须根据微生物对营养的要求以及研究的目的配制合适的培养基。除了营养物质以外，培养基的 pH 也是一个很重要的因素。因为 pH 会影响到培养基中营养物质的离子化程度，还会影响到微生物代谢过程中各种酶的活性。因此配制培养基时一般需要调节 pH。为避免配制好的培养基中微生物生长，配制好的培养基必须立即灭菌。

1. 清洗

为了除去器皿上的污垢（灰尘、油污、无机盐等物质），实验室常用洗涤剂清洗。微生物实验室的主要器皿有玻璃器皿、塑料橡胶用品、金属用品和搪瓷制品。材质不同，洗涤也不相同。

（1）洗涤剂

① 洗衣粉和洗洁精　使用时多用湿试管刷、瓶刷等蘸少许洗衣粉或洗洁精刷洗器皿，再用水冲洗干净，最后用蒸馏水冲洗。如污物较难清洗，可用温水加上洗涤剂浸泡一段时间，再进行刷洗。可直接刷洗的器皿有培养皿、烧杯、锥形瓶、玻璃棒、试管等。玻璃器皿经洗涤后，若内壁的水是均匀分布成一薄层，表示污垢完全洗净；若挂有水珠，则还需用洗涤液浸泡数小时，然后再用自来水充

分冲洗。

② 铬酸洗液　通常用的铬酸洗液是重铬酸钾 $K_2Cr_2O_7$（或重铬酸钠）的硫酸溶液。重铬酸钾与硫酸作用后形成铬酸，铬酸是一种强氧化剂，去污能力很强，实验室常用其洗去玻璃和瓷质器皿上的有机质，但切不可用于洗涤金属器皿。洗液配制浓度各有不同，从5％到12％（质量分数，余同）的各种浓度都有。配制时取一定量的 $K_2Cr_2O_7$（工业品即可），先用1～2倍的水加热溶解，稍冷后，将工业品浓 H_2SO_4 按所需体积数徐徐加入 $K_2Cr_2O_7$ 溶液中（千万不能将水或溶液加入 H_2SO_4 中），边倒边用玻璃棒搅拌，并注意不要溅出，混合均匀，等冷却后，装入洗液瓶备用。新配制的洗液为红褐色，氧化能力很强。当洗液用久后变为黑绿色，即说明洗液无氧化洗涤力，但可加入固体高锰酸钾使其再生。

洗液在使用时一定要注意不能溅到身上，以防烧破衣服和损伤皮肤。将洗液倒入要洗的仪器中，应使仪器周壁全浸洗后稍停一会再倒回洗液瓶。第一次用少量水冲洗刚浸洗过的仪器，废水不要倒在水池或下水道里，应倒在废液缸中，否则会腐蚀水池和下水道。

（2）洗涤方法

① 新购买的玻璃器皿　新购买的玻璃器皿（表面常附有游离的碱性物质，可先用洗洁精洗刷，用自来水洗净，然后浸泡在1％～2％盐酸溶液中过夜（不可少于4h），以中和其碱质，再用自来水充分冲洗干净，最后用蒸馏水冲洗两次，在55℃烘箱内烘干备用。

新的石英或玻璃比色皿决不可用强碱清洗，因为强碱会侵蚀抛光的比色皿。只能用洗液浸泡，然后用自来水冲洗，清洗干净的比色皿也应内外壁不挂水珠。

② 使用过的玻璃器皿　使用过的载玻片可放入1％洗衣粉溶液中煮沸20～30min（溶液一定要浸没玻片，否则会使玻片钙化变质），待冷却后逐个用自来水洗净，浸泡于95％乙醇中备用。带有活菌的载玻片可先浸在5％苯酚（俗称石炭酸）或2％～3％来苏水或0.1％升汞溶液中消毒24～48h后，再按上述方法洗涤。使用前，将载玻片从酒精中取出，经火焰点燃，使载玻片表面残余的酒精烧净，方可使用。

血细胞计数板使用后应立即用水冲净，必要时可用95％乙醇浸泡，或用酒精棉轻轻擦拭。切勿用硬物洗刷或抹擦，以免损坏网格刻度。洗涤完毕后镜检计数区是否残留菌体或其他沉淀物。洗净后自然晾干或吹干后，放入盒内保存。

使用过的一般玻璃器皿应先用毛刷蘸洗涤剂洗去灰尘、油污、无机盐等物质，再用自来水冲洗干净。如果器皿要盛高纯度的化学药品或者做较精确的实验，可先在洗涤液中浸泡过夜，再用自来水冲洗，最后用蒸馏水洗2～3次。洗刷干净的玻璃器皿烘干备用。

染菌的玻璃器皿应先经 121℃ 高压蒸汽灭菌 20～30min 后取出，趁热倒出容器内的培养物，再用洗洁精洗刷干净，最后用水冲洗。染菌的移液管和毛细吸管，使用后应立即放入 5％苯酚溶液中浸泡数小时，先灭菌，然后再冲洗。

含有琼脂培养基的玻璃器皿应先用玻璃棒等将器皿中的琼脂培养基刮下。如果琼脂培养基已经干燥，可将器皿放在少量水中煮沸，使琼脂熔化后趁热倒出。将培养皿底或皿盖上的记号擦去，用自来水洗刷至无污物，再用合适的毛刷蘸洗液擦洗内壁，然后用清水冲洗干净；或浸泡在 0.5％清洗剂中超声清洗，用自来水彻底洗净后，用蒸馏水洗 2 次，洗净的培养皿的盖子或底部全部向下，一个接一个压着皿边，扣在桌子上晾干备用。清洗后器皿内外不可挂有水珠，否则需用洗液浸泡数小时后，重新清洗。

如果器皿上沾有蜡或涂料等物质，可用加热的方法使之熔化后揩去，或用有机溶剂如二甲苯或丙酮等擦拭。

用过的吸管应及时浸泡在水中，进行清洗。清洗后的吸管，倒转使吸管顶尖向上，使吸管内的水分晾干，或放在烘箱中烘干。

③ 塑料橡胶用品　一次性塑料器皿只要打开包装使用即可。必要时，用毕经无菌处理后，尚可反复使用 2～3 次，但不宜过多。再用时仍然需要清洗和灭菌处理。塑料器皿因质地软，不宜用毛刷刷洗。用后应立即浸入水中，严防附着物干结。如残留有附着物，可用脱脂棉清洁掉，用流水冲洗干净，晾干，再用 2％NaOH 溶液浸泡过夜，用自来水充分冲洗，然后用 5％盐酸溶液浸泡 30min，最后用自来水冲洗和蒸馏水漂洗干净，晾干后备用。

新购置的胶塞先用自来水冲洗干净后，再做常规处理。使用后的胶塞浸泡后常用 2％NaOH 溶液煮沸 10～20min，然后用自来水冲洗，再以 1％稀盐酸溶液浸泡 30min，蒸馏水清洗 2～3 次后晾干备用。

④ 金属用品　金属用品不用洗液浸泡洗涤。一般用水冲洗即可，对于油污、锈迹，可用洗洁精、钢丝球刷洗掉。不用时保存在干燥的环境中，不同材质分开存放，防止生锈。

⑤ 搪瓷制品　搪瓷制品一般用毛刷和洗衣粉刷洗即可。不能用碱液洗涤，可用 0.1mol/L 盐酸浸泡。

2. 包扎

包扎是为了防止器皿消毒灭菌后再次受到污染，常规的包扎应采用牛皮纸与报纸，尽量使包扎的物品不外露。

（1）培养皿的包扎

洗净晾干的培养皿，用旧报纸进行包扎，一般取 10 套培养皿作一包。注意培养皿的取向应一致。包扎时，一边卷滚，一边将两头的报纸往内覆折，见图 1-5。包扎后的培养皿经过灭菌后才可使用。如将培养皿放入不锈钢灭菌筒内进行干热灭菌，则不必用纸包，金属筒有一圆筒形的带盖外筒，里面放一装培养皿的带底框架，此框架可自圆筒内提出，以便装取培养皿。

图 1-5　培养皿的包扎

（2）吸管的包扎

首先在吸管的上端（距离吸管口 5mm 左右）塞上约 15mm 长的棉花（非脱脂棉），以免使用时将杂菌吹入其中，或不慎将微生物吸出管外。棉花要塞得松紧恰当，过紧，吹吸液体太费力；过松，吹气时棉花会下滑。然后将旧报纸撕成长条，将吸管的尖端放在纸条的一端，并呈 45°角，折叠纸条，包住尖端。一手捏住管身，一手将吸管压紧在桌面上，向前滚动，以螺旋式进行包扎，剩余的纸条折叠打结。最后把包扎好的吸管再用一张大报纸包好或一起装入专用吸管灭菌筒中以备灭菌。包扎步骤见图 1-6。

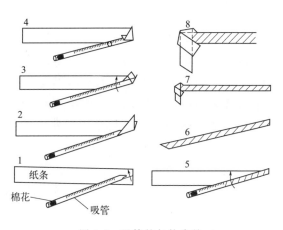

图 1-6　吸管的包扎步骤

（3）试管和锥形瓶的包扎

试管管口和锥形瓶瓶口塞以棉塞，也可以塞上合适的硅胶塞，然后在棉塞与管口和瓶口的外面用两层报纸与细线包扎好。将试管7～10支一捆用报纸包扎。

试管和锥形瓶的棉塞制作步骤见图1-7。棉塞的作用有二：一是防止杂菌污染，二是保证通气良好。正确的棉塞要求形状、大小、松紧与试管口（或锥形瓶口）完全适合，过紧则妨碍空气流通，操作不便；过松则达不到滤菌的目的。加塞时，应使棉塞的1/3在试管口（或锥形瓶口）外，2/3在试管口（或锥形瓶口）内。

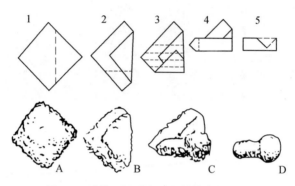

图1-7　试管（锥形瓶）的棉塞制作步骤

（4）吸头的装盒和包扎

操作人员戴手套将吸头根据规格装入不同的盒子后，用报纸包扎吸头盒，高压灭菌，50℃烘干后备用。

3. 培养基

按培养基的物理状态可分为：液体培养基，即不加凝固剂的液体状态培养基；固体培养基，即在液体培养基中加入1.5%～2%凝固剂的固体状态的培养基；半固体培养基，即在液体培养基中加入少量凝固剂（如0.2%～0.7%琼脂）而成的半固体状培养基。固体培养基可用于微生物的分离、鉴定、检验杂菌、计数、保藏菌种、生物测定及产生大量菌体等；液体培养基的组分均匀、用途广泛，特别是工业化大生产绝大多数都采用液体培养基，此外在菌种鉴定和生理代谢等基本理论的研究中也广泛应用；半固体培养基可用于细菌运动力的观察和菌体保存、噬菌体制剂的制备等。

琼脂的凝点和熔点之间温度相差很大。在水中需加热至95℃时才开始熔化，温度需降到40℃时才开始凝固，所以它是配制固体培养基的最好凝固剂。固体培养基配制中琼脂可以与其他药品同时称量，但需要加热煮沸才能熔化。首先需要将液体培养基加热至即将沸腾（底部有少量的气泡冒出时为宜），然后边搅拌边加入称量好的琼脂，控制好火力，不断搅拌至琼脂完全熔化，立即离开热源。琼脂加入时应控制火力，以免培养基因沸腾而溢出容器。同时应控制好速度，若加入太快，大量的琼脂来不及溶解，易下沉发生糊底现象，甚至被烧焦；若加入速度太慢，先加入的琼脂溶解后，在加热及搅拌的作用下产生大量气泡，后加入的琼脂因气泡的影响形成琼脂团块，难以再溶解。琼脂也可以待其他药品溶化好，调节 pH 后，再按照分装的量装入锥形瓶中，注意灭菌前一定充分摇匀，并且斜面培养基不可以用此方法配制。

下面介绍几种常见培养基配方。

（1）牛肉膏蛋白胨培养基（用于细菌培养）

牛肉膏 3g，蛋白胨 10g，NaCl 5g，水 1000mL。pH 7.4～7.6，0.1MPa 压力，121℃，灭菌 20min。配制液体培养基时不加琼脂；半固体培养基加 0.3％～0.5％琼脂；固体培养基加 1.5％～2.0％琼脂。该培养基为多数细菌通用培养基，可用于菌种的分离纯化及保藏斜面。

（2）高氏 1 号培养基（用于放线菌培养）

可溶性淀粉 20g，KNO_3 1g，NaCl 0.5g，$K_2HPO_4 \cdot 3H_2O$ 0.5g，$MgSO_4 \cdot 7H_2O$ 0.5g，$FeSO_4 \cdot 7H_2O$ 0.01g，琼脂 15～20g，水 1000mL。pH 7.4～7.6，0.1MPa 压力，121℃，灭菌 20min。配制时注意，可溶性淀粉要先用冷水调匀后再加入以上培养基中。

（3）马铃薯培养基（PDA 培养基，用于霉菌或酵母菌培养）

马铃薯（去皮）200g，蔗糖（或葡萄糖）20g，水 1000mL。0.07MPa 压力，115℃，灭菌 20min。用于霉菌用蔗糖，用于酵母菌用葡萄糖。

（4）马丁氏培养基（用于从土壤中分离真菌）

K_2HPO_4 1g，$MgSO_4 \cdot 7H_2O$ 0.5g，蛋白胨 5g，葡萄糖 10g，1/3000 孟加拉红水溶液 100mL，水 900mL。自然 pH，0.07MPa 压力，115℃，灭菌 20min，待培养基熔化后冷却至 55～60℃时加入链霉素（链霉素含量为 30μg/mL）。

4. 分装

配好的培养基根据实验需要进行分装后灭菌。培养基分装过程中要注意不能沾污管口或瓶口，否则容易造成培养基污染。

（1）液体培养基分装

液体培养基一般可使用移液器、量筒等直接量取分装。

① 将液体培养基分装到锥形瓶中　一般根据实验所需培养基的量选择合适的锥形瓶型号，分装量一般不超过锥形瓶容积的 1/2。若分装量过多，高压灭菌时培养基容易溢出，造成污染和浪费。

② 将液体培养基分装到试管中　分装量以不超过试管高度的 1/4 为宜。

（2）固体或半固体培养基分装

固体培养基或半固体培养基要趁热分装，以防琼脂凝固。分装试管时一般使用连有橡胶管并带夹子的玻璃漏斗或专用分装器进行，见图 1-8。制作平板用的培养基可直接倒入可密封的玻璃容器中灭菌。

① 斜面培养基 若要制作斜面培养基，需将固体培养基分装到试管中，分装量可通过如下办法确定。先用试管量取一定量的水，倾斜试管，使水流的前端到达试管长度的 1/2 处，另一端在试管底部的中央位置时，表示液体量适宜，见图 1-9。然后将试管直立，以试管中的水量为参照，分装培养基，灭菌后搁置成试管斜面。分装量也可以不超过试管高度的 1/5～1/4。分装时应用分装器，注意不要污染试管塞，也可直接用微量移液器进行分装。

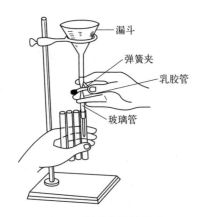

图 1-8 漏斗分装培养基

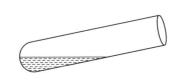

图 1-9 试管斜面分装量的确定方法示意图

② 平板培养基 若要制作平板培养基，则需将固体培养基或半固体培养基倒入锥形瓶等灭菌用容器中，统一灭菌后再制作平板。

③ 半固体试管培养基 若需将半固体培养基分装到试管中，分装量以试管高度的 1/3 左右为宜，灭菌后垂直待凝。

5. 灭菌

实验室最常用的灭菌方法是利用高温处理达到杀菌效果。高温的致死作用，主要是使微生物的蛋白质和核酸等重要生物大分子发生变性。高温灭菌分为干热灭菌和湿热灭菌两大类。其中，湿热灭菌热量易于传递，更容易破坏保持蛋白质稳定性的氢键等结构，从而加速其变性。此外，过滤除菌、射线灭菌、化学药物灭菌等也是微生物学灭菌操作中不可缺少的常用方法。下面介绍实验室常用的灭菌方法。

（1）火焰灭菌

微生物接种工具如接种环、接种针或其他金属用具等，可直接在酒精灯火焰灼烧进行灭菌。这种方法灭菌迅速彻底。此外，接种过程中，试管或锥形瓶口也可通过火焰灼烧灭菌。

（2）干热灭菌

用干燥热空气杀死微生物的方法称为干热灭菌。通常将灭菌物品置于电热恒温干燥箱内，在 160～170℃加热 1～2h。灭菌时间可根据灭菌物品性质与体积作适当调整。玻璃器皿（如吸管、培养皿等）、金属用具等凡不适于用其他方法灭菌而又能耐高温的物品都可用此法灭菌。但是，培养基、橡胶制品、塑料制品等不能使用干热灭菌。

灭菌时将准备灭菌的玻璃器材洗涤干净、晾干，用牛皮纸或报纸包裹好放入灭菌专用的不锈钢筒内，放入电热恒温干燥箱，关好箱门。接通电源，打开电热恒温干燥箱，设定温度为 160～170℃。达到温度后开始计时，恒温 1～2h。灭菌结束后，断开电源，自然降温至 60℃，打开电热恒温干燥箱箱门，取出物品放置备用。

干热灭菌的玻璃器皿切不可有水，以防炸裂。灭菌物品不能堆得太满、太紧，以免影响升温均匀性，不能直接放在电热恒温干燥箱底板上，以防止包装纸或棉花被烤焦。灭菌温度恒定在 160～170℃为宜。降温时，需待温度自然降至 60℃以下才能打开箱门取出物品。

（3）湿热灭菌

实验室常用的湿热灭菌方法是高压蒸汽灭菌，需在专门的灭菌锅中进行。各种培养基的灭菌时间和压力，按其成分不同而定。普通培养基采用 121℃、0.1MPa 灭菌 15min，但容器和装量较大时，应延长至 20min。对某些体积较大或蒸汽不易穿透的灭菌物品，如固体曲料、土壤等，应适当延长灭菌时间，或将蒸汽压力升到 0.15MPa 保持 1～2h，对于含糖培养基采用 115℃、0.07MPa 灭菌 30min。

使用高压蒸汽灭菌锅进行灭菌时，灭菌锅内冷空气的排除极为重要，如空气排除不干净，则达不到灭菌所需的实际温度。

使用前在锅内加入适量的水，加水不可过少，以免引起炸裂事故，加水过多则有可能引起灭菌物积水。然后将灭菌物品放在灭菌筒中，不要装得过满。盖好锅盖，按对称方法旋紧四周固定螺旋，打开排气阀，关上安全阀。打开电源，设置灭菌的温度和时间，开始灭菌。加热后待锅内沸腾并有大量蒸汽自排气阀冒出时，维持 2～3min 以排除冷空气。如灭菌物品较大或不易透气，应适当延长排气时间，务必使空气充分排除，然后将排气阀关闭。锅内的温度随压力增加而逐渐上升，当达到设定的温度和压力后，按照设定的时间，维持压力和温度。当设定的时间结束后，停止加热，关闭电源。让灭菌锅内的压力和温度自然下降。当压力表降至"0"处，打开排气阀，平衡锅内外压力，打开灭菌锅盖，取出灭菌物品。

注意：切勿在锅内压力尚在"0"点以上、温度也在 100℃以上时开启排气阀，否则会因压力骤然降低，而造成培养基剧烈沸腾冲出管口或瓶口，污染棉塞，以后培养时引起杂菌污染。

灭菌完毕取出物品后，将锅内余水倒出，以保持内壁及内胆干燥，盖好锅盖。

（4）常压间歇灭菌

对于含不耐高温的糖、血清、鸡蛋等的培养基，可用流动蒸汽及血清凝固器 $80\sim100℃$ 加热 30min 杀死培养基内杂菌的营养体，然后将这种含有芽孢和孢子的培养基在恒温箱内或室温下放置 24h，使芽孢和孢子萌发成为营养体，以 $80\sim100℃$ 加热 30min，再放置 24h，如此连续灭菌 3 次，即可达到完全灭菌的目的。血清或组织液，采用低热 $56\sim58℃$ 水浴 1h 后，在 37℃ 温箱放置 24h，然后以 $56\sim58℃$ 加热 1h，再放置 24h，连续灭菌 $5\sim6$ 次。一些遇高温即被破坏的物质如尿素、腹水和链霉素等，可用细菌过滤器过滤除菌。

6. 无菌检查

将灭菌的培养基放入 37℃ 培养箱中培养 $24\sim48h$，无菌生长即可使用，或储存于冰箱或清洁的橱内备用。

三、实验用品

培养箱、灭菌锅、天平、电炉等。

培养皿、试管、锥形瓶、烧杯、量筒、分装漏斗、牛皮纸、线绳、药匙、玻璃棒、记号笔、pH 试纸等。

牛肉膏、蛋白胨、NaCl、琼脂粉、NaOH 溶液、HCl 溶液、可溶性淀粉、KNO_3、$K_2HPO_4 \cdot 3H_2O$、$MgSO_4 \cdot 7H_2O$、$FeSO_4 \cdot 7H_2O$、马铃薯（去皮）、蔗糖（或葡萄糖、1/3000 孟加拉红水溶液、0.3% 链霉素液、5% 苯酚溶液等。

四、实验步骤

1. 准备玻璃器皿

洗涤并烘干所需玻璃器皿。

2. 配制培养基

（1）称量

按实际用量计算后，按配方称取各种药品，依次放入大烧杯中。

① 牛肉膏蛋白胨培养基　牛肉膏可放在小烧杯或表面皿中称量，用热水溶解后倒入大烧杯；也可放在称量纸上称量，随后放入热水中，牛肉膏便与称量纸分离，立即取出纸片。蛋白胨极易吸潮，故称量时要迅速。

② 高氏 1 号培养基　先称取可溶性淀粉，放入小烧杯中，并用少量冷水将其调成糊状，再加少于所需水量的沸水，继续加热，边加热边搅拌，至其完全溶解，再加入其他成分依次溶解。对微量成分 $FeSO_4 \cdot 7H_2O$ 可先配成高浓度的储备液后再加入，方法是先在 100mL 水中加入 1g 的 $FeSO_4 \cdot 7H_2O$，配成浓度为 0.01g/L 的储备液，再在 1000mL 培养基中加入以上储备液 1mL 即可。

③ 马丁氏培养基　可先配制 0.3％链霉素。取国产 1g 装链霉素一瓶，用无菌注射器注入无菌蒸馏水 5mL。溶解后，吸取出 5mL 链霉素溶液，移注入 330mL 无菌蒸馏水即得 0.3％链霉素。马丁氏基础培养基灭菌后冷却至 55～60℃，每 100mL 基础培养基加 1mL 0.3％链霉素溶液。

（2）加热溶解

在烧杯中加入少于所需要的水量，小火加热，并用玻璃棒搅拌，待药品完全溶解后再补充水分至所需量。若配制固体培养基，则将称好的琼脂放入已溶解的药品中，再加热熔化，此过程中，需不断搅拌，以防琼脂糊底或溢出，最后补足所失的水分。

（3）调 pH 值

检测培养基的 pH 值，若 pH 值偏酸，可滴加 1 滴 1mol/L NaOH，边加边搅拌，并随时用 pH 值试纸检测，直至达到所需 pH 值范围；若偏碱，则用 1mol/L HCl 进行调节。pH 值的调节通常放在加琼脂之前。应注意 pH 值不要调过头，以免回调而影响培养基内各离子的浓度。

（4）过滤

液体培养基可用滤纸过滤，固体培养基可用 4 层纱布趁热过滤，以利结果的观察。但是供一般使用的培养基，该步可省略。

（5）分装

按实验要求，可将配制的培养基按后续实验设计分装入试管或锥形瓶内。分装时可用漏斗以免培养基沾在管口或瓶口上造成污染。分装量见前文。

（6）加塞

试管口和锥形瓶口塞上硅胶泡沫塞。

（7）包扎

加塞后，可将若干支试管用牛皮纸扎在一起，并用绳子扎好。将锥形瓶的硅胶泡沫塞外包一层牛皮纸。

（8）标记

将培养基名称、实验时间、组名标记在外包装纸上。

（9）灭菌

培养基的灭菌时间和温度，需按照各种培养基的规定进行，以保证灭菌效果和不损培养基的必要成分。培养基经灭菌后，必须放 37℃温室培养 24h，无菌生长者方可使用。

3. 实验用具灭菌

实验用试管、培养皿、锥形瓶及无菌水、吸管或移液器吸头等分别按前述方法包扎、标记后一起灭菌。若灭菌物品过多，试管、培养皿、锥形瓶、玻璃吸管等也可干热灭菌。

4. 制备斜面和平板培养基

斜面培养基：当灭菌后的培养基温度降至 55℃ 左右时，将试管斜放于玻璃棒或移液管上，调整斜度使其培养基的斜面不超过试管长度的 1/2。平板培养基：在超净台的酒精灯火焰旁的无菌区内，右手拿装有培养基的锥形瓶，拔出试管塞，左手将培养皿的盖在酒精灯火焰旁打开一条缝，让锥形瓶口伸入，迅速倒入培养基 20mL 左右，以铺满皿底为度，盖好后顺着超净台边缘将平板培养基推放在超净台上。斜面培养基和平板培养基做好标记，倒置平板培养基并装入保鲜袋中扎好，将其和装入保鲜袋中扎好的斜面培养基一起放入 4℃ 冰箱中保存备用。

五、实验结果

记录本实验配制培养基的名称、数量，并图解说明其配制过程，指明要点。

六、注意事项

1. 含有对人有传染性或非传染性致病菌的玻璃器皿，应先浸在 5% 苯酚溶液内或经高压灭菌后再行洗涤。

2. 用过的器皿必须立即洗刷，放置太久会增加洗刷的难度。洗涤前应检查玻璃器皿是否有裂缝或者缺口，发现破裂以及缺口则应弃去。使用铬酸洗液时，投入的玻璃器皿应尽量干燥，以避免稀释洗涤液。如需要去污作用更强，可将洗涤液加热至 40~50℃（稀铬酸洗液可以煮沸）。用铬酸洗液洗过的器皿，应立即用水冲洗至无色为止。

3. 任何洗涤方法都不应对玻璃器皿造成损伤。所以不能使用对玻璃器皿有腐蚀作用的化学试剂，也不能使用比玻璃硬度大的制品擦拭玻璃器皿。

4. 比色皿决不可用大功率超声波来洗涤。

5. 铬酸洗液分为浓溶液和稀溶液两种，配方如下：①浓溶液配方：重铬酸钾（工业用）50g，蒸馏水 150mL，浓硫酸（粗）800mL。②稀溶液配方：重铬酸钾（工业用）50g，蒸馏水 850mL，浓硫酸（粗）100mL。

6. 称药品用的药匙不要混用，称完药品应及时盖紧瓶盖。调 pH 值时要小心操作，避免回调。

7. 在干热灭菌和高压蒸汽湿热灭菌时，物品摆放要疏松，不可太挤，否则影响灭菌效果。

8. 电烘箱灭菌温度不能超过 180℃，否则，包器皿的纸或棉塞会烤焦，甚至引起燃烧。

9. 电烘箱内温度未降到 60℃ 以下，切勿自行打开箱门，以免骤然降温导致玻璃器皿炸裂。

10.高压灭菌时切勿忘记加水，另外必须将冷空气充分排除，否则锅内温度达不到规定温度，影响灭菌效果。

11.高压灭菌完毕后，不可放气减压，否则瓶内液体会剧烈沸腾，冲掉瓶塞而外溢，甚至导致容器爆裂。须待灭菌器内压力降至与大气压相等后才可开盖。

12.培养基配制后应立即进行灭菌，否则杂菌微生物会生长繁殖。如确实无法立即灭菌的应将配制好的培养基暂时放在4℃的冰箱中保存，但也应尽早灭菌。

13.灭菌后制斜面与平板的培养基温度不宜太高，一般在55℃左右，否则在培养基表面会出现很多冷凝水，影响微生物的培养、分离。

七、考评

考评标准见表1-2。

表 1-2　考评表

序号	考核内容	分值	评分标准
1	实验准备	20	清洗玻璃仪器： ① 新的玻璃仪器用盐酸浸泡,2分。 ② 用过的器皿立即清洗,3分。 ③ 玻璃器皿清洗干净,内壁均匀分布薄层水膜,5分。 ④ 清洗方法及操作正确,5分。 ⑤ 染菌的玻璃器皿先灭菌再清洗,2分。 ⑥ 清洗后晾干或烘干,3分
2	实验操作	35	包扎灭菌： ① 吸管包扎正确,打结松紧正好,5分。 ② 试管和锥形瓶分装适量,棉塞或硅胶塞松紧适当,5分。 ③ 培养皿包扎正确,松紧适当,5分。 ④ 吸管、试管外面有报纸包扎,5分。 ⑤ 高压蒸汽灭菌锅添加蒸馏水量适当,正确设置时间、温度,正确排气,冷却至合适压力后排气开盖,10分。 ⑥ 烘箱设置正确,物品摆放合理,冷却至合适温度开箱门,5分
		25	制备培养基： ① 正确使用天平,2分。 ② 称量准确,每次擦拭药匙,会正确称量牛肉膏,配制 $FeSO_4 \cdot 7H_2O$ 高浓度的储备液、0.3%链霉素液,10分。 ③ 正确熔化琼脂,3分。 ④ 调pH值正确,无回调,2分。 ⑤ 分装正确,不污染瓶口或管口,3分。 ⑥ 根据不同培养基选择不同灭菌温度,3分。 ⑦ 灭菌后的平板和斜面要进行培养检查,2分
4	结果分析	10	① 总结分析实验过程的注意事项及问题,5分。 ② 实验收获及心得体会,5分
5	文明实验	10	① 实验结束,仪器回零,关闭电源,拔掉插头。烧杯、漏斗等清洗干净,物归原处,6分。 ② 整理实验台,4分

八、思考题

1. 微生物常用玻璃器皿的清洁方法有哪些？

2. 将玻璃器皿清洗干净的标准是什么？

3. 器皿包扎的基本要求是什么？

4. 配制培养基有哪几个步骤？有哪些注意事项？为什么？

5. 培养微生物能否用同一培养基？细菌、放线菌、霉菌的培养基有何异同？

6. 培养基为什么要调节 pH？所用微生物培养基最适 pH 是否相同？

7. 培养基配制完成后，为什么必须立即灭菌？若不能及时灭菌应如何处理？
已灭菌的培养基如何进行无菌检查？

8. 采用高压蒸汽灭菌时，为确保灭菌效果，应注意哪些操作过程？

9. 如何正确使用电子秤？

10. 固体培养基中的琼脂加热熔化过程应注意什么？

11. 微生物实验所用的管口、瓶口为什么都要塞上试管塞（或盖上瓶口布）？

任务三　微生物的纯种分离、培养和形态观察

一、实验目的

1. 掌握微生物分离、纯化及接种技术。
2. 掌握根据菌落及培养特征区分细菌、放线菌和霉菌、酵母菌。
3. 掌握平板菌落计数原则和样品菌落总数测定的方法。
4. 了解无菌操作的重要性。

二、实验原理

自然界是微生物群居的场所，要想获得其中各种微生物就需要进行无菌技术基础上的纯种分离。纯种分离可以通过"菌落纯"或"细胞纯"进行纯化。其中菌落纯中的平板分离法最为常用，不需要特殊的仪器设备，分离纯化效果好。其原理是：首先必须把要分离的材料进行适当的稀释，按其生长所需要的条件，使其在平板上由一个菌体能通过很多次细胞分裂而进行繁殖，形成一个可见的细胞群体的集合，即菌落。每一种微生物所形成的菌落都有它自己的特点，例如菌落的大小，表面干燥或湿润、隆起或扁平、粗糙或光滑，边缘整齐或不整齐，菌落透明或半透明或不透明，颜色以及质地疏松或紧密等。这样，就能从中挑选出所需要的纯种，主要包括稀释涂布平板法、稀释混合平板法、平板划线分离法。

1.稀释涂布平板法

将样品以 10 倍的级差，用无菌水或生理盐水进行稀释，制成菌悬液，使微生物细胞充分分散为单细胞，见图 1-10。

取一定量的某一稀释度悬浮液，用无菌涂棒涂抹于分离培养基的平板上，经过培养，长出单个菌落。样品的稀释程度，取决于样品中的含菌量。从微生物群体中经分离生长在平板上的单个菌落并不一定保证是纯培养。纯培养除观察其菌落特征外，还要结合显微镜检测个体形态特征后才能确定，有些微生物的纯培养要经过一系列的分离与纯化过程和多种特征鉴定方能得到。

2.稀释混合平板法

稀释混合平板法与稀释涂布平板法相似，同样是把样品以 10 倍的级差稀释。不同之处在于稀释混合平板法是将菌悬液先加到无菌的空培养皿中，然后再倒入 50℃ 左右的培养基，混合均匀，待培养基凝固后培养。

3.平板划线分离法

用接种环取少量样品或菌体，在事先准备好的培养基平板上进行划线分离。

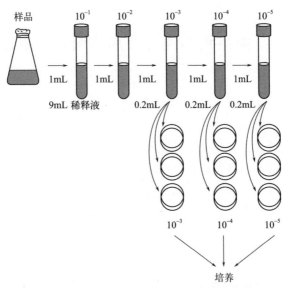

图 1-10 菌液逐级稀释和稀释液的取样培养示意图

平板划线分离可分为连续划线和分区划线，两种方法的主导思想都是将样品由浓变稀，从多组分的混合样品最后得到较纯的单菌落，见图 1-11。划线完毕，倒置于培养箱中培养，当单个菌落长出后，将菌落移入斜面培养基上培养后备用。

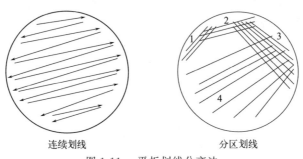

连续划线   分区划线

图 1-11 平板划线分离法

三、实验用品

培养箱、无菌培养皿、无菌吸管、记号笔、接种环、微量移液器、灭菌吸头、酒精灯、标签纸、无菌试管、无菌锥形瓶等。

灭菌后的牛肉膏蛋白胨琼脂培养基、灭菌后的高氏 1 号琼脂培养基、灭菌后的马丁氏培养基（无链霉素）、0.3% 链霉素液、10% 苯酚溶液、无菌蒸馏水等。

样品：土壤、河水或湖水等。

四、实验步骤

1. 样品采集

取土壤，则取表层以下 5～10cm 处的土样，放入无菌的袋中备用，或放在 4℃ 冰箱中暂存。

取河水或湖水等，可握住采样瓶下部，直接将灭菌的带玻璃塞瓶插入距水面 10 ～15cm 的深层处，除去玻璃塞，瓶口朝水流方向，使水样灌入瓶内后将瓶塞盖好。

2. 样品稀释

（1）水样

直接进行 10 倍系列梯度稀释，见图 1-10。先将样品摇匀，取样品 1mL，转移至含有 9mL 无菌水的试管中，混匀成为稀释度为 10^{-1} 的菌悬液；再自 10^{-1} 的菌悬液中取 1mL 至含有 9mL 无菌水的试管中，混匀，依此类推，制成稀释度分别为 10^{-1}、10^{-2}、10^{-3}、10^{-4}、10^{-5}、10^{-6} 的菌悬液。若水样中细菌数量较多，可酌情增加稀释倍数，各稀释度试管做好稀释倍数标记。

（2）土壤

称取土壤 10g，放入有 90mL 无菌水的锥形瓶中，振荡 5～10min，即为稀释度 10^{-1} 的土壤悬液。静置片刻，另取装有 9mL 无菌水试管 5 支，用记号笔标 10^{-2}、10^{-3}、10^{-4}、10^{-5}、10^{-6}。取已稀释成 10^{-1} 的土壤悬液，用无菌吸管或微量移液器吸取 1mL 土壤悬液加入装有 9mL 无菌水的试管中，充分混匀，即成 10^{-2} 土壤稀释液。同法依次连续稀释至 10^{-3}、10^{-4}、10^{-5}、10^{-6} 土壤稀释液。若样品菌量较多，可酌情增加稀释倍数。

3. 平板接种

（1）稀释涂布平板法

① 点燃酒精灯，在无菌培养皿底部注明培养基种类、稀释度、分离方法和操作者。

② 将牛肉膏蛋白胨琼脂培养基、高氏 1 号培养基、马丁氏培养基加热熔化，待冷却至 45～50℃（手握不觉得太烫）为宜。右手持盛培养基的锥形瓶于火焰旁，左手松动瓶塞，用手掌边缘和小指、无名指夹住拔出，瓶口保持对着火焰。如果锥形瓶内的培养基一次用完，瓶塞则不必夹在手中，否则需要用手指夹住。瓶口在火焰上灭菌，然后左手拿培养皿，将其盖在火焰附近打开一缝，迅速倒入培养基 15～20mL（装量以铺满皿底高 1.5～2mm 为宜），见图 1-12。加盖后轻轻摇动培养皿，使培养基均匀分布，平置于桌面上。

③ 凝固后即成平板，最好是将平板置室温 2～3d，或 37℃下培养 24h，检查无菌落及皿盖无冷凝水后再使用。

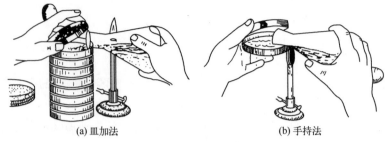

(a) 皿加法　　　　　　　　(b) 手持法

图 1-12　倒平板示意图

④ 分别取样品连续 3 个稀释度的菌悬液各 0.2mL，滴加到相应标记的平板培养基中央。

⑤ 右手持蘸有酒精的玻璃涂布棒，在酒精灯火焰上将酒精烧掉，从而将玻璃涂布棒灭菌。

⑥ 拇指和中指将培养皿盖打开一条缝，将玻璃涂布棒伸入培养皿中，待冷却后，用左手的无名指逆时针转动平板，右手持玻璃涂布棒顺时针在平板表面涂布，使滴加的菌液均匀分布于整个平板上，见图 1-13。

图 1-13　平板涂布

⑦ 取出玻璃涂布棒，火焰上轻微灼烧灭菌后，放置在酒精中。

⑧ 将平板倒置培养，观察菌落特征，并进行菌落计数。

实验中应注意：

① 每一稀释度至少做 3 个培养皿。

② 培养不同微生物吸取的菌悬液稀释度可能不同。

③ 不同菌种培养温度和培养时间不同。高氏 1 号培养基平板和马丁氏培养基平板倒置于 28℃温室中培养 3～5d，牛肉膏蛋白胨培养基平板倒置于 37℃温室中培养 2～3d。

④ 若培养观察放线菌，则在高氏 1 号琼脂培养基中加入 10％苯酚溶液数滴，混合均匀后倒平板。马丁氏培养基的链霉素也应在倒平板前加入，每 100mL 基础培养基加 1mL 0.3％链霉素溶液混均匀后倒平板。

（2）稀释混合平板法

① 点燃酒精灯，在无菌培养皿底部注明培养基种类、稀释度、分离方法和操作者。

② 酒精灯火焰旁，无菌操作法吸取合适梯度菌液 0.5mL，滴加到相应标记的无菌培养皿中央。在火焰附近打开 45～50℃的培养基瓶塞，用左手的大拇指和中指将培养皿盖打开一条缝，倾注 20mL 左右的培养基，立即盖上皿盖，轻轻摇匀，使菌液和培养基混合均匀。注意培养基温度要严格控制，温度太高，会造成部分

菌体死亡；温度太低，培养基凝固，无法制成均匀的平板。

③ 使培养皿平置于桌面上，凝固后倒置放入培养箱中培养，观察菌落特征，并进行菌落计数。

（3）平板划线分离法

① 按稀释涂布平板法倒平板，并用记号笔标明培养基种类、稀释度、分离方法和操作者。

② 将接种环灼烧灭菌，冷却后挑取合适稀释度的菌悬液一环在近火焰处，左手拿皿底，右手拿接种环在平板上划线。

划线的步骤：用接种环以无菌操作挑取菌悬液一环，先在平板培养基的一边做第一次平行划线3～4条，再转动培养皿约70°角，并将接种环上剩余菌烧掉，待冷却后通过第一次划线部分做第二次平行划线，再用同法通过第二次平行划线部分做第三次平行划线和通过第三次平行划线部分做第四次平行划线。

注意划线时平板面与接种环面成30°～40°角，以手腕力量在平板表面轻巧滑动划线，接种环不要嵌入培养基内划破培养基，线条要平行密集，充分利用平板表面积，注意勿使前后两条线重叠。

③ 划线完毕后，盖上皿盖，倒置于恒温箱培养，观察菌落特征，并进行菌落计数。

五、实验结果

1. 菌落计数

将各种方法接种培养的菌落数记录在表1-3中，并计算出原始菌悬液浓度。若样品为水样，则表格中的菌落总数即为水样中微生物浓度。若样品为土壤，则

$$土壤中微生物菌落总数＝\frac{平均菌落数}{10×(1-土壤含水率)}$$

表1-3　（　　）中的菌落总数

项目	指标								
分离方法									
培养基种类									
稀释度									
平板	1	2	3	1	2	3	1	2	3
菌落数									
单稀释度平均菌落数									
平均菌落数									
菌落总数/（个/mL 或个/克土）									

(1) 菌落计数原则

平皿菌落的计算，可用肉眼观察，必要时用放大镜防止遗漏，也可借助于菌落计数器计数。对那些看起来相似，并且距离较近但并不相触的菌落，只要它们之间的距离至少相当于最小菌落的直径，便应该予以计数。对链状菌落，看起来似乎是由于一团细菌在琼脂培养基和水样的混合中被崩解所致，应把这样的一条链当作一个菌落来计数，不可去数链上各个单一的菌链。若同一个稀释度中一个平皿有较大片状菌落生长时，则不宜采用，而应以无片状菌落生长的平皿计数该稀释度的平均菌落数。若片状菌落少于平皿的一半时，而另一半中菌落分布又均匀，则可将其菌落数的 2 倍作为全皿的数目。在记下各平皿菌落数后，应算出同一稀释度的平均菌数，供下一步计算时用。

(2) 计算方法

首先选择平均菌落数在 30～300 者进行计算，当只有一个稀释度的平均菌落数符合此范围时，即可用它作为平均值乘其稀释倍数。

若有两个稀释度的平均菌落数都在 30～300 之间，则应按两者的比值来决定。若其比值小于 2，应报告两者的平均数；若大于 2，则报告其中较小的数字。

如果所有稀释度的平均菌落数均大于 300，则应按稀释度最高的平均菌落数乘以稀释倍数报告。

若所有稀释度的平均菌落数均小于 30，则应按稀释度最低的平均菌落数乘以稀释倍数报告。

如果全部稀释度的平均菌落数均不在 30～300 之间，则以最接近 300 或 30 的平均菌落数乘以稀释倍数报告。

(3) 菌落计数的报告

菌落在 100 以内时按实有数报告；大于 100 时，取两位有效数字；在两位有效数字后面的数值，以四舍五入方法计算。为了缩短数字后面的零数也可用 10 的指数来表示。在所需报告的菌落数多至无法计算时，应注明样品的稀释倍数。

2. 观察菌种的菌落特征，并记录在表 1-4 中。

表 1-4　（　　）中菌落情况

菌落特征　菌落名称	形态	大小	颜色	光泽	干湿	高度	边缘	透明程度	与培养基结合程度	培养温度	培养时间
细菌											
放线菌											
霉菌											

菌落特征描述可参考下面：

① 大小：大、中、小、针尖状。可先将整个平板上的菌落粗略观察一下，再

决定大、中、小的标准，或由教师指出一个大小范围。

②颜色：黄色、金黄色、灰色、乳白色、红色、粉红色等。

③干湿情况：干燥、湿润、黏稠。

④形态：圆形、丝状、根状、纺锤形、不规则等。

⑤高度：扁平、隆起、凹下。

⑥透明程度：透明、半透明、不透明。

⑦边缘：整齐、不整齐。

六、注意事项

1. 选择合适的稀释度接种培养。可先做预实验。

实验每种接种方法每个稀释度做 3 个平行样。

2. 取样时每取一个稀释度，无菌吸管或移液器上无菌的塑料吸头应更换一次。

3. 整体操作均要求无菌操作，即靠近火焰，且动作要快。

4. 注入的培养基温度要严格控制在 45～50℃。

5. 稀释涂布平板法所用的样品量为 0.1～0.2mL，不能太多，否则涂布后样品会四处流淌。

6. 稀释涂布平板法涂布棒浸在酒精（95％以上）中，使用时取出，在酒精灯火焰上过一下，点燃涂棒上的酒精后就离开火焰，等到火熄灭、冷却后，即可使用。不要将涂布棒直接在酒精灯火焰上烧烤，否则易断裂。涂布棒的冷却可在盖子上或没有样品的培养基上进行。

7. 稀释混合平板法中由于细菌易吸附在玻璃器皿表面，所以菌液加入培养皿后，应当立刻倒入熔化并冷却至 45～50℃的培养基，立刻摇匀。否则，细菌将不易分散，影响计数。

8. 平板划线分离法时注意接种环与琼脂表面的角度要小，移动的压力不能太大，否则会刺破琼脂。线条要平行密集，充分利用平板表面积。

9. 放线菌的培养时间较长，故制作平板的培养基用量可适当增多。

七、考评

考评标准见表 1-5。

表 1-5　考评表

序号	考核内容	分值	评分标准
1	实验准备	10	①取样深度适宜，2分。 ②无菌稀释方法正确，5分。 ③稀释梯度适宜，3分

序号	考核内容	分值	评分标准
2	实验操作	20	稀释涂布平板法： ① 正确标注并做平行样,4分。 ② 倒平板无菌操作,4分。 ③ 培养基温度适宜,倒入量适宜,4分。 ④ 滴加菌悬液量适宜,4分。 ⑤ 涂布操作正确,4分
		20	稀释混合平板法： ① 正确标注并做平行样,4分。 ② 倒平板无菌操作,4分。 ③ 培养基温度适宜,倒入量适宜,4分。 ④ 滴加菌悬液量适宜,4分。 ⑤ 菌液立即与培养基混合,操作正确,4分
		20	平板划线分离法： ① 正确标注并做平行样,4分。 ② 倒平板无菌操作,4分。 ③ 培养基温度适宜,倒入量适宜,4分。 ④ 划线不刺破培养基,4分。 ⑤ 划线密度适宜,操作正确,4分
3	数据记录	10	① 正确计算各种接种方法的样品浓度,5分。 ② 正确记录描述菌落特征,5分
4	结果分析	10	① 总结分析实验过程的注意事项及问题,5分。 ② 实验收获及心得体会,5分
5	文明实验	10	① 实验结束,锥形瓶、试管等清洗干净,物归原处,6分。 ② 整理实验台,4分

八、思考题

1.比较 3 种接种方法所得的计数结果的差异并分析原因。

2.3 种接种方法是否都能较好地得到了单菌落？如果不是，请分析其原因。

3.在平板划线分离时，为什么要反复将接种环上的残余物烧掉？

4.各种微生物的分离、纯化及接种操作技术获得成功的关键点有哪些？

5.为什么高氏 1 号培养基中要加入苯酚？如果用牛肉膏蛋白胨培养基分离一种对青霉素具有抗性的细菌，应如何操作？

6.当平板上长出的菌落不是均匀分散的而是集中在一起时，问题可能出在哪里？

7.试设计一个从土壤中分离出酵母菌的实验。

任务四　霉菌插片培养及观察

一、实验目的

1.了解霉菌的营养菌丝、气生菌丝、孢子丝和孢子的形态。
2.掌握观察霉菌形态的插片培养法。

二、实验原理

1. 霉菌的形态结构

霉菌除少数为单细胞外，基本构造都是分枝或不分枝的菌丝。低级的霉菌丝状管道中无横隔，因此其菌丝体内含有许多细胞核。一些比较高等的霉菌丝状管道中皆有横隔，由横隔将菌丝隔成许多细胞。霉菌菌丝可分为营养菌丝和气生菌丝，气生菌丝生长到一定阶段分化产生繁殖菌丝孢子丝，由繁殖菌丝产生孢子。霉菌菌丝体，尤其是繁殖菌丝及孢子的形态特征是识别不同种类霉菌的重要依据。霉菌菌丝和孢子的宽度通常比放线菌粗得多，因此，用低倍显微镜即可观察。

2. 插片培养法

插片培养法是将灭菌盖玻片插入接种微生物的琼脂平板上，培养后，菌丝会沿着插片处生长而附着在盖玻片上（图1-14）。取出盖玻片，置于载玻片上，直接镜检可观察到微生物自然生长状态下的特征和不同生长期的形态。

霉菌菌丝较粗大，细胞易收缩变形，而且孢子很容易飞散，所以镜检时常将培养物置于乳酸酚棉蓝染色液中，制片镜检。用此染液制片的特点是：细胞不变形、具有防腐作用、不易干燥、能保持较长时间、能防止孢子飞散、染液的蓝色能增强反差。

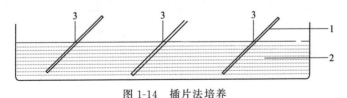

图 1-14　插片法培养
1—盖玻片；2—培养基；3—接种处

三、实验用品

培养箱、显微镜、平皿、涂布棒、接种环、载玻片、灭菌的盖玻片、吸水纸、无菌毛细滴管、擦镜纸等。

PDA 培养基或察氏琼脂、乳酸酚棉蓝染色液、二甲苯等。

菌种：产黄青霉、黑曲霉、黑根霉、总状毛霉等培养 2～5d 的马铃薯琼脂斜面培养物。

四、实验步骤

1. 配制培养基与试剂

（1）霉菌 PDA 培养基

马铃薯 200g，去皮，切小块，用电磁炉煮 30min，用 4 层纱布过滤，取滤液加蒸馏水再加蔗糖（葡萄糖）20g，琼脂粉 18 克，溶化后定容至 1000mL，115℃灭菌 20min。

（2）乳酸酚棉蓝染色液

苯酚 20g、乳酸（相对密度 1.21）20mL、甘油 40mL、蒸馏水 20mL、棉蓝 0.05g。

将苯酚加在蒸馏水中加热溶解，然后加入乳酸和甘油，最后加入棉蓝，使其溶解即成。

2. 插片培养

① 将霉菌 PDA 培养基熔化后，倒 10～12mL 于灭菌培养皿内，凝固后使用。

② 将霉菌斜面菌种制成孢子悬液后（稀释度以 10^{-2}～10^{-3} 为好），取 0.2mL 放在平板培养基上，用玻璃刮铲涂布均匀，或用接种环挑取霉菌孢子在霉菌 PDA 琼脂平板上划线接种，划线要密些，以便插片培养。

③ 将灭菌的盖玻片以 45°角插入培养皿内的培养基中，插入深约为 1/2 或 1/3。

④ 平板背面做好标记，放置培养箱中 28℃下培养 2～3d。

3. 镜检

① 培养后菌丝体生长在培养基及盖玻片上，小心地用镊子将盖玻片抽出，轻轻擦去生长较差一面的菌丝体，将生长良好的菌丝体面向灭菌的载玻片，压放于载玻片上，直接在显微镜下观察。

② 在载玻片上加一滴乳酸酚棉蓝染色液，用镊子小心拔出盖玻片，擦去背面培养物，将有菌的一面朝下放在载玻片上染液处，直接镜检。

五、实验结果

绘图说明各种霉菌的形态特征，特别是营养菌丝、气生菌丝、孢子丝、孢子的形态、结构和颜色，对比染色后镜检效果。

六、注意事项

1. 进行制片时减少空气流动，避免吸入孢子。
2. 尽可能保持霉菌自然生长状态，加盖玻片时勿压入气泡，以免影响观察。

七、考评

考评标准见表 1-6。

表 1-6　考评表

序号	考核内容	分值	评分标准
1	实验准备	20	① 使用的材料采用合适的方法灭菌，5分。 ② 正确配制霉菌培养基并灭菌，正确配制染色液，10分。 ③ 实验前实验台及双手无菌，5分
2	实验操作	25	插片培养： ① 倒平板均匀、厚薄得当，5分。 ② 平板上无菌接种霉菌操作正确，10分。 ③ 插片前后镊子灭菌，插片正确，5分。 ④ 正确选择培养温度及时间，5分
		25	显微镜观测： ① 保留一面盖玻片菌丝，5分。 ② 制片正确，10分。 ③ 按照先低倍再高倍的顺序使用显微镜，10分
3	数据记录	10	正确绘制霉菌形态图，注意显微镜下可见的结构细节，10分
4	结果分析	10	① 总结分析实验过程的注意事项及问题，5分。 ② 实验收获及心得体会，5分
5	文明实验	10	① 实验结束，仪器回零，关闭电源，拔下插头。玻片、试管等清洗干净，物归原处，6分。 ② 整理实验台，4分

八、思考题

1. 在高倍镜下如何区分霉菌的营养菌丝和气生菌丝？
2. 用插片培养法制备霉菌标本，主要优点是什么？可否用这种方法观察其他微生物？为什么？

任务五　微生物细胞的计数和测量

一、实验目的

1. 了解计数板的构造及其计数原理。
2. 掌握使用计数板直接进行微生物计数的方法。
3. 了解显微镜测微尺的结构及使用原理。
4. 掌握目镜测微尺的标定方法。
5. 掌握微生物细胞大小的测量方法。

二、实验原理

1. 血细胞计数板计数

测定细胞数目的方法有显微镜直接计数法、稀释平板计数法、光电比浊法、最大或然数法以及膜过滤法等。通常采用的有显微镜直接计数法和稀释平板计数法。稀释平板计数法主要计数活菌，而显微镜直接计数法则针对总菌数，本实验微生物的细胞计数指显微镜直接计数法。

用于微生物细胞直接计数的计数板有两种，分别是细菌计数板和血细胞计数板。细菌计数板用于计数细菌等较小的微生物，血细胞计数板可用于计数酵母菌、霉菌孢子等菌体较大的微生物。两种计数板的结构和计数原理基本相同，其区别在于计数室的高度，细菌计数板计数室的高度为 0.02mm，可使用油镜观察；血细胞计数板计数室的高度为 0.1mm，不能使用油镜进行计数。

血细胞计数板（图 1-15）是一块特制的长方形厚玻璃板，板面的中部有 4 条直槽，内侧两槽中间有一条横槽把中部隔成两长方形的平台。平台比整个玻璃板的平面低 0.1mm，当放上盖玻片后，平台与盖玻片之间距离为 0.1mm。每个平台中心部分被精确划分为 9 个大方格，称为计数室。计数室的刻度一般有两种规格：一种是 16×25 的计数室，即将计数室的大方格分成 16 个中方格，再将每个中方格分成 25 个小方格，则计数室共计 400 个小方格；另一种是 25×16 的计数室，即将计数室的大方格分成 25 个中方格，再将每个中方格分成 16 个小方格，则计数室的小方格数同样也是 400 个。计数室大方格的边长为 1mm，高度为 0.1mm，所以计数室的体积为 0.1mm³。

使用 25×16 型计数板计数时，选择计数室五个中方格，即四个角及中央一个中方格（图 1-16），计数其中的总菌数，然后按照下式换算出 1mL 菌液中的总菌数。

$25×16$ 型血细胞计数板：

$$C=\frac{A\times25}{5\times0.1}\times10^{3}$$

式中　C——菌液浓度，个/mL；

　　　A——五个中方格中的总菌数，个。

　　使用 $16×25$ 型计数板计数时，选择计数室四个中方格，即四个角的中方格，计数其中的总菌数，然后按照下式换算出 1mL 菌液中的总菌数。

　　$16×25$ 型血细胞计数板：

$$C'=\frac{A'\times16}{4\times0.1}\times10^{3}$$

式中　C'——菌液浓度，个/mL；

　　　A'——四个中方格中的总菌数，个。

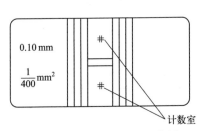

图 1-15　血细胞计数板示意图

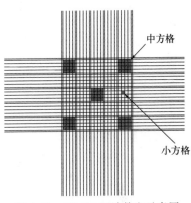

图 1-16　$25×16$ 型计数室示意图

2. 显微镜测微尺测定细胞大小

　　微生物细胞大小是微生物重要的形态特征。同种菌体的细胞直径差异不大，尤其是处于指数生长期的细胞，因此，细胞大小可作为微生物分类鉴定的依据之一。

　　微生物个体微小，细胞大小只能在显微镜下测量，用于测量微生物细胞大小的工具是显微镜测微尺，包括镜台测微尺和目镜测微尺（图 1-17）。镜台测微尺是一块特殊的载玻片，在中央有一个长 1mm 或 2mm 的精确刻度尺，被等分成 100或 200 小格，每小格实际长度为 0.01mm（即 $10\mu m$）。其作用是用于标定目镜测微尺。目镜测微尺是一块带有精确刻度尺的圆形玻片，刻度尺长 5mm 或 10mm，被等分成 50 或 100 个小格。微生物细胞测量时，应预先将其安装在目镜中的隔板上。由于不同目镜、物镜组的放大倍数不同，目镜测微尺每格代表的实际长度也就不同，因此，目镜测微尺不能直接用来测量细胞大小，必须预先用镜台测微尺进行标定，计算出在一定放大倍数下每小格所代表的实际长度。然后根据微生物细胞所占目镜测微尺的格数，计算出细胞的实际大小。

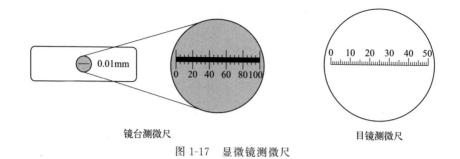

镜台测微尺　　　　　　　　　　　　　目镜测微尺

图 1-17　显微镜测微尺

三、实验用品

显微镜、血细胞计数板、目镜测微尺、镜台测微尺等。

载玻片、盖玻片、吸水纸、无菌毛细滴管、擦镜纸、二甲苯等。

菌种：酿酒酵母菌液。

四、实验步骤

1. 血细胞计数板计数

① 视待测菌液浓度，加无菌水作适当稀释，以每小格的菌数可数为度。一般以每小格 5～10 个酵母为宜。

② 血细胞计数板使用前应当清洗干净，用 95％ 酒精棉球擦洗，切勿用火焰烘干。取洁净的血细胞计数板一块，在计数室上盖上一块盖玻片。

③ 将酵母菌液摇匀，用无菌的毛细滴管吸取少许，从计数板中间平台两侧的沟槽内沿盖玻片下边缘滴入一小滴（不宜过多），使菌液沿两玻片间自行渗入计数室，勿产生气泡，并用吸水纸吸去沟槽中流出的多余菌液。也可以将菌液直接滴加在计数室上，然后加盖盖玻片（勿使产生气泡）。

④ 静置约 5min，先在低倍镜下找到计数室后，再转换高倍镜观察计数。由于菌体在计数室中处于不同的空间位置，要在不同的焦距下才能看到，因而观察时必须不断调节微调螺旋，方能数到全部菌体，防止遗漏。如菌体位于中格的双线上，计数时则数下线不数上线，数右线不数左线，以减少误差。凡酵母菌的芽体达到母细胞大小一半时，即可作为两个菌体计算。每个样品重复计数 2～3 次取其平均值计算。注意每次计数数值不应相差过大，否则应重新操作。

⑤ 计数完毕，将血细胞计数板用水冲洗干净，切勿用硬物洗刷，自行晾干或吹风机吹干，或用擦镜纸轻轻擦拭。镜检观察每小格内是否有残留菌体或其他沉

淀物。若不干净，则必须重复洗涤至干净。

2. 显微镜测微尺测定细胞大小

（1）目镜测微尺的标定

① 取下一侧目镜，旋开上透镜，将目镜测微尺刻度朝下装在目镜隔板上，然后旋紧目镜，插入镜筒内。

② 将镜台测微尺刻度朝上放置在载物台上。

③ 在低倍镜下找到镜台测微尺，然后在高倍镜下，看清镜台测微尺的刻度（必要时可调节光强）。转动目镜，使目镜测微尺与镜台测微尺平行靠近，移动推动器，使两尺的 0 刻度重合，然后由左向右找出两尺第二个完全重合的刻度线。

④ 记数两条重合的刻度线之间目镜测微尺和镜台测微尺的格数，然后用下式计算出在一定放大倍数下目镜测微尺每格所代表的实际长度（μm）。

$$目镜测微尺每格长度 = \frac{两重合线间镜台测微尺的格数 \times 10}{两重合线间目镜测微尺的格数}$$

（2）菌体细胞大小的测定

① 取下镜台测微尺，将指数生长期的酵母菌菌悬液的水浸片置载物台上。

② 先用低倍镜观察，然后转到高倍镜下调至视野清晰。通过转动目镜测微尺并移动待测样品，分别测量球菌的直径和杆菌的长、宽各占目镜测微尺的几个格，不足一格的部分要估计到小数点后一位。

③ 将标定的目镜测微尺每格长度乘以菌体所占的格数，即为菌体的直径或长和宽。

④ 移动待测样品，转至其他视野。一般应镜检 3～5 个视野，每个视野测量 3～5 个菌体，求出待测菌直径或长、宽的平均值。

五、实验结果

1. 将计数板计数的结果记录在表 1-7 中。

表 1-7　酵母菌显微计数表

培养（　　）℃（　　）小时　稀释（　　）倍

计数次数	各中方格内的菌数/个						平均总菌数/个	菌液浓度/（个/mL）
	1	2	3	4	5	总菌数		

2. 将不同放大倍数下目镜测微尺的标定结果记录在表 1-8 中。

表 1-8 目镜测微尺标定记录表

目镜倍数	物镜倍数	重合线间目镜测微尺格数	重合线间镜台测微尺格数	目镜测微尺每格长度/μm

3.将待测菌的测量结果记录在表 1-9 中。

表 1-9   待测菌的测量结果记录表

测量序号	目镜测微尺格数		平均格数		菌体大小/μm	
	直径或长	宽	直径或长	宽	直径或长	宽

六、注意事项

1.计数时，其浓度应控制在 10^6 个/mL，太浓应进行适当的稀释，一般每小格内有 5～10 个菌体。若原菌液稀释，则最后计算菌液浓度应乘以稀释倍数。

2.计数前应充分混匀样品后再取样。

3.显微计数时滴加的菌液不宜过多。若盖玻片浮起或有菌液流入沟槽中，说明菌液滴加量过多，需重新制片。

4.菌液不能滴加到盖玻片上。

5.计数室内不能有气泡产生，否则会影响结果的准确性。

6.显微计数时，应多次计数取平均值，注意每次计数数值不应相差过大，否则应重新操作。

7.使用血细胞计数板前应先观察计数板规格。

8.显微镜测微尺测量微生物细胞的实际大小，必须用湿涂片或水浸片。通常选用指数生长期的菌体进行测量，因为此时菌体的形态较为一致。

9.测量菌体大小时取样观察 10～20 个菌体，取其平均值。

七、考评

考评标准见表 1-10。

表 1-10　考评表

序号	考核内容	分值	评分标准
1	实验准备	10	① 器皿等正确清洁,5分。 ② 正确适当稀释菌液,5分
2	实验操作	30	血细胞计数板计数: ① 滴加前菌液摇匀,2分。 ② 菌液沿两玻片间自行渗入计数室,未产生气泡,5分。 ③ 静置后观察,3分。 ④ 观察中调节焦距数到全部菌体,5分。 ⑤ 按照先低倍再高倍的顺序使用显微镜,5分。 ⑥ 按计数规则计数,5分。 ⑦ 多次测定取平均值,5分
		20	显微镜测微尺测定细胞大小: ① 正确安装镜台测微尺和目镜测微尺,5分。 ② 用镜台测微尺校正目镜测微尺正确,5分。 ③ 按照先低倍再高倍的顺序使用显微镜,5分。 ④ 多次测定取平均值,5分
3	数据记录	20	① 正确填写记录表,10分。 ② 准确计算细胞大小和数量,10分
4	结果分析	10	① 总结分析实验过程的注意事项及问题,5分。 ② 实验收获及心得体会,5分
5	文明实验	10	① 实验结束,仪器回零,关闭电源,拔下插头。玻片、试管等清洗干净,物归原处,6分。 ② 整理实验台,4分

八、思考题

1. 在显微镜下直接测定微生物数量有什么优缺点?

2. 用血细胞计数板计数时,哪些步骤易造成误差?

3. 血细胞计数板计数中为什么计数室内不可有气泡?请分析产生气泡的可能原因及避免气泡产生的有效措施。

4. 显微镜测微尺测量菌体细胞大小实验中为提高测量结果的准确度,应注意哪些问题?

5. 显微镜测微尺测量菌体细胞大小实验中为什么目镜测微尺必须用镜台测微尺校正?

任务六　细菌的简单染色和革兰氏染色

一、实验目的

1. 掌握微生物简单染色和革兰氏染色基本原理及意义。
2. 学习微生物的涂片染色的操作技术。
3. 观察细菌的形态、排列和结构特征。
4. 巩固显微镜的使用方法。

二、实验原理

微生物细胞含有大量水分，对光线的吸收和反射与水溶液的差别不大，与周围背景没有明显的明暗差，难以看清细胞的形态与结构。所以，除了观察活体微生物细胞的运动性和直接计算菌数外，绝大多数情况下必须经过染色后，才能在显微镜下进行观察。可以说染色是微生物学的基本技术。染色后的微生物标本是死的，在染色过程中微生物的形态与结构均会发生一些变化，不能完全代表其生活细胞的真实情况。

1. 简单染色

简单染色是利用单一染料对细菌进行染色的一种方法。此法操作简便，适用于菌体一般形态和细菌排列的观察。

在中性、碱性或弱酸性溶液中，细菌细胞通常带负电荷，所以常用碱性染料进行染色。碱性染料并不是碱，和其他染料一样是一种盐，电离时染料离子带正电，易与带负电荷的细菌结合而使细菌着色。经染色后的细菌细胞与背景形成鲜明对比，在显微镜下更易于识别。常用的简单染色的碱性染料有美蓝、结晶紫、碱性复红、孔雀绿、番红（又称沙黄）等。

染色过程受到细胞通透性、培养基组成、菌龄、染色液中的电解质含量、pH值、温度、药物作用等因素的影响。

简单染色步骤包括滴水、涂片、风干、固定、染色、水洗、干燥、镜检，见图 1-18。

2. 革兰氏染色

革兰氏染色是 1884 年由丹麦病理学家 C. Gram 创立的，而后一些学者在此基础上作了某些改进，是细菌学中最重要的鉴别染色法。它利用两种不同性质的染料，即草酸铵结晶紫和番红染液先后染色菌体。当用乙醇脱色后，如果细菌能保持

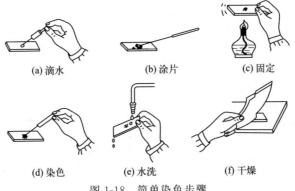

(a) 滴水　　(b) 涂片　　(c) 固定

(d) 染色　　(e) 水洗　　(f) 干燥

图 1-18　简单染色步骤

草酸铵结晶紫与碘的复合物而不被脱色，则呈紫色的细菌称为革兰氏阳性菌（G^+）；如果草酸铵结晶紫与碘的复合物被乙醇脱掉，菌体染上番红的颜色，则呈红色叫作革兰氏阴性菌（G^-）。现在已知，革兰氏染色结果与细菌细胞壁的结构组成有关。一般认为通过结晶紫初染和碘液媒染后，在细胞膜内形成了不溶于水的结晶紫与碘复合物。革兰氏阳性菌的细胞壁较厚，且肽聚糖网层次多、交联致密，故经乙醇处理后因失水反而使网孔缩小，再加上它不含类脂，故乙醇处理时不会溶出缝隙，因此能把结晶紫与碘复合物牢牢留在壁内，使其仍呈紫色。反之，革兰氏阴性菌细胞壁薄、外膜层的类脂含量高、肽聚糖层薄且交联度差，因此在乙醇处理后，以类脂为主的外膜迅速溶解，薄而松散的肽聚糖网不能阻挡结晶紫与碘复合物的溶出，因此，通过乙醇处理后细胞褪成无色。这时，再经番红等红色染料复染，就使 G^- 呈红色，而 G^+ 则仍保留紫色。

革兰氏阳性菌和革兰氏阴性菌的细胞壁结构显著不同，导致这两类细菌在染色性、抗原性、毒性、对某些药物的敏感性等方面有很大差异。

革兰氏染色步骤见图 1-19，主要有初染、媒染、脱色、复染等。

三、实验用品

废液缸、洗瓶、载玻片、接种杯、酒精灯、打火机、记号笔、擦镜纸和显微镜等。

草酸铵结晶紫溶液、卢戈氏碘液、95％酒精、番红染液、蒸馏水、香柏油、二甲苯等。

菌种：培养 24h 的大肠杆菌和金黄色葡萄球菌（或枯草芽孢杆菌）。

四、实验步骤

1. 配制试剂

可购买成套革兰氏染液或配制相关试剂。

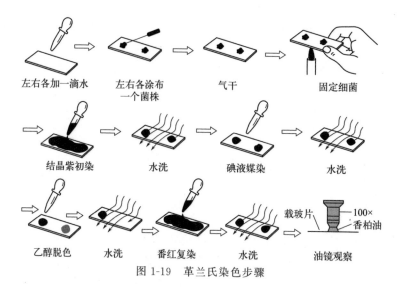

左右各加一滴水 → 左右各涂布一个菌株 → 气干 → 固定细菌

结晶紫初染 → 水洗 → 碘液媒染 → 水洗

乙醇脱色 → 水洗 → 番红复染 → 水洗 → 油镜观察

载玻片　100×　香柏油

图1-19　革兰氏染色步骤

（1）草酸铵结晶紫溶液

A液：将2g结晶紫溶于20mL 95％的乙醇中。

B液：将0.8g草酸铵溶于80mL蒸馏水中。

将A、B两液混合，静置24h，过滤后装入试剂瓶内备用。

（2）卢戈氏碘液

将2g碘化钾溶于5～10mL蒸馏水中，再加入1g碘，待碘溶解后，加水至300mL。

（3）0.5％的番红溶液

将0.5g番红溶于20mL的95％乙醇中，待番红溶解后，加入80mL蒸馏水。

2. 简单染色

① 滴水、涂片　取干净的载玻片，在正面边角做记号（注明菌名、染色类型），并滴加一滴无菌水于载玻片中央，灼烧接种杯，待冷却后从斜面挑取少量菌种与玻片上的水滴混匀后，在载玻片上涂布成一均匀的薄层，涂布面不宜过大，面积1～1.5cm²。

② 风干　干燥过程最好在空气中自然晾干，为了加速干燥，也可以在微小火焰上方烘干。

③ 固定　手持载玻片一端，将已干燥的涂片向上，在火焰上方迅速通过2～3次，共3～4s，使得菌体与玻片结合牢固。注意用手摸涂片反面，以不烫手为宜，固定不宜在高温下长时间烤干，否则急速失水会使菌体变形。放置待冷却后染色。

④ 染色　滴加草酸铵结晶紫染色1～2min，染色液量以盖满菌膜为宜。

⑤ 水洗　倾去染液，斜置载玻片，用细小的缓水流自标本的上端流下，洗去多余的染料，勿使水流直接冲洗涂菌处，直到流下的水无色为止。

⑥ 干燥　将标本置于桌上风干，也可用吸水纸轻轻地吸去水分，或微微加热，以加快干燥速度。

⑦ 镜检　按显微镜的操作步骤观察细菌形态和排列方式，及时记录，并进行形态图绘制。

3. 革兰氏染色

① 滴水、涂片、风干、固定步骤同简单染色法。

② 初染　滴加草酸铵结晶紫染色1～2min，用水洗去剩余染料。

③ 媒染　滴加卢戈氏碘液，染色1～2min，水洗，用滤纸吸干残存水滴。

④ 脱色　滴加95％的乙醇，并轻轻摇动载玻片。直至洗出乙醇刚刚不出现紫色时即停止（乙醇的浓度、用量及涂片厚度都会影响脱色速度。大约需时30s）。脱色完毕后，水洗，滤纸吸干。

⑤ 复染　滴加番红，染色1～2min，水洗，用滤纸吸干。

⑥ 镜检　同简单染色，并根据呈现的颜色判断该菌属是 G^+ 细菌还是 G^- 细菌，也可与已知菌对照。观察时先用低倍镜观察，发现目的物后用油镜观察。

五、实验结果

1. 简单染色结果

将简单染色结果绘制在表1-11中，注意描绘出细菌的大小和排列方式。

表1-11　简单染色结果记录表

菌名	油镜绘图（注意描绘出细菌大小和排列方式的不同）

菌名	油镜绘图（注意描绘出细菌大小和排列方式的不同）
	◯

2.革兰氏染色结果

将革兰氏染色结果绘制在表 1-12 中，注意说明各菌的颜色。

表 1-12　革兰氏染色结果记录表

菌名	油镜绘图（注意说明各菌的颜色）	染色结果
	◯	
	◯	
	◯	
	◯	

六、注意事项

1.涂片务求均匀，切忌过厚。涂片时必须注意应轻轻操作，猛烈的动作会改变菌体细胞原有的排列形式，或造成细菌鞭毛脱落，影响结果的准确性。

2.固定时玻片不宜过热。

3.在染色过程中，不可使染液干涸。

4.水洗时不能直接冲洗菌膜位置，要使水从载玻片的一端向另一端缓缓流下，以免造成菌膜脱落。

5.涂片必须完全干燥后才能用油镜观察。

6.革兰氏染色所用细菌的菌龄一般不超过24h，因为老龄菌体内核酸减少，会使阳性菌被染成阴性菌，故不能选用。

7.革兰氏染色取菌量不宜太多，否则菌膜过厚，脱色不完全会造成假阳性。

8.革兰氏染色脱色时间十分重要，时间过长，则脱色过度，会使阳性菌被染成阴性菌；脱色不够，则会使阴性菌被染成阳性菌。脱色时乙醇的滴加速度不宜过快，要仔细观察流下的乙醇颜色。为便于观察，可用手指夹住一张洁净的白色滤纸作为白色背景衬托在玻片下方。为避免玻片下端残留的带紫色的乙醇对结果观察造成的影响，当流下的乙醇颜色变淡时，可先用吸水纸擦去玻片下端的残留液体，再继续滴加乙醇。

七、考评

考评标准见表1-13。

表 1-13　考评表

序号	考核内容	分值	评分标准
1	实验准备	20	① 载玻片正确做好记号,5分。 ② 吸取适量无菌水滴加,5分。 ③ 风干和固定的温度和时间适宜,5分。 ④ 挑菌前和涂抹后灼烧接种环,5分
2	实验操作	25	染色： ① 染剂覆盖菌膜,5分。 ② 脱色时间适宜,10分。 ③ 水洗正确,未直接冲洗菌膜,10分
		15	镜检： ① 镜检前玻片干燥,5分。 ② 油镜使用方法正确,10分
3	数据记录	15	① 正确绘制记录表,10分。 ② 准确鉴定细菌,5分
4	结果分析	15	① 总结分析实验过程的注意事项及问题,10分。 ② 实验收获及心得体会,5分
5	文明实验	10	① 实验结束,仪器回零,关闭电源,拔下插头。试管等清洗干净并灭菌,物归原处。废弃菌种灭菌后,倒入特殊标识垃圾袋,送至指定地点处理,6分。 ② 整理实验台,4分

八、思考题

1.简单染色制片的关键是什么？尤其应该注意哪些环节？

2.为什么要求涂片完全干燥后才能用油镜观察？

3.如果涂片未经加热固定，将会出现什么问题？如果加热温度过高、时间太长，又会怎样？

4.革兰氏染色为什么要用培养24h内的菌体进行？用老龄细菌染色会出现什么问题？

5.要使革兰氏染色结果正确可靠，必须注意哪些操作过程？为什么？

6.革兰氏染色涂片过厚会出现什么结果？

7.革兰氏染色过程中为什么要进行火焰固定？被固定死亡的菌体和自然死亡的菌体的革兰氏染色结果有什么不同？

8.革兰氏染色过程中哪一个操作步骤可以省略而不影响最终结果？省略后革兰氏阳性菌和革兰氏阴性菌最终分别是什么颜色？为什么？

9.为什么大多数细菌染色用碱性染料而不用酸性染料进行染色？

任务七　酵母菌死活细胞观察

一、实验目的

1. 学会酵母菌制片方法，观察酵母菌的形态及出芽生殖方式。
2. 学会区分酵母菌死活细胞的实验方法。

二、实验原理

酵母菌是不运动的单细胞真核微生物，呈圆形或椭圆形，多边出芽，少数种可形成假菌丝，其大小通常比常见细菌大几倍甚至十几倍。代表种是酿酒酵母。

1. 美蓝染液水浸片法鉴别酵母菌死活细胞

由于酵母细胞个体大，采取涂片的方法制片有可能损伤细胞，一般通过美蓝染液水浸片法或水-碘液浸片法来观察酵母菌形态和出芽生殖方式。此外，采用美蓝染液水浸片法还可以对酵母菌的死活细胞进行鉴别。

美蓝是一种无毒性的染料，它的氧化型呈蓝色，还原型呈无色。用美蓝对酵母的活细胞进行染色时，由于细胞的新陈代谢作用，细胞内具有较强的还原能力，能使美蓝由蓝色的氧化型变为无色的还原型。因此，具有还原能力的酵母活细胞是无色的，而死细胞或代谢作用微弱的衰老细胞则呈蓝色或淡蓝色，借此即可对酵母菌的死细胞和活细胞进行鉴别。但美蓝的浓度、作用时间等对细胞染色均有影响，应加以注意。

2. 暗视野显微镜鉴别酵母死活细胞

将不经染料染色的活细胞（水封片）在普通光学显微镜下进行观察，当光线通过透明的标本时，由于细胞内物质的折射率与水相近，明亮的视野背景与明亮的菌体不易分辨。如果将背景变暗，使标本与背景形成强烈的明暗反差，则菌体在暗背景中会成为明亮的亮点，便于观察。

暗视野显微镜采用特殊的聚光器，聚光器的下方中央被圆形黑盘所遮，光仅由周缘进入，使光会聚于载玻片上，并斜照物体。物体经斜射照明后，发出反射光即可进入物镜，这样，造成显微镜视野黑暗，而其中的物体明亮，以便观察菌体。在暗视野中所观察到的是被检物体的衍射光图像，并非物体的本身，所以只能看到物体的存在和运动，不能辨清物体的细微结构。因此暗视野显微镜主要用于观察细菌、螺旋体及其运动。

在暗视野中，由于有些活细胞其外表比死细胞明亮，所以暗视野也被用来区分死活细胞，此技术现已被用于各种酵母细胞的死活鉴别。

三、实验用品

酿酒酵母菌种、0.05％和0.1％吕氏碱性美蓝染色液、无菌水、香柏油、显微镜、暗视野显微镜、载玻片、擦镜纸、盖玻片、接种环等。

四、实验步骤

1. 美蓝浸片观察与判定

① 在载玻片中央加一滴0.1％吕氏碱性美蓝染色液，液滴不可过多或过少，以免盖上盖玻片时，溢出或留有气泡。然后按无菌操作用接种环在酵母菌斜面上挑取少量菌苔放在染液中，混合均匀。

② 用镊子取一块盖玻片，先将一边与菌液接触，然后慢慢将盖玻片放下使其盖在菌液上。盖片时应注意，不能将盖玻片平放下去，以免产生气泡影响观察。

③ 将制好的水浸片放置2～3min后镜检，先用低倍镜，然后用高倍镜观察。注意区分母细胞与芽体，区分蓝色的死细胞与不着色的活细胞。在一个视野里计数死细胞和活细胞，共计数5～6个视野。

酵母菌死亡率一般用百分数来表示，计算式如下：

$$死亡率 = \frac{死细胞数目}{细胞总数} \times 100\%$$

④ 染色0.5h后再次进行观察，注意死细胞数量是否增加。

⑤ 用0.05％吕氏碱性美蓝染液重复上述操作，注意与0.1％吕氏碱性美蓝染色液的区别。

2. 暗视野显微镜观察与判定

① 将显微镜的聚光器换成暗视野聚光器。

② 从斜面上挑数环酿酒酵母放在装有1～2mL无菌水的试管中，制成轻度混浊的菌悬液。

③ 选厚度在1.0～1.2mm的干净载玻片一块，滴上酿酒酵母悬液，加盖玻片，切勿产生气泡，制成水浸片。由于暗视野聚光镜的数值孔径都较大，焦点较浅，所以，过厚被检物体无法调在聚光镜焦点处。因此选择的载玻片厚度为1.0mm左右，盖玻片厚度宜在0.16mm以下。同时载玻片、盖玻片应清洁，无油脂及划痕，否则会严重地扰乱最终成像。

④ 将聚光镜光圈调至1.4，光源的光圈孔调至最大。

⑤ 在聚光器上放一大滴香柏油，将标本置载物台上，向上调节聚光器使油与载玻片接触。注意聚光镜与载玻片之间滴加的香柏油要充满，否则照明光线于聚

光镜上面进行全面反射，达不到被检物体，从而不能得到暗视野照明。

⑥ 用低倍物镜及目镜进行配光对准物体，调节聚光器的高度，通过目镜可见到一个中间有黑点的光圈，仔细调节聚光器的高度（上升或下降），最后成为一个光亮的光点，光点愈小愈好，由此点将聚光器上下移动时均使光点增大。如果聚光器能水平移动并附有中心调节装置，则应首先进行中心调节，使聚光器的光轴与显微镜的光轴严格位于同一直线上。

⑦ 转移所需目镜及高倍物镜，调整焦距至视野中心出现发光的菌体。

⑧ 在盖玻片上滴一滴香柏油，并将油镜转至应在位置调节配光，进行观察，注意区分死活细胞。

⑨ 观察完毕，擦去聚光器上的香柏油，并参照普通光学显微镜的要求，妥善清洁镜头及其他部件。

五、实验结果

1. 绘图说明观察到的酿酒酵母菌的形态特征、出芽生殖情况。

2. 观察不同吕氏碱性美蓝浓度及作用时间下，酿酒酵母死活细胞数量变化的情况，并记录在表 1-14 中。

表 1-14　酿酒酵母死活细胞数量变化记录表

项目	吕氏碱性美蓝浓度			
	0.1％		0.05％	
作用时间	3min	30min	3min	30min
每个视野死细胞数目/个				
每个视野活细胞数目/个				
死亡率/％				

六、注意事项

1. 制作美蓝染液水浸片时，液滴大小应适当，同时涂菌均匀，盖片时应注意，不能将盖玻片平放下去，以免产生气泡影响观察。

2. 使用暗视野显微镜时应尽量在光线较暗的环境中使用。载玻片、盖玻片应选用适当，同时应清洁、无油脂及划痕，不宜过厚，否则都会严重地扰乱最终的物像。

3. 暗视野显微镜使用时应使聚光器的光轴与显微镜的光轴严格位于同一直线上。

七、考评

考评标准见表 1-15。

表 1-15　考评表

序号	考核内容	分值	评分标准
1	实验准备	10	① 标准配制 0.1％吕氏碱性美蓝染液,3 分。 ② 稀释配制 0.05％吕氏碱性美蓝染液,2 分。 ③ 配制酿酒酵母菌悬液,2 分。 ④ 更换暗视野聚光器,3 分
2	实验操作	20	美蓝浸片观察与判定: ① 涂片均匀,5 分。 ② 盖片不产生气泡,5 分。 ③ 染色时间准确,5 分。 ④ 可以正确判断活菌和死菌,5 分
		30	暗视野显微镜观察与判定: ① 选择合适的载玻片、盖玻片,5 分。 ② 正确调聚光器光圈及光圈孔,聚光器正确滴加香柏油,5 分。 ③ 准确调节聚光器高度和准焦螺旋,10 分。 ④ 正确使用油镜观察,5 分。 ⑤ 暗视野下正确判定活菌和死菌,5 分
3	数据记录	15	① 正确绘图,5 分。 ② 正确填写记录单,5 分。 ③ 死亡率计算正确,5 分
4	结果分析	15	① 总结分析实验过程的注意事项及问题,10 分。 ② 实验收获及心得体会,5 分
5	文明实验	10	① 实验结束,正确清洁显微镜,6 分。 ② 整理实验台,4 分

八、思考题

1. 如何区别酵母菌的死细胞和活细胞?

2. 吕氏碱性美蓝染液浓度和作用时间的不同,会对酵母菌死细胞数量有何影响?

3. 在显微镜下,酵母菌有哪些突出的特征区别于一般细菌?

4. 暗视野观察时,对所用的载玻片、盖玻片有何要求?为什么?

5. 观察活细胞的个体形态,用显微镜的明视野好,还是暗视野好?为什么?

任务八　微生物的生理生化鉴定

一、实验目的

1. 学习微生物常用生理生化反应的原理及在菌种鉴定中的作用。
2. 掌握微生物常见生理生化反应的实验操作方法。
3. 掌握酶活测定操作技术。

二、实验原理

生理生化特征是描述微生物分类特征的重要指标，其中与代谢相关的生化反应是微生物分类鉴定的重要依据之一。细菌种类不同，对底物的分解能力不同，产物也不同，用生物化学的方法测定这些代谢特征，可进行细菌的分类。微生物的生理生化特征实验包括：糖类等碳水化合物的代谢试验、氨基酸和蛋白质的代谢试验、有机酸代谢试验、发酵产酸产气试验、吲哚试验、甲基红试验、各种酶的代谢和抗生素敏感性试验等。

1. 微生物对碳源的利用

通过了解不同细菌对不同碳源的分解利用情况，可以认识细菌代谢类型的多样性，此外，了解细菌分解利用碳源的反应在细菌的分类鉴定中极为重要。

① 微生物的糖发酵试验：某些细菌能分解某些单糖或双糖，产酸和产气或只产酸不产气。可以通过培养后观察试管中指示剂颜色变化和杜氏小管内有无气泡来判断。

② V. P. 试验：某些细菌生长于葡萄糖蛋白胨水培养基中，能分解葡萄糖产生乙酰甲基甲醇（3-羟基-2-丁酮），如加入强碱液，即与空气中氧起作用产生二乙酰，二乙酰与蛋白胨中精氨酸的胍基作用呈红色称阳性反应，无此反应则称阴性反应。该试验主要用于肠杆菌属细菌的鉴别。沙雷氏菌属、阴沟肠杆菌等均为 V. P. 反应阳性，大肠埃希菌属、沙门氏菌属、志贺氏菌属等则均为 V. P. 反应阴性。

③ 甲基红试验：某些细菌在糖代谢过程中能分解葡萄糖产生丙酮酸，在丙酮酸的进一步分解中，由于糖代谢的途径不同，可产生大量酸性产物，使培养基 pH 值下降至 4.5 以下，若加入甲基红指示剂呈红色。如果细菌分解葡萄糖产酸量少，或产生的酸进一步转化为其他物质（如醇、醛、酮、气体和水），培养基 pH 在 6.2 以上，加入甲基红指示剂呈橘黄色。甲基红试验主要用于大肠埃希菌和产气肠

杆菌的鉴别，大肠埃希菌为阳性，产气肠杆菌为阴性。

2. 微生物对氮源的利用

不同细菌对含化合物的分解能力、代谢途径和代谢产物不完全相同。如某些细菌可以分解色氨酸产生吲哚，分解含硫氨基酸产生硫化氢，分解氨基酸产氨，分解硝酸盐为亚硝酸，或进一步还原成氨或氮等，微生物对含氮化合物的分解利用特征是菌种鉴定的重要依据。

① 硫化氢试验：某些菌能分解蛋白质中的含硫氨基酸如胱氨酸、半胱氨酸、甲硫氨酸等产生硫化氢，硫化氢与柠檬酸铁铵作用生成黑色硫化亚铁沉淀。

② 吲哚试验：某些菌能分解色氨酸产生吲哚，吲哚可与对二甲基氨基苯甲醛结合，形成红色的玫瑰吲哚。这是鉴定菌种的主要生化反应之一。

3. 蛋白酶活力的测定

酶活力的大小，是以在适宜的温度和 pH 下，酶催化一定时间后，反应底物的减少量或者反应产物的增加量来表示。

蛋白酶在一定的温度与 pH 条件下，水解蛋白质，产生含有酚基的氨基酸（如酪氨酸、色氨酸等），在碱性条件下，将福林试剂（Folin）还原，生成钼蓝与钨蓝，用分光光度法测定，计算酶活力。

三、实验用品

微生物菌种、电热恒温水浴锅、恒温培养箱、高压灭菌锅、分光光度计、冰箱、滤纸、试管、试管架、移液器、杜氏小管、酒精灯、接种针、培养皿、锥形瓶、烧杯、圆底烧瓶、加热回流装置、量筒等。

牛肉膏、蛋白胨、氯化钠、$Na_2HPO_4 \cdot 12H_2O$、溴麝香草酚蓝、氢氧化钠、葡萄糖、磷酸氢二钾、α-萘酚、氢氧化钾、无水乙醇、甲基红、95%乙醇、胱氨酸、醋酸铅、硫酸钠、酵母抽提物、胰蛋白胨、对二甲基氨基苯甲醛、浓盐酸、乙醚、分析纯钨酸钠、钼酸钠、85%磷酸、硫酸锂、溴液、三氯乙酸、无水碳酸钠、酪蛋白、酪氨酸等。

四、实验步骤

1. 糖发酵试验

（1）配制糖发酵培养基

牛肉膏 5g、蛋白胨 10g、氯化钠 3g、$Na_2HPO_4 \cdot 12H_2O$ 2g、0.2%溴麝香草酚蓝液 12mL、蒸馏水 1000mL；pH 7.4。

在此培养基中按 0.5%（质量分数）加入糖类（糖类可选麦芽糖、乳糖、蔗糖、木糖、葡萄糖、果糖、淀粉、糊精等），分装小试管，每管 1～2mL。用胶头滴管往杜氏小管中注满培养基,再把杜氏小管倒置放入试管中,注意不要让杜氏小管中进入空气,115℃高压灭菌 20min。每组 3 支试管,其中 1 支空白。

溴麝香草酚蓝溶液配制:溴麝香草酚蓝 0.2g、1mol/L NaOH 溶液 5mL;蒸馏水 95mL。

(2)接种

待培养基冷却至常温时,在无菌操作台上,取糖发酵培养基试管 3 支,在所试菌种斜面上挑取少量培养物接种糖管,接种后轻摇试管,使其均匀,防止倒置的小管进入气泡。另取 1 支糖管,不加菌种,作空白对照。在试管外壁上贴上标签,标签上分别标明发酵培养基的名称和所接种的细菌菌名。

(3)培养

将接种后的试管在试管架上放好,然后放入培养箱中于各菌种适合温度下培养 2d。

(4)观察

观察各试管颜色变化及杜氏小管中有无气泡。如培养基由蓝色变为黄色,表示产酸,为糖发酵阳性。若倒置的小管中有气泡出现,表示发酵该种糖时产气。记录实验结果。

2. V. P. 试验

(1)配制葡萄糖蛋白胨培养基和贝立脱试剂

① 葡萄糖蛋白胨水溶液:葡萄糖 0.5g、蛋白胨 0.5g、磷酸氢二钾 0.5g、蒸馏水 100mL,调 pH 为 7.2,每管 3mL 分装,每组 3 支试管,其中 1 支空白。115℃灭菌 30min,冷却备用。

② 贝立脱试剂:甲液为 5%萘酚,即 5g α-萘酚溶于 100mL 无水乙醇;乙液为 40%氢氧化钾水溶液。

将甲液和乙液分装于棕色瓶中于 4～10℃保存备用。

(2)接种培养

将试验菌接种于葡萄糖蛋白胨水溶液中,于 30～37℃培养 4d。在试管外壁上贴上标签,标签上分别标明发酵培养基的名称和所接种的细菌菌名。

(3)显色

在 1mL 培养液中先加入贝立脱试剂甲液 0.6mL,再加乙液 0.2mL,轻轻摇动,然后让其静置 10～15min。

(4)观察结果

阳性菌常立即呈现红色,若无红色出现,则静置于室温或 37℃培养箱,如 2h 内仍不显现红色,可判定为阴性。

3. 甲基红试验

(1)配制葡萄糖蛋白胨培养基和甲基红指示剂

① 葡萄糖蛋白胨水溶液:葡萄糖 0.5g、蛋白胨 0.5g、磷酸氢二钾 0.5g、蒸馏

水 100mL，调 pH 为 7.2，每管 3mL 分装，每组 3～5 支试管，其中 1 支空白。115℃灭菌 30min，冷却备用。

② 甲基红指示剂：甲基红 0.02g，95％乙醇 60mL，蒸馏水 40mL。

（2）挑取新鲜菌液以 1％接种量接种于葡萄糖蛋白胨水溶液中，30～37℃培养 24～48h。在试管外壁上贴上标签，标签上分别标明发酵培养基的名称和所接种的细菌菌名。

（3）取培养液 1mL，加甲基红指示剂 1～2 滴。

（4）立即观察结果：阳性呈鲜红色，弱阳性呈淡红色（橘红色）；阴性为橘黄色。试验时可以取出部分培养液进行试验，阴性时，剩余培养液可继续进行培养。至发现阳性或至第 5d 仍为阴性，即可结束实验。

4. 硫化氢试验

① 配制含胱氨酸培养基：蛋白胨 10g、胱氨酸 0.1g、硫酸钠 0.1g、蒸馏水 1000mL，pH 7.0～7.4，分装，每管高度 4～5cm，115℃灭菌 20～30min。每组 3 支试管，其中 1 支空白。

② 将普通滤纸剪成 0.5～1cm 宽，用 5％～10％醋酸铅溶液将滤纸浸透，烘箱烘干，放于大试管或培养皿内灭菌备用。

③ 将新鲜斜面培养物接种于培养基中，用无菌镊子取一条醋酸铅滤纸插入并用硅胶塞塞紧固定，悬于试管上空，使其下端接近培养基表面，以不被润湿为准。在试管外壁上贴上标签，标签上分别标明发酵培养基的名称和所接种的细菌菌名。

④ 37℃培养 1～6d，每天观察纸条的颜色变化。纸条变黑为阳性，不变色为阴性。

5. 吲哚试验

（1）配制蛋白胨水培养基及欧氏试剂

① 蛋白胨水培养基：蛋白胨 10g、氯化钠 5g、酵母抽提物 5g、胰蛋白胨 10g、水 1000mL，pH 7.2～7.4，每管 3mL 分装，每组 3～5 支试管，其中 1 支空白。121℃湿热灭菌 20min。

② 欧氏试剂：对二甲基氨基苯甲醛 1g、95％乙醇 95mL、浓盐酸 20mL，将对二甲基氨基苯甲醛加入 95％乙醇内，振荡使其溶解，徐徐加入盐酸，边加边摇。

③ 乙醚：1～2mL/支。

（2）将待试菌种少量接种于培养基试管内，于 30～37℃培养 3 周。在试管外壁上贴上标签，标签上分别标明发酵培养基的名称和所接种的细菌菌名。

（3）取约 2mL 培养液，加 1～2mL 乙醚振荡。静置 1min，分层后，再沿试管壁徐缓加入 5 滴欧氏试剂。观察液层界面颜色，在乙醚和培养物之间产生红色环状物为阳性反应，无颜色变化为阴性，见图 1-20。

6. 蛋白酶活力试验

（1）配制试剂

① 福林-酚试剂 B（Folin 试剂）：取分析纯钨酸钠 10g，钼酸钠 25g，蒸馏水 700mL，共置于 1000mL 圆底烧瓶中，加 85％磷酸 50mL 及浓盐酸 100mL，充分混匀后小火回流 10h。稍冷后加入 150g 硫酸锂和 50mL 蒸馏水并加溴液数滴，于通风橱中开口煮沸 15min，驱去残留的溴，冷却后溶液呈金黄色，蒸馏水定容至 1000mL，过滤后置棕色瓶中保存。

阳性　阴性

图 1-20　吲哚试验结果

② 0.4mol/L 三氯乙酸溶液：三氯乙酸 65.4g，加蒸馏水定容至 1000mL。

③ 0.4mol/L 碳酸钠溶液：无水碳酸钠 42.4g，用蒸馏水定容于 1000mL。

④ 2％g/mL 酪蛋白溶液试剂：酪蛋白 2.0g，浸泡于 20mL 0.1mol/L NaOH 溶液中过夜，水浴中加热煮沸使之溶解，再用 pH 7.0 缓冲液定容至 100mL，储于冰箱。

⑤ 酪氨酸标准液：酪氨酸于 105℃干燥箱中烘至恒重，精确称取 0.100g 用少量 0.2mol/L 盐酸溶解并用蒸馏水定容至 100mL，浓度为 1000μg/mL，制作标准曲线时稀释 10 倍。

（2）制作酪氨酸标准曲线

取浓度为 100μg/mL 的酪氨酸溶液，按表 1-16 操作。

表 1-16　酪氨酸标准曲线

项目	管号						
	1	2	3	4	5	6	7
100μg/mL 的酪氨酸溶液/mL	0	0.1	0.2	0.3	0.4	0.5	0.6
蒸馏水/mL	1.0	0.9	0.8	0.7	0.6	0.5	0.4
酪氨酸最终浓度/(μg/mL)	0	10	20	30	40	50	60
0.4mol/L 碳酸钠溶液/mL	5	5	5	5	5	5	5
Folin 试剂/mL	1	1	1	1	1	1	1
OD(吸光度)值							

以上摇匀立即置 40℃水浴中保温 20min，使显色（蓝色），然后将显色液用分光光度计测定 680nm 处吸光度，记录结果。

以吸光度值为纵坐标，酪氨酸浓度为横坐标作图。

（3）K 值的计算

K 的定义是指吸光度 1.000 处所相当的酪氨酸的量（μg）。可将所作酪氨酸标准曲线图上的直线外延至吸光度 1.000 处，该点相当的酪氨酸浓度即为 K 值。

（4）酶活的测定

① 滤去酶液中的杂质，用 pH 7.0 磷酸缓冲液稀释 100 倍左右。

② 将 1.0mL 酶液和 1.0mL 2‰g/mL 酪蛋白液置于 40℃ 水浴中加热，然后吸取 1.0mL 酪蛋白液加入酶液管中，立即用秒表计时。

③ 10min 后加入 0.4mol/L 三氯乙酸溶液 2.0mL，中止酶反应，并继续在水浴上保温 15min，然后用滤纸滤去沉淀。

④ 取滤液 1.0mL，加 0.4mol/L 碳酸钠溶液 5.0mL，最后加 Folin 工作液 1.0mL，摇匀后即置于 40℃ 水浴中保温 20min，并用分光光度计测定 680nm 处吸光度（OD_{680}），记录结果。

注意：测定酶活力时的空白对照也需加入酶液，再加入三氯乙酸使酶失活，然后再加 2‰g/mL 酪蛋白液并进行其他步骤操作。

具体操作加液量见表 1-17。

表 1-17 酶活力测定加液顺序

| 管号 | 酶液/mL | 0.4mol/L 三氯乙酸液/mL | 2‰g/mL 酪蛋白/mL | 40℃保温 10min | | 60℃保温 15min | | | 迅速混合 40℃保温 20min |
				0.4mol/L 三氯乙酸液/mL	2‰g/mL 酪蛋白/mL	滤液/mL	0.4mol/L 碳酸钠溶液/mL	Folin 工作液/mL	OD_{680}
0	1	2	0	0	1	1	5	1	0
1	1	0	1	0	0	1	5	1	
2	1	0	1	2	0	1	5	1	
3	1	0	1	2	0	1	5	1	

（5）酶活力计算

规定在一定条件下（温度、浓度、作用时间），每分钟催化分解蛋白质生成 1μg 酪氨酸的酶量为一个活力单位（μg/mL）。

$$蛋白酶活力 = \Delta OD K \times \frac{4}{10} N$$

式中　ΔOD——以对照样品为空白时样品的吸光度值；

　　　K——吸光度为 1.000 所相当的酪氨酸浓度，μg；

　　　N——酶液稀释倍数。

五、实验结果

1. 将糖发酵试验结果记录在表 1-18 中。

表 1-18　糖发酵试验结果记录表

项目	样品									
	空白	××菌			××菌			××菌		
		××糖	××糖	××糖	××糖	××糖	××糖	××糖	××糖	××糖
颜色	紫色									
是否产气	否									
阴性－/阳性＋	/									
结论	对照									

2.将 V.P. 试验结果记录在表 1-19 中。

表 1-19　V.P. 试验结果记录表

项目	样品		
	××菌	××菌	××菌
颜色			
阴性－/阳性＋			
结论			

3.将甲基红试验结果记录在表 1-20 中。

表 1-20　甲基红试验结果记录表

项目	样品		
	××菌	××菌	××菌
颜色			
阴性－/阳性＋			
结论			

4.将硫化氢试验结果记录在表 1-21 中。

表 1-21　硫化氢试验结果记录表

项目	样品		
	××菌	××菌	××菌
颜色			
阴性－/阳性＋			
结论			

5.将吲哚试验结果记录在表 1-22 中。

表 1-22　吲哚试验结果记录表

项目	样品		
	××菌	××菌	××菌
是否产生红色环状物			
阴性－/阳性＋			
结论			

6. 将蛋白酶活力试验记录在表 1-16、表 1-17 中，计算 K 值和蛋白酶活力。

六、注意事项

1. 各试验中应设置空白对照、平行样，还应有阴性对照同时进行试验，以便最后的确认。

2. 糖发酵试验中，如果制备好的培养基在较低温度下存放，使用前应在沸水中加热熔化，并用冷水速凝后立即使用，否则溶于培养基中的空气会干扰观察发酵产气的结果。

3. 糖发酵试验中培养基内的溴麝香草酚蓝指示剂反应灵敏，但稳定性较差。

4. V. P. 试验，如果测试芽孢杆菌属细菌和葡萄球菌属时，葡萄糖蛋白胨水溶液中的磷酸盐会阻碍乙酰甲基醇的产生，可以 NaCl 代替 K_2HPO_4。

5. V. P. 试验，如果培养基内胍基含量太少，可加入少量肌酸、肌酐等含胍基的化合物，以加速反应。

6. 甲基红实验中，若进行的是芽孢杆菌的鉴定，在配制葡萄糖蛋白胨水溶液时用 NaCl 代替 K_2HPO_4，因为 K_2HPO_4 有缓冲作用。

7. 甲基红为酸性指示剂，指示 pH 范围为 4.4～6.0，pKa 值为 5.0，故在 pH<5.0 时，随酸度增强而显示红色，在 pH>5.0 时，则随碱度增强而显示黄色，在 pH 5.0 左右，可能变色不够明显，此时应延长培养时间，重复试验。

8. 甲基红试验与 V. P. 试验密切相关，对同一种细菌而言，可选其一。

9. V. P. 试验和甲基红试验中阴性反应的菌株可以适当地延长培养时间。

10. 硫化氢试验中不同的菌株有不同的培养基，如果要配制含胱氨酸的培养基也可以采用以下配方：合适的培养基，加硫代硫酸钠（5.0g/L）或半胱氨酸（0.01％g/mL），121℃，20min 灭菌后分装试管。

11. 吲哚试验中蛋白胨内必须含有色氨酸，否则会出现假阴性。

12. 吲哚试验中色氨酸酶活性的最适 pH 为 7.4～7.8，若 pH 降低，则靛基质产生量减少，可能出现假阴性或弱阳性反应。

13. 吲哚试验中欧氏试剂应保存于带玻璃塞的棕色瓶中，放置时间不宜过长，否则其灵敏度降低。

14.蛋白酶活力试验中配制磷酸盐缓冲液时，磷酸氢二钠以含结晶水的为好，不含结晶水的易受潮。

15.蛋白酶活力试验中配制的福林试剂应为鲜黄色，不带任何绿色，置于棕色瓶中，可在冰箱中长期存放。若此存储液使用过久，颜色由黄变绿，可加几滴液溴，煮沸数分钟，恢复原色仍可继续使用。

16.蛋白酶活力试验中酶促反应时间要准确控制。

七、考评

考评标准见表 1-23。

表 1-23　考评表

序号	考核内容	分值	评分标准
1	实验准备	20	① 按标准方法配制培养液和试剂，10 分。 ② 选择合适的灭菌温度与时间，10 分
2	实验操作	40	① 无菌接种，10 分。 ② 接种平行样和做空白对照，10 分。 ③ 按规定温度、时间培养，10 分。 ④ 正确贴好标签，10 分
3	数据记录	15	① 正确填写记录表，5 分。 ② 正确计算，5 分。 ③ 准确判断阴性阳性，5 分
4	结果分析	15	① 总结分析实验过程的注意事项及问题，10 分。 ② 实验收获及心得体会，5 分
5	文明实验	10	① 实验结束，比色皿、试管、锥形瓶等做好灭菌，并清洗干净，物归原处，6 分。 ② 整理实验台，4 分

八、思考题

1.硫化氢实验的基本生化原理是什么？

2.吲哚试验的基本原理是什么？

3.如何判断糖发酵的结果？

4.为什么大肠杆菌是甲基红反应阳性，而产气肠杆菌为阴性？

5.吲哚试验中为什么用吲哚作为色氨酸酶活性的指示剂，而不用丙酮酸？

任务九　微生物的菌种保藏

一、实验目的

1. 了解菌种保藏的原理。
2. 学习并掌握菌种保藏的方法。

二、实验原理

菌种是重要的生物资源，菌种保藏主要是根据菌种的生理生化特点，人工创造条件，使其生长代谢活动尽量降低，以减少其变异。要实现这一目的，首先要挑选典型菌种的优良纯种，最好采用其休眠体（如分生孢子、芽孢等），使微生物代谢处于最不活跃或相对静止的状态；其次，还要创造一个适合长期休眠的环境条件，如干燥、低温、缺氧、避光、缺乏营养以及添加保护剂或酸度中和剂等。

具体的菌种保藏方法很多，主要有：斜面传代培养保藏法、液体石蜡覆盖保藏法、载体保藏法、寄主保藏法、甘油冷冻保藏法、液氮冷冻保藏法、真空冷冻干燥保藏法等。

三、实验用品

待保藏的菌种斜面、适合菌种生长的新鲜斜面培养基、无菌石蜡油、无菌甘油、无菌脱脂牛奶、安瓿管、接种针、接种环、低温冰箱、真空冷冻干燥机、用于菌种保藏的小试管（10mm×100mm）、1mL 与 5mL 无菌吸管、无菌滴管、灭菌锅等。

四、实验步骤

1. 斜面传代培养保藏法

① 取各种无菌斜面试管数支，将注有菌株名称、培养基名称和接种日期的标签贴在试管斜面的正上方，距试管口 2～3cm 处。

② 将需保藏的菌种以无菌操作法用接种环转接在适宜的固体斜面培养基上，细菌和酵母菌宜采用对数生长期的细胞，而放线菌和丝状真菌宜采用成熟的孢子。

③ 细菌于 37℃恒温培养 18～24h，酵母菌于 28～30℃培养 36～60h，放线菌和丝状真菌于 28℃培养 4～7d。

④ 菌种充分生长后，用油纸将棉塞部分包扎好或使用带帽的螺旋口试管斜面，直接放入 4℃ 的冰箱中保藏。这种方法一般可保藏 3 个月至半年。

这种斜面保藏法保藏时间依微生物的种类而有不同，霉菌、放线菌及有芽孢的细菌保存 2～4 个月，移种一次；酵母菌两个月；而不产芽孢的细菌最好每月移种一次。此法优点是操作简单、使用方便、不需特殊设备、能随时检查所保藏的菌株是否死亡等，缺点是保藏时间短、需定期传代、菌种容易变异，且污染杂菌的机会较多。

2. 液体石蜡覆盖保藏法

① 将液体石蜡分装于锥形瓶内，塞上橡胶塞，并用牛皮纸包扎，121℃ 灭菌 30min，然后放在 40℃ 温箱中 14d 或置于 105～110℃ 烘箱中 2h，使水汽蒸发掉，备用。

② 用斜面接种或穿刺接种将要保藏的菌种接入合适的培养基。在合适的条件下培养好后，选择生长良好的菌种，并用记号笔写上菌种名称和保藏日期。

③ 无菌操作下用灭菌吸管吸取 5mL 灭菌的液体石蜡油注入培养好的菌种斜面上面，其用量以超过斜面或直立柱培养基表面 1cm 为宜，使菌种与空气隔绝。

④ 石蜡油封存以后，将试管直立，牛皮纸包扎棉塞，置于 4℃ 冰箱中保存，或室温下保存（有的微生物在室温下比冰箱中保存的时间还要长）。

⑤ 到保藏期后，需将菌种转接到新配的斜面培养基上，用接种环从液体石蜡下挑取少量菌种，在试管壁上轻靠几下，尽量使油滴净，再接种于新鲜培养基中培养。由于菌体表面粘有液体石蜡，生长较慢且有黏性，故一般需转接 2 次才能获得良好菌种。另外，接种环在火焰上烧灼时，培养物容易与残留的液体石蜡一起飞溅，应特别注意。

利用这种保藏方法，产孢子的霉菌、放线菌、芽孢菌可保藏两年以上，有些酵母菌可保藏 1～2 年，一般无芽孢细菌也可保藏一年左右，甚至用一般方法很难保藏的脑膜炎球菌，在 37℃ 温箱内亦可保藏 3 个月之久。此法的优点是制作简单、不需特殊设备，且不需经常移种。缺点是保存时必须直立放置、所占位置较大，同时也不便携带。

3. 甘油冷冻保藏法

① 挑取单菌落，无菌条件下接种到适当的培养基中，适当温度下振荡培养到对数生长后期，菌悬液浓度 $10^8 ～ 10^{10}$ 个/mL。

② 吸取 0.8mL 培养液，添加 0.2mL 80% 无菌甘油，混合。

③ 直接放到 -80℃ 低温冰箱中保存。

④ 如要进行菌种恢复培养，可直接从冰箱中取出，在平板上划线，然后培养，分离单菌落。

此法制作简单、不需特殊设备，是使用范围最广的微生物保存法。

4. 真空冷冻干燥保藏法

① 选用中性硬质玻璃安瓿管，形状如图 1-21 所示，其下部为球形，直径 9～11mm，直管长约 10cm，直径应根据冷冻干燥设备多歧管的直径而定（两者连接后不漏气），一般为 6～8mm。安瓿管先用 2% 的盐酸浸泡过夜，然后用自来水冲洗三次以后用蒸馏水冲洗到 pH 中性，在烘箱中烘干，将保藏菌种编号、日期等打印在纸上，剪成小条，装入冻干管，管口塞上棉花，121℃灭菌 30min，备用。

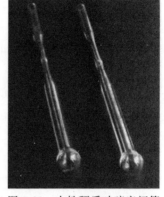

图 1-21 中性硬质玻璃安瓿管

② 一般利用最适培养基在最适温度下培养菌种斜面，以便获得生长良好的菌种静止期细胞。一般细菌要求培养 24～48h，芽孢细菌可以保藏芽孢；酵母需培养 3d；放线菌与丝状真菌则培养 7～10d，产孢子的微生物则宜保存孢子。

③ 吸取 2mL 已灭菌的脱脂牛奶至已培养好的新鲜菌种斜面中，用接种环轻轻刮下培养物，使其悬浮在牛奶中，制成的菌悬液浓度以 10^8～10^{10} 个/mL 为宜。用无菌长滴管吸取 0.2mL 菌悬液，滴加在安瓿管底部，注意不要使菌悬液粘在管壁上。

④ 将分装好的安瓿管在 4℃ 条件下放置 30min～1h，然后 -20℃ 低温冰箱中预冻 1h，-80℃ 预冻过夜。

⑤ 将预冻好的安瓿管与真空冷冻干燥设备的多歧管连接，开启开关，抽真空，直至安瓿管内冻干物呈酥块状或松散片状即可，一般抽到真空度 26.7Pa（0.2mmHg柱），保持 6h。

⑥ 干燥后继续抽真空达 1.33Pa 时，在冻干管棉塞的稍下部位用酒精喷灯火焰灼烧，拉成细颈并熔封。封好后，要用高频电火花器检查各安瓿管的真空情况，如果管内呈现灰蓝色光，证明保持着真空。检查时高频电火花器应射向安瓿管的上半部。然后置 4℃ 冰箱或室温暗处保藏。

真空冷冻干燥保藏法为菌种保藏方法中最有效的方法之一，对一般生命力强的微生物及其孢子以及无芽孢菌都适用，即使对一些很难保藏的致病菌，如脑膜炎球菌与淋病球菌等亦能保存。适用于菌种长期保藏，一般可保藏数年至十余年，但设备和操作都比较复杂。

五、实验结果

1. 记录各类微生物菌种保藏方法与结果。

2. 比较各种保藏方法的优缺点。

六、注意事项

1.保藏前应使菌种充分生长，多采用对数生长后期或进入稳定期的菌种，防止菌种过多转接，否则会引起退化。如果是生芽孢的细菌或生孢子的放线菌和霉菌，必须等到孢子长成。真空冷冻干燥法保藏菌种时细菌和酵母的菌龄要求超过对数生长期，若用对数生长期的菌种进行保藏，其存活率反而降低。

2.到保藏期后，及时将菌种转接到新配的培养基上，重新保藏。

3.真空冷冻干燥时，应让菌体混合物充分干燥，使之呈疏松状态。

七、考评

考评标准见表1-24。

表 1-24　考评表

序号	考核内容	分值	评分标准
1	实验准备	20	① 按标准方法准备无菌甘油、石蜡油、脱脂牛奶等,5分。 ② 实验器材正确灭菌,5分。 ③ 安瓿管正确清洗烘干,5分。 ④ 准确选择合适培养时期的菌种,5分
2	实验操作	60	① 正确标注各种培养方法的菌种名称、培养时间等,10分。 ② 无菌操作斜面接种,10分。 ③ 无菌注入石蜡量合理,10分。 ④ 正确使用真空冷冻干燥器,10分。 ⑤ 安瓿管加入适量菌悬液,并冷冻,10分。 ⑥ 冷冻干燥后会正确真空熔封,10分
3	结果分析	10	总结并分析出各种保藏方法的特点,可以根据菌种和保藏需求进行正确选择,10分
4	文明实验	10	① 实验结束,关闭电源,拔下插头。清洗干净玻璃器皿等,物归原处,6分。 ② 整理实验台,4分

八、思考题

1.经常使用的细菌菌种，应用哪一种方法保藏既好又简便？实验室常用的是什么保藏方法？

2.在冷冻干燥保藏法中，为什么需要使用保护剂？为什么先将菌悬液预冻再进行真空干燥？

3.用什么方法检查安瓿管是否熔封严密？如管口尚未封严，将会产生什么不良后果？

4.列表对比各种保藏方法的原理、适用范围、保藏时间。

任务十　环境条件对微生物生长的影响

一、实验目的

1.了解外界因素对细菌生长发育的影响，理解环境条件与微生物生命活动之间的关系。

2.判定微生物的最适温度、pH、NaCl浓度。

二、实验原理

微生物和外界环境始终处于相互影响的状态中。射线和紫外线可以杀死微生物，也可以改变它们的遗传性状；氧气、温度、pH和渗透压与细菌生长发育的关系密切；不同类型、不同浓度的化学药品对微生物可以起到营养、抑制或致死的作用。这些物理因素、化学因素以及生物因素构成了微生物的环境因素。反之，微生物的生命活动对局部区域的小环境也会产生一定的影响，如代谢产酸、产碱、产酶、产生次生代谢产物，可以改变自然环境。由此，微生物与自然环境之间是相互影响、相互作用的矛盾统一体。当外界环境适宜时，微生物进行正常的生长、繁殖；不适宜时，则会使得微生物的生长受到抑制、发生变异，甚至死亡。测定微生物最适的环境条件对于微生物的分类鉴定、培养及应用都很重要。

三、实验用品

大肠杆菌菌种、LB液体培养液、分光光度计或光电比浊计、pH计、灭菌锅、超净台、摇床、冰箱、试管、酒精灯、移液器等。

四、实验步骤

1.温度对微生物的影响

① 将大肠杆菌接种在LB液体培养液中，37℃振荡培养过夜。

② 配制基础培养液，每管分装培养液3mL。

③ 每个试管按新鲜菌液接种量1%（30μL）无菌接种，每个培养温度做3个平行，同时共做3个不接种对照。

④ 在不同温度（5℃、15℃、20℃、25℃、32℃、37℃、42℃、45℃、50℃）条件下进行振荡培养。

⑤ 培养 5d 后，以不接种的培养基作为空白对照，测定 OD_{600}，以培养温度为横坐标，以 OD_{600} 值为纵坐标，绘制菌株生长的温度曲线。

2. pH 对微生物的影响

① 配制缓冲溶液 MES（吗啉乙磺酸，pH 5.0～6.5）、PIPES（哌嗪二乙磺酸，pH 6.4～7.2）、Tricine［三（羟甲基）甲基甘氨酸，pH 7.0～9.0］、CHES（环己胺基乙磺酸，pH 9.0～10.1），缓冲液浓度为 25～50mmol/L。

② 配制基础培养液，并以缓冲溶液配制不同 pH（5.0、6.0、6.5、7.0、7.5、8.0、9.0、9.5、10.0 等）的液体培养基。其中 MES 调 pH 5.0、5.5、6.0 和 6.5；PIPES 调 pH 6.5 和 7.0；Tricine 调 pH 7.0、7.5、8.0、8.5 和 9.0 及 CHES 调 pH 9.0、9.5 及 10.0。灭菌后还需要测定培养基的 pH 值。

③ 每管分装培养液 3mL，按新鲜菌液接种量 1%（30μL）无菌接种，每个培养 pH 做 3 个平行，同时共做 3 个不接种对照。

④ 适当的温度条件下进行振荡培养。

⑤ 培养 5d 后，以不接种的培养基作为空白对照，测定 OD_{600}，并同时测定其生长后的 pH 值，以 pH 为横坐标，以 OD_{600} 值为纵坐标，绘制菌株生长的 pH 曲线。

3. 渗透压对微生物的影响

① 以 NaCl 溶液配制含有 2%、5%、8%、10%、12%、15%、18%、23% NaCl 的基础培养基。

② 每管分装培养液 3mL，按新鲜菌液接种量 1%（30μL）无菌接种，每个 NaCl 浓度做 3 个平行，同时共做 3 个不接种对照。

③ 适当的温度条件下进行振荡培养。

④ 培养 5d 后，以不接种的培养基作为空白对照，测定 OD_{600}，以 NaCl 浓度为横坐标，以 OD_{600} 值为纵坐标，绘制菌株生长的盐度曲线。

五、实验结果

1. 将大肠杆菌不同培养温度下的 OD 值记录在表 1-25 中。

表 1-25　不同培养温度下的 OD 值测定记录表

温度/℃	5		15		20		25		32	
OD_{600}										
OD_{600} 平行样均值										
温度/℃	37			42			45			50	
OD_{600}										
OD_{600} 平行样均值										

2. 将大肠杆菌不同 pH 下的 OD 值记录在表 1-26 中。

表 1-26　不同培养 pH 下的 OD 值测定记录表

	MES 调 pH	5.0	5.5	6.0	6.5	
MES 缓冲	灭菌后 pH					
	生长后 pH					
	OD_{600}					
	OD_{600} 平行样均值					
PIPES 缓冲	PIPES 调 pH	6.5	7.0			
	灭菌后 pH					
	生长后 pH					
	OD_{600}					
	OD_{600} 平行样均值					
Tricine 缓冲	Tricine 调 pH	7.0	7.5	8.0	8.5	9.0
	灭菌后 pH					
	生长后 pH					
	OD_{600}					
	OD_{600} 平行样均值					
CHES 缓冲	CHES 调 pH	9.0	9.5	10.0		
	灭菌后 pH					
	生长后 pH					
	OD_{600}					
	OD_{600} 平行样均值					

3. 将大肠杆菌不同盐度下的 OD 值记录在表 1-27 中。

表 1-27　不同培养盐度下的 OD 值测定记录表

项目	NaCl 浓度/%			
	2	5	8	10
OD_{600}				
OD_{600} 平行样均值				
项目	NaCl 浓度/%			
	12	15	18	23
OD_{600}				
OD_{600} 平行样均值				

4. 绘制大肠杆菌的不同环境因素下的生长曲线。

六、注意事项

1. 选择不含有沉淀的培养基，并且菌体在此培养基中生长后呈现均匀的悬浮状态，而不是成团结块的情况。

2．采用不同摇床进行实验时应将摇床转速调整到一致后再进行实验。

3．一般培养到最适生长的管菌液 OD_{600} 为 $0.8\sim1.0$，测定其 OD_{600} 值。

4．温度影响实验中，观察不生长的上限温度与下限温度时，不要马上处理掉实验管，而是让它继续培养一段时间（一周以上），确定其确实是不生长。

5．pH 影响实验中，培养基灭菌前后 pH 会有变化，实验中以灭菌后的 pH 为准。梯度中间 pH 的缓冲液变化很少，两端的 pH 变化较大。如果灭菌后的 pH 变化很大，应在超净台上用酸或碱回调。此外，接种培养后的 pH 变化有时也很大。

6．pH 影响实验中，不同缓冲液的配制过程，注意要有重叠的点。

7．渗透压影响实验中，有时培养基中也需要添加缓冲液，特别是大梯度变化的 NaCl 实验时尤其需要。

8．渗透压影响实验中，配制培养基时搅拌速度不要太快，否则会产生泡沫，影响 pH 调节。

9．渗透压影响实验中，有些菌株的最适浓度和 NaCl 上下限是随着温度的不同而有所改变的，所以最好能在两个温度下开展实验。

10．渗透压影响实验中，加入高浓度的 NaCl 时体积变化较大，配培养基时注意预留 NaCl 的体积。如配 660mL 不含 NaCl 的基础培养基，首先定容至 550mL。然后调 pH，分装 11 个 50mL 锥形瓶，分别加入适当的 NaCl，最后定容至 60mL/瓶，微调 pH，分装 3mL 试管 121℃下 20min 灭菌。

七、考评

考评标准见表 1-28。

表 1-28　考评表

序号	考核内容	分值	评分标准
1	实验准备	10	① 按标准方法配制足量 LB 培养液、pH 缓冲溶液，2 分。 ② 正确振荡培养种子液，2 分。 ③ 无菌接种大肠杆菌，2 分。 ④ 正确配制不同 pH、不同 NaCl 浓度的培养液，2 分。 ⑤ 灭菌后测定 pH，2 分
2	实验操作	25	接种培养： ① 正确标注试管，分装培养液并接种，10 分。 ② 接种平行样，做好空白，5 分。 ③ 按规定温度和时间震荡培养，同种影响因素摇床转速一致，10 分
		25	比浊测定： ① 选择合适的 OD_{600} 值，即合适的培养时间，5 分。 ② 测定前使细胞均布，5 分。 ③ 测定培养后 pH，5 分。 ④ 正确使用分光光度计，10 分

序号	考核内容	分值	评分标准
3	数据记录	15	① 正确填写数据表,5分。 ② 正确计算 OD 均值,5分。 ③ 正确绘制影响因素曲线图,5分
4	结果分析	15	① 总结分析实验过程的注意事项及问题,10分。 ② 实验收获及心得体会,5分
5	文明实验	10	① 实验结束,分光光度计拉杆推至非测量档,合上样品室盖;仪器回零,关闭电源,拔下插头;比色皿、试管等清洗干净,物归原处,6分。 ② 整理实验台,4分

八、思考题

1. 如果在测定 pH 影响因素时,生长曲线出现双峰,需要考虑什么?

2. 高温和低温对微生物生长各有何影响?为什么?

3. 为什么实验室通常用4℃冰箱保藏细菌?

4. 列举几个在日常生活中人们利用渗透压来抑制微生物生长的例子。

任务十一　细菌生长曲线的测定

一、实验目的

1. 学习比浊法测定细菌的生长曲线的方法，掌握比浊法测定细菌生长的原理。
2. 了解细菌生长曲线的特点和细菌的生长规律。

二、实验原理

新鲜液体培养基在适宜的温度培养，随着培养时间的增加，细菌细胞数量不断发生变化，以培养时间为横坐标，以细菌数量的对数为纵坐标，绘制的曲线称为生长曲线（图 1-22），它反映了细菌在一定培养条件下的群体生长规律。不同细菌有不同的生长曲线，同一种细菌在不同的培养条件下，生长曲线也不一样。

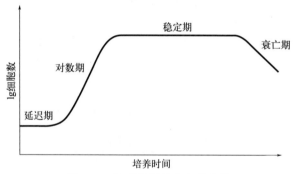

图 1-22　细菌分批培养生长曲线

测定细菌细胞数量的方法很多，比浊法是其中常用的、简便的测定方法。其原理是用菌悬液的吸光度来推知菌液的浓度。当光线通过菌悬液时，由于菌体的散射及吸收作用使得光线的透过量降低。在一定范围内，细菌的细胞浓度与透光率成反比，与吸光度（OD）值成正比；而吸光度或透光率可以通过分光光度计（波长选择 600nm）或光电比浊计测出。

实验可以培养时间为横坐标，以 OD 值为纵坐标，绘制细菌的生长曲线。如需测定细菌数目，则需利用一系列菌悬液测定的吸光度及其含菌量，做出吸光度-细菌数目的标准曲线，然后根据样品测定的吸光度，通过对照标准曲线确定菌体数量。

三、实验用品

大肠杆菌菌种、牛肉膏蛋白胨培养液或 LB 培养液、分光光度计或光电比浊计、恒温振荡培养箱、冰箱、试管、移液器等。

四、实验步骤

1. 将大肠杆菌接种在牛肉膏蛋白胨培养液或 LB 培养液中，37℃振荡培养过夜（10~12h）至指数生长期。

2. 以无菌移液器分别取上述菌种培养液 0.1mL，接入对应的盛有 5mL 新鲜的牛肉膏蛋白胨培养液或 LB 培养液的试管中，试管用记号笔标明培养时间，即 0h、0.5h、1h、1.5h、2h、3h、4h、6h、8h、10h、12h、14h、16h、20h。一般每个培养时间需要接种三个平行样，封好管口，置 37℃恒温振荡培养箱中振荡培养，振荡频率250r/min。在对应时间取出相应试管并立即放冰箱中储存，最后一同测定吸光度值。

3. 将待测定的培养液振荡，使细胞均匀分布。以未接种的牛肉膏蛋白胨液体培养基作空白对照，选用 600nm 波长，以分光光度计测定其 OD 值。测定应从最稀浓度的菌悬液开始依次进行。

4. 以培养时间为横坐标，以 OD 值为纵坐标，绘制出大肠杆菌的生长曲线。

五、实验结果

1. 将大肠杆菌不同培养时间的 OD 值记录在表 1-29 中。

表 1-29　OD 值测定记录表

项目	时间/h						
	0	0.5	1	1.5	2	3	4
OD_{600}							
OD_{600} 平行样均值							

项目	时间/h						
	6	8	10	12	14	16	20
OD_{600}							
OD_{600} 平行样均值							

2. 绘制大肠杆菌的生长曲线，并标出不同的生长阶段。

六、注意事项

1. 本方法不适用含有菌丝类细菌，培养液中不能含有固体杂质。颜色太深的样品也不适合用这种方法来测定。

2.对浓度大的菌悬液用未接种的培养基适当稀释后测定，使其吸光度值在 0.1~0.65，记录 OD 值时，注意乘上所稀释的倍数。

3.选用相同的标准比色管，防止误差。

七、考评

考评标准见表 1-30。

表 1-30　考评表

序号	考核内容	分值	评分标准
1	实验准备	10	① 按标准方法配制足量牛肉膏蛋白胨培养液，3分。 ② 无菌接种大肠杆菌，3分。 ③ 正确振荡培养种子液，4分
2	实验操作	25	接种培养： ① 正确标注试管，并接种培养，10分。 ② 接种平行样，5分。 ③ 按规定时间取样保存，10分
		25	比浊测定： ① 测定前使细胞均布，5分。 ② 正确选择空白和测定波长，5分。 ③ 测定顺序正确，5分。 ④ 对浓度大的菌悬液合理稀释并记录，5分。 ⑤ 正确使用分光光度计，5分
3	数据记录	15	① 正确填写数据表，5分。 ② 正确计算 OD 均值，5分。 ③ 稀释后 OD 值计算正确，5分
4	结果分析	15	① 总结分析实验过程的注意事项及问题，10分。 ② 实验收获及心得体会，5分
5	文明实验	10	① 实验结束，分光光度计拉杆推至非测量档，合上样品室盖；仪器回零，关闭电源，拔下插头；比色皿、试管等清洗干净，物归原处，6分。 ② 整理实验台，4分

八、思考题

1.测定细菌生长曲线除了比浊法外还有哪些其他方法？

2.用光电比浊法测定细菌的生长为什么只能表示细菌的相对生长情况？

3.什么情况下不能采用比浊法测定细菌的生长曲线？

4.生长曲线中为什么会出现延迟期、稳定期和衰亡期？生长曲线如何指导生产或污染治理？

第二章　综合实验

项目一　地表水中微生物检测及评价

地表水是人类生活用水的重要来源之一，也是各国水资源的主要组成部分，在全球水循环中起相当重要的作用，如果没有地表水，就没有江河湖海，没有直接饮用的水，人类和动物都难以生存。因此地表水质量状况与人类息息相关。一般采用地表水环境质量标准（GB 3838—2002）对全国江河、湖泊、运河、渠道、水库等具有使用功能的地表水水域进行评价。微生物指标中粪大肠菌群为地表水基本检测项目之一，根据五类地表水功能分别执行相应类别的标准值。

任务一　地表水水样采集

一、实验目的

1.了解地表水采样要求。
2.掌握地表水采集的方法。

二、实验原理

采样作为所有操作的最前端，质量控制是否过关，关乎到数据的准确性，只有采样的准确进行，才能为后续各个环节提供有力的支持。

地表水采样需要注意选择合适的断面。断面要能表征地表水的质量状况，反映污染特征，具有可操作性。地表水采样要选择正确的点位。根据断面的宽度和水的深度进行点位的布设。地表水采样要选择准确的采样频次。同时根据要求做好采样前准备工作，选择正确的采样方法，填写采样记录表，注意样品的保存和运输，并在时效性内完成分析。

三、实验用品

高压蒸汽灭菌锅、干燥箱、可高温灭菌深水采样器、水泵、硬质玻璃瓶、记号笔、牛皮纸、样品标签、采样记录表等。

四、实验操作

1. 采样容器的选择

采样容器及瓶塞、瓶盖应能经受灭菌的温度，并且在这个温度下不释放或产生任何能抑制生物活动或导致死亡或促进生长的化学物质。一般选择硬质玻璃瓶，在湖泊、水库的水面以下较深的地点采样时，可使用深水采样装置。

2. 采样容器的洗涤

采样容器先用洗涤剂洗一次，再用自来水洗涤三次，最后用蒸馏水洗涤一次。

3. 采样设备及容器的灭菌

所有采样设备及容器可选择 160℃ 干热灭菌 2h 或 121℃ 高压蒸气灭菌 15min。

4. 采集样品

采集河流、湖库等地表水样品时，可握住瓶子下部直接将带塞采样瓶插入水中，距水面 10~15cm 处，瓶口朝水流方向，拔瓶塞，使样品灌入瓶内然后盖上瓶塞，将采样瓶从水中取出。如果没有水流，可握住瓶子水平往前推。采样量一般为采样瓶容量的 80% 左右。样品采集完毕后，迅速扎上无菌包装纸。

采集一定深度的样品时，可使用灭菌过的专用深水采样装置采样。在同一采样点进行分层采样时，应自上而下进行，以免不同层次的搅扰。

5. 采集样品的标记

应对采集的样品进行及时、准确的记录和标记，主要包括测定项目、水体名称、地点的位置、采样点、采样方法、水位或水流量、气象条件、水温、保存方法、样品的表观（悬浮物质、沉降物质、颜色等）、有无臭气、采样日期、采样时间、采样人姓名等信息。

6. 采集样品的贮存和运输

采样后应在 2h 内检测，否则，应 10℃ 以下冷藏但不得超过 6h。实验室接样后，不能立即开展检测的，将样品于 4℃ 以下冷藏并在 2h 内检测。

五、实验结果

实验结果记录于表 2-1。

表 2-1 水质采样记录表

监测站名 _____　　年度 _____

编号	河流(湖库)名称	采样月日	断面名称	采样位置				气象参数					流速 /(m/s)	流量 /(m³/s)	现场测定记录						备注
				断面号	垂线号	点位号	水深 /m	气温 /℃	气压 /kPa	风向	风速 /(m/s)	相对湿度 /%			水温 /℃	pH	溶解氧 /(mg/L)	透明度 /cm	电导率 /(μS/cm)	感观指标描述	

采样人员: _____　　记录人员: _____

六、注意事项

1. 所有使用的仪器包括泵及其配套设备，必须完全不受污染，并且设备本身也不可引入新的微生物，采样设备与容器不能用水样冲洗。

2. 经160℃干热灭菌2h的采样容器，必须在两周内使用，否则应重新灭菌；经121℃高压蒸气灭菌15min的采样容器，如不立即使用，应于60℃将瓶内冷凝水烘干，两周内使用。

七、考评

考评标准见表2-2。

表 2-2　考评表

序号	考核内容	分值	评分标准
1	实验准备	20	① 采样容器准备及洗涤,10分。 ② 采样容器的灭菌,10分
2	实验操作	40	样品采集： ① 正确设置采样点,20分。 ② 正确进行采集,20分
3	数据记录	20	正确填写水质采样记录表,20分
4	样品保存	10	正确进行样品保存,10分
5	文明实验	10	① 实验过程台面、地面清洁,2分。 ② 实验结束清洗仪器,试剂物品归原位,3分。 ③ 未损坏仪器,5分

八、思考题

1. 采样方案如何确定？
2. 如何设置采样点？

任务二　地表水中粪大肠菌群数的测定

一、实验目的

1. 了解粪大肠菌群在地表水检验中的意义。
2. 学习并掌握粪大肠菌群的检验方法。

二、实验原理

粪大肠菌群是总大肠菌群中的一部分，用来表明水质受污染的程度，主要来自粪便。粪大肠菌群是一类能使乳糖发酵、产酸产气的需氧及兼性厌氧的革兰氏阴性无芽孢杆菌，在 44.5℃ 培养 24～48h 能发酵乳糖、产酸产气。通过对粪大肠菌群的监测，可了解水体受生活污水污染的状况。粪大肠菌群适用于河流、湖泊等地表水、企业污水及医院废水的监测，是综合评价城镇污水，尤其是生活污水污染的一个必不可少的重要指标。粪大肠菌群是地表水环境质量标准唯一的一项微生物监测指标，我国多用多管发酵法进行检测。

最大可能数（most probable number，MPN），又称稀释培养计数，是一种基于泊松分布的间接计数法。利用统计学原理，根据一定体积不同稀释度样品经培养后产生的目标微生物阳性数，查表估算一定体积样品中目标微生物存在的数量（单位体积存在目标微生物的最大可能数）。

将样品加入含乳糖蛋白胨培养基的试管中，37℃ 初发酵富集培养，大肠菌群在培养基中生长繁殖分解乳糖产酸产气，产生的酸使溴甲酚紫指示剂由紫色变为黄色，产生的气体进入杜氏小管中，指示产气。44.5℃ 复发酵培养，培养基中的胆盐三号可抑制革兰氏阳性菌的生长，最后产气的细菌确定为粪大肠菌群。通过查 MPN 表，得出粪大肠菌群浓度值。

三、实验用品

高压蒸汽灭菌锅、恒温培养箱、超净工作台、接种环、天平、试管、杜氏小管、移液器、锥形瓶等。

培养基：

（1）乳糖蛋白胨培养基

将 10g 蛋白胨、3g 牛肉浸膏、5g 乳糖、5g 氯化钠加热溶解于 1000mL 水中，调节 pH 至 7.2～7.4，再加入 1.6％溴甲酚紫乙醇溶液 1mL，充分混匀，分装于含有倒置杜氏小管的试管中，115℃高压蒸汽灭菌 20min，储存于冷暗处备用。也可选用市售成品培养基。

（2）三倍乳糖蛋白胨培养基

除水外，称取三倍的上述乳糖蛋白胨培养基（1）成分的量，溶于 1000mL 水中，调节 pH 至 7.2～7.4，配成三倍乳糖蛋白胨培养基。再加入 1.6% 溴甲酚紫乙醇溶液 3ml，充分混匀，分装于含有倒置杜氏小管的试管中，115℃高压蒸汽灭菌 20min，储存于冷暗处备用。也可选用市售成品培养基。

（3）EC 培养基

将 20g 胰蛋白胨、5g 乳糖、1.5g 胆盐三号、4g 磷酸氢二钾、1.5g 磷酸二氢钾、5g 氯化钠加热溶解于 1000mL 水中，然后分装于有杜氏小管的试管中，115℃高压蒸汽灭菌 20min，灭菌后 pH 值应在 6.9 左右。也可选用市售成品培养基。

四、实验步骤

1.样品稀释及接种

根据水样污染的程度确定水样接种量，一般选择 15 管法，清洁水体也可使用 12 管法。

（1）15 管法

将样品充分混匀后，在 5 支装有已灭菌的 5mL 三倍乳糖蛋白胨培养基的试管中（内有杜氏小管），按无菌操作要求各加入样品 10mL，在 5 支装有已灭菌的 10mL 单倍乳糖蛋白胨培养基的试管中（内有杜氏小管），按无菌操作要求各加入样品 1mL，在 5 支装有已灭菌的 10mL 单倍乳糖蛋白胨培养基的试管中（内有杜氏小管），按无菌操作要求各加入样品 0.1mL。

当样品接种量小于 1mL 时，应将样品制成稀释样品后使用。按无菌操作要求方式吸取 10mL 充分混匀的样品，注入盛有 90mL 无菌水的锥形瓶中，混匀成 1:10 稀释样品。吸取 1:10 的稀释样品 10mL 注入盛有 90mL 无菌水的锥形瓶中，混匀成 1:100 稀释样品。其他接种量的稀释样品依次类推。接种量见表 2-3。

表 2-3　15 管法样品接种量参考表

样品类型		接种量/mL						
		10	1	0.1	10^{-2}	10^{-3}	10^{-4}	10^{-5}
地表水	水源水	▲	▲	▲				
	湖泊（水库）	▲	▲	▲				
	河流		▲	▲	▲			

注：吸取不同浓度的稀释液时，每次必须更换移液管。

（2）12 管法

将样品充分混匀后，在 2 支装有已灭菌的 50mL 三倍乳糖蛋白胨培养基的大试管中（内有杜氏小管），按无菌操作要求各加入样品100mL，在10支装有已灭菌的5mL三倍乳糖蛋白胨培养基的试管中（内有杜氏小管），按无菌操作要求各加入样品10mL。

2. 初发酵试验

将接种后的试管，在37℃±0.5℃下培养24h±2h。发酵试管颜色变黄为产酸，小玻璃倒管内有气泡为产气。产酸和产气的试管表明试验阳性。如在倒管内产气不明显，可轻拍试管，有小气泡升起的为阳性。

3. 复发酵试验

轻微振荡在初发酵试验中显示为阳性或疑似阳性（只产酸未产气）的试管，用经火焰灼烧灭菌并冷却后的接种环将培养物分别转接到装有EC培养基的试管中。在44.5℃±0.5℃下培养24h±2h。转接后所有试管必须在30min内放进恒温培养箱或水浴锅中。培养后立即观察，倒管中产气证实为粪大肠菌群阳性。

4. 空白对照

每次试验都要用无菌水按照步骤1～3进行实验室空白测定。

阳性及阴性对照：将粪大肠菌群的阳性菌株（如大肠埃希氏菌）和阴性菌株（如产气肠杆菌）制成浓度为300～3000MPN/L的菌悬液，分别取相应体积的菌悬液按接种的要求接种于试管中，然后按初发酵试验和复发酵试验要求培养，阳性菌株应呈现阳性反应，阴性菌株应呈现阴性反应，否则，该次样品测定结果无效，应查明原因后重新测定。

五、实验结果

1. 结果计算

接种15份样品时，查附表1得到MPN值，再按照式（2-1）换算15份样品中粪大肠菌群数（MPN/L）；接种12份样品时，查附表2得到每升试样中粪大肠菌群数（MPN/L）。

$$C = \frac{10 \times \text{MPN 值} \times 10\text{mL}}{f} \quad\quad (2\text{-}1)$$

式中　C——样品中粪大肠菌群数，MPN/L；

　MPN值——每100mL样品中粪大肠菌群数，MPN/100mL；

　　10——将MPN值的单位MPN/100mL转换为MPN/L的系数；

　10mL——附表1中最大接种量；

　　f——实际样品最大接种量，mL。

2. 结果表示

测定结果保留至整数位，最多保留两位有效数字，当测定结果≥100MPN/L时，以科学计数法表示；当测定结果低于检出限时，12管法以"未检出"或

"＜3MPN/L"表示；15 管法以"未检出"或"＜20MPN/L"表示。

六、注意事项

1.发酵试管添加培养基和发酵杜氏小管过程中不要出现气泡。

2.从制备样品匀液至样品接种完毕，全过程无菌操作，不得超过 15min。

七、考评

考评标准见表 2-4。

表 2-4　考评表

序号	考核内容	分值	评分标准
1	实验准备	10	培养基等的配制、分装、灭菌，10 分
2	实验操作	20	样品稀释： ① 正确处理样品，10 分。 ② 正确梯度稀释样品，10 分
		30	① 正确使用移液管，15 分。 ② 实验过程无菌操作，15 分
3	数据记录	15	① 根据公式计算正确，10 分。 ② 正确判断样品污染程度，5 分
4	结果分析	15	实验结果正确，总结分析全面，15～11 分； 实验结果较正确，总结分析较全面，10～6 分； 实验结果不正确，总结分析不到位，5～0 分
5	文明实验	10	① 实验过程台面、地面清洁，2 分。 ② 实验结束清洗仪器，试剂物品归原位，3 分。 ③ 未损坏仪器，5 分

八、思考题

1.生活中经常见到"超标"，此次实验结果，样品是否超标？

2.查阅滤膜法测定粪大肠菌群的方法并说明其工作原理。

项目二　地下水中微生物检测及评价

在城市化和工业化进程不断加快的背景下，地表水资源已经无法满足人们对水资源的需求，进而人们将水资源的开发和利用转移到了地下水方面。地下水由于水质良好、分布广泛、水量稳定而成为饮用、工农业生产的重要水源。地下水在维持生态环境系统演化与发展过程中发挥着重要的作用。为保护和合理开发地下水资源，防止和控制地下水污染，保障人民身体健康，促进经济建设，国家制订了《地下水质量标准》（GB/T 14848—2017），用以地下水的质量分类、质量监测、评价方法和质量保护。微生物指标中总大肠菌群数及细菌总数为地下水基本检测项目之一，根据五类地下水功能分别执行相应类别的标准值。

任务一　地下水水样采集

一、实验目的

1. 了解地下水采样要求。
2. 掌握地下水采集的方法。

二、实验原理

地下水水质监测通常采集瞬时水样。对需测水位的井水，在采样前应先测地下水位。从井中采集水样，必须在充分抽汲后进行，抽汲水量不得少于井内水体积的 2 倍，采样深度应在地下水水面 0.5m 以下，以保证水样能代表地下水水质。对封闭的生产井可在抽水时从泵房出水管放水阀处采样，采样前应将抽水管中存水放净。对于自喷的泉水，可在涌口处出水水流的中心采样。采集不自喷泉水时，将停滞在抽水管的水汲出，新水更替之后，再进行采样。同时根据要求做好采样前准备工作，选择正确的采样方法，填写采样记录表，注意样品的保存和运输，并在时效性内完成分析。

三、实验用品

高压蒸汽灭菌锅、干燥箱、可高温灭菌采样器、水泵、硬质玻璃瓶、记号笔、牛皮纸、样品标签、采样记录表等。

四、实验操作

1. 采样设备及容器的选择

采样容器及瓶塞、瓶盖应能经受灭菌的温度，并且在这个温度下不释放或产生任何能抑制生物活动或导致死亡或促进生长的化学物质。

2. 采样容器的洗涤

采样容器先用洗涤剂洗一次，再用自来水洗涤三次，最后用蒸馏水洗涤一次。

3. 采样设备及容器的灭菌

所有采样设备及容器可选择 160℃ 干热灭菌 2h 或 121℃ 高压蒸气灭菌 15min。

4. 采集样品

一般采用监测井采样，监测井采样不能像地表水采样那样可以在水系的任一点进行，因此，从监测井采得的水样只能代表一个含水层的水平向或垂直向的局部情况。

如果采样目的只是为了确定某特定水源中有没有污染物，那么只需从地下水相连接的自来水管中采集水样。当采样的目的是要确定污染物的水平及垂直分布，并作出相应的评价，那么需要组织相当的人力物力进行研究。（参考水质采样技术指导 HJ 494－2009）

5. 采集样品的标记

应对采集的样品进行及时、准确的记录和标记，主要包括监测井编号、监测井位置、采样方法、采样日期及时间、水位、水温、采样人姓名、pH 值、电导率、浑浊度、氧化还原电位、色、嗅和味、肉眼可见物等指标等信息。

6. 采集样品的贮存和运输

样品采集后应尽快运送实验室分析。运输过程中应避免日光照射，并置于 4℃ 冷藏箱中保存，气温异常偏高或偏低时还应采取适当保温措施。细菌检测项目应单独采样后 2h 内送实验室检测分析。其他微生物项目加入硫代硫酸钠至 0.2～0.5g/L 除去余氯，可保存 4h。

五、实验结果

实验结果记录于表 2-5。

表 2-5 水质采样记录表

| 监测井编号 | 经纬度 | 采样日期 | | | 采样时间 | 采样方法 | 采样深度/m | 气温/℃ | 天气状况 | 水位/m | 水温/℃ | 氧化还原电位/mV | 现场测定记录 | | | | | | 样品性状 |
		年	月	日									溶解氧/(mg/L)	pH	电导率/(μS/cm)	浑浊度	嗅和味	肉眼可见物	色（描述）

固定剂加入人情况：

备注：

采样人员：_____　　记录人员：_____

六、注意事项

1.所有使用的仪器包括泵及其配套设备，必须完全不受污染，并且设备本身也不可引入新的微生物，采样设备与容器不能用水样冲洗。

2.经160℃干热灭菌2h的采样容器，必须在两周内使用，否则应重新灭菌；经121℃高压蒸气灭菌15min的采样容器，如不立即使用，应于60℃将瓶内冷凝水烘干，两周内使用。

七、考评

考评标准见表2-6。

表 2-6　考评表

序号	考核内容	分值	评分标准
1	实验准备	20	① 采样容器准备及洗涤,10分。 ② 采样容器的灭菌,10分
2	实验操作	40	样品采集: ① 正确设置采样点,20分。 ② 正确进行采集,20分
3	数据记录	20	正确填写水质采样记录表,20分
4	样品保存	10	正确进行样品保存,10分
5	文明操作	10	① 实验过程台面、地面清洁,2分。 ② 实验结束清洗仪器,试剂物品归原位,3分。 ③ 未损坏仪器,5分

八、思考题

1.采样方案如何确定？

2.如何设置采样点？

任务二　地下水中细菌总数的测定

一、实验目的

1.了解细菌总数在地下水检验中的意义。

2.学习并掌握细菌总数的检验方法。

二、实验原理

地下水中细菌总数可作为判定被检水样被有机物污染程度的标志，细菌数量越多，则水中有机质含量越大。一般采用平皿计数法测定水中细菌总数。将样品接种于营养琼脂培养基中，在特定的物理条件下（36℃培养48h）培养，生长的需氧菌和兼性厌氧菌总数即为样品中细菌菌落的总数。

三、实验用品

高压蒸汽灭菌锅、恒温培养箱、超净工作台、天平、培养皿、移液器、锥形瓶、菌落计数器或放大镜等。

营养琼脂培养基：将10g蛋白胨、3g牛肉浸膏、5g氯化钠、15～20g琼脂加热溶解于1000mL水中，调节pH至7.4～7.6，分装于玻璃容器中，经121℃高压蒸汽灭菌20min，储存于冷暗处备用。也可选用市售成品培养基。

四、实验步骤

1.样品稀释

将样品用力振摇20～25次，使可能存在的细菌凝团分散。根据样品污染程度确定稀释倍数。以无菌操作方式吸取10mL充分混匀的样品，注入盛有90mL无菌水的锥形瓶中（可放适量的玻璃珠），混匀成1：10稀释样品。吸取1：10的稀释样品10mL注入盛有90mL无菌水的锥形瓶中，混匀成1：100稀释样品。按同法依次稀释成1：1000、1：10000稀释样品。每个样品至少应稀释3个适宜浓度。

吸取不同浓度的稀释液时，每次必须更换移液管或移液器枪头。

2.接种

以无菌操作方式吸取1mL充分混匀的样品或稀释样品，注入灭菌平皿中，倾注 15～20mL 冷却到 44～47℃的营养琼脂培养基，并立即旋摇平皿，使样品或稀释样品与培养基充分混匀。每个样品或稀释样品倾注 2 个平皿。

3. 培养

待平皿内的营养琼脂培养基冷却凝固后，翻转平皿，使底面向上（避免因表面水分凝结而影响细菌均匀生长），在 36℃±1℃条件下，恒温培养箱内培养 48h±2h 后观察结果。

4. 空白试验

用无菌水做实验室空白测定，培养后平皿上不得有菌落生长，否则，该次样品测定结果无效，应查明原因后重新测定。

五、实验结果

1. 结果判读

平皿上有较大片状菌落且超过平皿的一半时，该平皿不参加计数。片状菌落不到平皿的一半，而其余一半菌落分布又很均匀时，将此分布均匀的菌落计数，并乘以 2 代表全皿菌落总数。外观（形态或颜色）相似，距离相近却不相触的菌落，只要它们之间的距离不小于最小菌落的直径，予以计数。紧密接触且外观相异的菌落，予以计数。

2. 结果计算

以每个平皿菌落的总数或平均数（同一稀释倍数两个重复平皿的平均数）乘以稀释倍数来计算 1mL 样品中的细菌总数。各种不同情况的计算方法如下：

① 优先选择平均菌落数在 30～300CFU（菌落形成单位，colony-forming units）的平皿进行计数，当只有一个稀释倍数的平均菌落数符合此范围时，以该平均菌落数乘以其稀释倍数为细菌总数测定值（表 2-7 例 1）。

② 若有两个稀释倍数平均菌落数在 30～300CFU，计算二者分别乘以其稀释倍数后，较大值与较小值之比。若其比值小于 2，以两者的平均数为细菌总数测定值；若大于或等于 2，则以稀释倍数较小的菌落总数为细菌总数测定值（表 2-7 例 2、例 3、例 4）。

③ 若所有稀释倍数的平均菌落数均大于 300CFU，则以稀释倍数最大的平均菌落数乘以稀释倍数为细菌总数测定值（表 2-7 例 5）。

④ 若所有稀释倍数的平均菌落数均小于 30CFU，则以稀释倍数最小的平均菌落数乘以稀释倍数为细菌总数测定值（表 2-7 例 6）。

⑤ 若所有稀释倍数的平均菌落数均不在 30～300CFU，则以最接近 300CFU或 30CFU 的平均菌落数乘以稀释倍数为细菌总数测定值（表 2-7 例 7）。

表 2-7 计算菌落总数方法举例

举例	不同稀释度的平均菌落数/CFU			两个稀释度菌落总数之比	菌落总数/(CFU/mL)	
	10^{-1}	10^{-2}	10^{-3}		实际数	报告数
例 1	1365	164	20	—	16400	1.6×10^4
例 2	2760	295	46	1.6	37750	3.8×10^4
例 3	650	271	60	2.2	27100	2.7×10^4
例 4	150	30	8	2	1500	1.5×10^2
例 5	无法计数	1650	513	—	513000	5.1×10^5
例 6	27	11	5	—	270	2.7×10^2
例 7	无法计数	305	12	—	30500	3.1×10^4

3. 结果表示

测定结果保留至整数位，最多保留两位有效数字，当测定结果≥100CFU/mL时，以科学计数法表示；若未稀释的原液的平皿上无菌落生长，则以"未检出"或"<1CFU/mL"表示。

六、注意事项

从制备样品匀液至样品接种完毕，全过程无菌操作，不得超过 15min。

七、考评

考评标准见表 2-8。

表 2-8 考评表

序号	考核内容	分值	评分标准
1	实验准备	10	使用物品准备,10 分
2	实验操作	20	样品稀释: ① 正确处理样品,10 分。 ② 正确梯度稀释样品,10 分
		30	① 正确使用移液管,15 分。 ② 实验过程无菌操作,15 分
3	数据记录	15	① 菌落判读计数正确,5 分。 ② 菌落数结果计算表示正确,10 分
4	结果分析	15	实验结果正确,总结分析全面,15~11 分; 实验结果较正确,总结分析较全面,10~6 分; 实验结果不正确,总结分析不到位,5~0 分
5	文明实验	10	① 实验过程台面、地面清洁,2 分。 ② 实验结束清洗仪器,试剂物品归原位,3 分。 ③ 未损坏仪器,5 分

任务三　地下水中总大肠菌群数的测定

一、实验目的

1. 了解总大肠菌群数在地下水检验中的意义。
2. 学习并掌握酶底物法测定总大肠菌群数的检验方法。

二、实验原理

地下水中总大肠菌群数可用来判定水体被粪便污染的程度，并间接表明有致病菌存在的可能性，对人体健康危害的大小。可采用酶底物法、滤膜法、多管发酵法测定总大肠菌群数。酶底物法测定原理是在特定温度下培养特定的时间，总大肠菌群能产生 β-半乳糖苷酶，将选择性培养基中的无色底物邻硝基苯-β-D-吡喃半乳糖苷（ONPG）分解为黄色的邻硝基苯酚（ONP）；大肠埃希氏菌同时又能产生 β-葡萄糖醛酸酶，将选择性培养基中的 4-甲基伞形酮-β-D-葡萄糖醛酸苷（MUG）分解为 4-甲基伞形酮，在紫外灯照射下产生荧光。统计阳性反应出现数量，查 MPN 表，计算样品中总大肠菌群浓度值。多管发酵法测定总大肠菌群数可参考项目三任务三生活饮用水中总大肠菌群数的测定。

三、实验用品

高压蒸汽灭菌锅、恒温培养箱、超净工作台、天平、移液器、锥形瓶、标准阳性比色盘、程控定量封口机、365～366nm 紫外灯、97 孔定量盘等。97 孔定量盘含 49 个大孔，48 个小孔。其中，每个小孔可容纳 0.186mL 样品，大孔中 48 个大孔每个可容纳 1.86mL 样品，1 个顶部大孔可容纳 11mL 样品。也可采用经环氧乙烷灭菌的市售商品化成品。

Minimal Medium ONPG-MUG（MMO-MUG）培养基：每 100mL 样品需使用培养基粉末 2.7g±0.5g，所含基本成分如下。

硫酸铵 $[(NH_4)_2SO_4]$ 0.5g、硫酸锰（$MnSO_4$）0.05mg、硫酸锌（$ZnSO_4$）0.05mg、硫酸镁（$MgSO_4$）10mg、氯化钠（NaCl）1g、氯化钙（$CaCl_2$）5mg、亚硫酸钠（Na_2SO_3）4mg、两性霉素 B（amphotericin B）0.1mg、邻硝基苯-β-D-吡喃半乳糖苷（ONPG）50mg、4-甲基伞形酮-β-D-葡萄糖醛酸苷（MUG）7.5mg、茄属植物萃取物（solanum 萃取物）50mg、N-2-羟乙基哌嗪-N-2-乙磺酸钠盐（HEPES 钠盐）0.53g、N-2-羟乙基哌嗪-N-2-乙磺酸（HEPES）0.69g。一般采用市售商品化

培养基制品，直接加入样品中。

四、实验步骤

1. 样品稀释

根据样品污染程度确定接种量（表 2-9），地下水不需要稀释直接取样 100mL。

表 2-9　样品接种量参考表

样品类型			接种量/mL				
			10^2	10	1	0.1	10^{-2}
地表水	水源水		▲				
	湖泊（水库）		▲				
	河流		▲	▲	▲		
废水	生活污水		▲	▲	▲	▲	
	工业废水	处理前		▲	▲	▲	▲
		处理后	▲				
地下水			▲				

2. 接种

量取 100mL 样品于灭菌后的锥形瓶，加入 2.7g±0.5g MMO-MUG 培养基粉末，充分混匀，完全溶解后，全部倒入 97 孔定量盘内，以手抚平 97 孔定量盘背面，赶除孔内气泡，然后用程控定量封口机封口。观察 97 孔定量盘颜色，若出现类似或深于标准阳性比色盘的颜色，则需排查样品、培养基、无菌水等一系列因素后，终止试验或重新操作。

3. 培养

将封口后的 97 孔定量盘放入恒温培养箱中，37℃±1℃下培养 24h。

4. 空白试验

每次试验都要用无菌水按照步骤 1～3 进行实验室空白测定。培养后的 97 孔定量盘不得有任何颜色反应，否则，该次样品测定结果无效，应查明原因后重新测定。

五、实验结果

1. 结果判读与计数

将培养 24h 后的 97 孔定量盘进行结果判读，样品变黄色判断为总大肠菌群阳性。如果结果可疑，可延长培养至 28h 进行结果判读，超过 28h 后出现的颜色反应不作为阳性结果。可使用保质期内的标准阳性比色盘以辅助判读。分别记录 97 孔定量盘中大孔和小孔的阳性孔数量。

2. 结果计算

从 97 孔定量盘法 MPN 表（附表 3）中查得每 100mL 样品中总大肠菌群的 MPN 值后，再根据样品不同的稀释度，按照下列式(2-2)换算样品中总大肠菌群浓度（MPN/L）：

$$C = (\text{MPN 值} \times 1000)/f \tag{2-2}$$

式中　C——样品中总大肠菌群、粪大肠菌群数或大肠埃希氏菌浓度，MPN/L；

MPN 值——每 100mL 样品中总大肠菌群浓度，MPN/100mL；

1000——将 C 单位由 MPN/mL 转换为 MPN/L；

f ——最大接种量，mL。

3. 结果表示

测定结果保留两位有效数字，当测定结果 ≥100MPN/L 时，以科学计数法表示；若 97 孔均为阴性，可报告为总大肠菌群未检出或 <10MPN/L。

六、注意事项

稀释接种如在野外操作时应避开明显局部污染源，建议使用一次性手套、口罩、酒精灯等。

七、考评

考评标准见表 2-10。

表 2-10　考评表

序号	考核内容	分值	评分标准
1	实验准备	10	使用物品准备，10 分
2	实验操作	40	① 向 97 孔定量盘中正确加样，15 分。 ② 实验过程无菌操作，15 分。 ③ 排气、封口操作正确，10 分
3	数据记录	25	① 阳性管判断正确，10 分。 ② 阳性孔数量记录正确，10 分。 ③ MPN 值查找正确，5 分
4	结果分析	15	实验结果正确，总结分析全面，15～11 分； 实验结果较正确，总结分析较全面，10～6 分； 实验结果不正确，总结分析不到位，5～0 分

序号	考核内容	分值	评分标准
5	文明实验	10	① 实验过程台面、地面清洁,2分。 ② 实验结束清洗仪器,试剂物品归原位,3分。 ③ 未损坏仪器,5分

项目三　生活饮用水中微生物检测与评价

生活饮用水，是指供人生活的饮用水和生活用水。饮用水事关人民群众人身健康和生命安全，事关经济发展和社会稳定大局。我国现行的《生活饮用水卫生标准》对生活饮用水水质做出了严格的卫生要求规定，即感官性状良好，透明、无色、无异味和异臭，无肉眼可见物，不含有病原微生物，水中所含的化学物质对人体不造成急性中毒、慢性中毒和远期危害。2023年4月1日起，城市供水全面执行《生活饮用水卫生标准》（GB 5749—2022），新标准中反映生活饮用水水质基本状况的43项常规指标微生物指标有总大肠菌群、大肠埃希氏菌和菌落总数，反映地区生活饮用水水质特征及在一定时间内或特殊情况下水质状况的54项扩展指标中微生物指标有贾第鞭毛虫和隐孢子虫，删除了原有《生活饮用水卫生标准》（GB 5749—2006）中耐热大肠菌群指标。

任务一　生活饮用水水样采集

一、实验目的

1.了解生活饮用水采样要求。
2.掌握生活饮用水采集的方法。

二、实验原理

采集的水样必须具有足够的代表性，水样必须不受任何意外的污染。采样前应根据水质检验目的和任务制定采样计划，同时根据要求做好采样前准备工作，选择正确的采样方法，填写采样记录表，注意样品的保存和运输，并在时效性内完成分析。

三、实验用品

高压蒸汽灭菌锅、干燥箱、硬质玻璃瓶、记号笔、牛皮纸、样品标签、采样记录表等。

四、实验操作

1. 采样设备及容器的选择

采样容器及瓶塞、瓶盖应能经受灭菌的温度，并且在这个温度下不释放或产生任何能抑制生物活动或导致死亡或促进生长的化学物质。

2. 采样容器的洗涤

将容器用自来水和洗涤剂洗涤，并用自来水彻底冲洗后用质量分数为 10% 的盐酸溶液浸泡过夜，然后依次用自来水、蒸馏水洗净。

如果采集的是含有活性氯的样品，需在采样瓶灭菌前加入硫代硫酸钠溶液，以除去活性氯对细菌的抑制作用（每 125mL 容积加入 0.1mL 的硫代硫酸钠溶液）。

3. 采样设备及容器的灭菌

所有采样设备及容器可选择 160℃ 干热灭菌 2h 或 121℃ 高压蒸气灭菌 15min。

4. 采集样品

从龙头装置采集样品时，不要选用漏水龙头，采水前将龙头打开至最大，放水 3~5min，然后将龙头关闭，用火焰灼烧约 3min 灭菌或用 70%~75% 的酒精对龙头进行消毒，开足龙头，再放水 1min，以充分除去水管中的滞留杂质。采样时控制水流速度，小心接入瓶内。

5. 采集样品的标记

填写采样记录或标签，并粘贴在采样容器上，注明水样编号、采样者、日期、时间及地点等相关信息。

6. 采集样品的贮存和运输

采样后应在 2h 内检测，否则，应 10℃ 以下冷藏但不得超过 6h。实验室接样后，不能立即开展检测的，将样品于 4℃ 以下冷藏并在 2h 内检测。

五、实验结果

实验结果记录于表 2-11。

表 2-11　采样记录表

水样编号	采样者	采样日期	采样时间	地点

六、注意事项

经 160℃ 干热灭菌 2h 的采样容器，必须在两周内使用，否则应重新灭菌；经 121℃ 高压蒸气灭菌 15min 的采样容器，如不立即使用，应于 60℃ 将瓶内冷凝水烘干，两周内使用。

七、考评

考评标准见表 2-12。

表 2-12　考评表

序号	考核内容	分值	评分标准
1	实验准备	20	① 采样容器准备及洗涤,10 分。 ② 采样容器的灭菌,10 分
2	实验操作	40	样品采集: ① 采集前水龙头处理,20 分。 ② 正确进行采集,20 分
3	数据记录	20	正确填写水质采样记录表,20 分
4	样品保存	10	正确进行样品保存,10 分
5	文明实验	10	① 实验过程台面、地面清洁,2 分。 ② 实验结束清洗仪器,试剂物品归原位,3 分。 ③ 未损坏仪器,5 分

任务二　生活饮用水中菌落总数的测定

一、实验目的

1. 了解菌落总数在生活饮用水检验中的意义。
2. 学习并掌握菌落总数的检验方法。

二、实验原理

菌落总数作为一般性污染的指标，可评价生活饮用水的微生物污染程度和安全性。菌落总数越多，说明被微生物污染程度越严重，病原微生物存在的可能性越大，但不能说明污染的来源。菌落总数是指水样在营养琼脂上有氧环境下，37℃培养48h后，所得1mL水样所含菌落的总数。

三、实验用品

高压蒸汽灭菌锅、恒温培养箱、超净工作台、天平、培养皿、移液器、锥形瓶、菌落计数器或放大镜等。

营养琼脂培养基：将10g蛋白胨、3g牛肉浸膏、5g氯化钠、15～20g琼脂加热溶解于1000mL水中，调节pH至7.4～7.6，分装于玻璃容器中，经121℃高压蒸汽灭菌20min，储存于冷暗处备用。也可选用市售成品培养基。

四、实验步骤

1. 接种

以无菌操作方法用灭菌吸管吸取1mL充分混匀的水样，注入灭菌平皿中，倾注约15mL已熔化并冷却到45℃左右的营养琼脂培养基，并立即旋摇平皿，使水样与培养基充分混匀。每次检验时应做一平行接种。

2. 培养

待平皿内的营养琼脂培养基冷却凝固后，翻转平皿，使底面向上，在36℃±1℃条件下，恒温培养箱内培养48h±2h后观察结果。

3. 空白试验

另用一个平皿只倾注营养琼脂培养基作为空白对照。

五、实验结果

1. 菌落计数

作平皿菌落计数时，可用眼睛直接观察，必要时用放大镜检查，以防遗漏。在记下各平皿的菌落数后，应求出平均菌落数，供下一步计算时应用，计数结果填到表2-13中。

2. 结果计算

以每个平皿菌落的平均数来计算1mL样品中的细菌总数，计算方法同项目二地下水微生物检测及评价　任务二中细菌总数结果计算方法。

若所有稀释度的平板上均无菌落生长，则以未检出报告之。如果所有平板上都菌落密布，不要用"多不可计"报告，应数2个平板$1cm^2$中的菌落数，除以2求出每平方厘米内平均菌落数，乘以皿底面积$63.6cm^2$作报告。

3. 结果表示

菌落数在100以内时按实有数报告，大于100时，采用两位有效数字，在两位有效数字后面的数值，以四舍五入方法计算，为了缩短数字后面的零数也可用10的指数来表示。

表 2-13　生活饮用水菌落总数

菌落数		平均菌落数	菌落总数/（CFU/mL）	是否达到生活饮用水卫生标准
平板 1	平板 2			

六、注意事项

全过程无菌操作。

七、考评

考评标准见表2-14。

表 2-14　考评表

序号	考核内容	分值	评分标准
1	实验准备	15	使用物品准备,15分
2	实验操作	30	① 正确使用移液管,15分。 ② 实验过程无菌操作,15分
3	数据记录	30	① 菌落判读计数正确,15分。 ② 菌落数结果计算表示正确,15分

序号	考核内容	分值	评分标准
4	结果分析	15	实验结果正确,总结分析全面,15～11分; 实验结果较正确,总结分析较全面,10～6分; 实验结果不正确,总结分析不到位,5～0分
5	文明实验	10	① 实验过程台面、地面清洁,2分。 ② 实验结束清洗仪器,试剂物品归原位,3分。 ③ 未损坏仪器,5分

任务三 生活饮用水中总大肠菌群数的测定

一、实验目的

1. 了解总大肠菌群在生活饮用水检验中的意义。
2. 学习并掌握总大肠菌群的检验方法。

二、实验原理

总大肠菌群指一群在37℃培养24h能发酵乳糖、产酸产气、需氧和兼性厌氧的革兰氏阴性无芽孢杆菌，一般包括大肠埃希杆菌、产气肠杆菌、枸橼酸盐杆菌和副大肠杆菌。总大肠菌群包括能够在水中存活和生长的微生物，因此，它们不能作为粪便致病菌的指标，但可以用作评价水处理效果、输配水系统清洁度、完整性和生物膜存在与否的指示菌。消毒后的生活饮用水不应该有总大肠菌群检出，一旦检出则表明水处理不当。输配水系统和储水装置中检出总大肠菌群，提示有细菌再生、可能有生物膜形成或入水口处被污染。大肠菌群的检验方法主要包括多管发酵法和滤膜法。在实验中，经常使用多管发酵法。

三、实验用品

高压蒸汽灭菌锅、恒温培养箱、超净工作台、接种环、天平、试管、杜氏小管、移液器、锥形瓶等。

培养基：

（1）乳糖蛋白胨培养基

将10g蛋白胨、3g牛肉浸膏、5g乳糖、5g氯化钠加热溶解于1000mL水中，调节pH至7.2～7.4，再加入1mL 16g/L溴甲酚紫乙醇溶液，充分混匀，分装于含有杜氏小管的试管中，115℃高压蒸汽灭菌20min，储存于冷暗处备用。也可选用市售成品培养基。

（2）双倍乳糖蛋白胨培养基

除水外，称取2倍的乳糖蛋白胨培养基（1）成分的量，溶于1000mL水中，配成双倍乳糖蛋白胨培养基，配制方法同（1）。

（3）伊红美蓝培养基。

将10g蛋白胨、2g磷酸氢二钾、20g琼脂加热溶解于1000mL水中，校正pH为7.2，加入10g乳糖，混匀后分装，以115℃高压蒸汽灭菌20min。临用时加热熔化琼脂，冷却至 50～55℃，根据烧瓶内培养基的容量，用灭菌吸管按比例吸取一定量已灭菌的 2％伊红水溶液及一定量已灭菌的 0.5％美蓝水溶液，加入已熔化的储备琼脂内，并充分混匀（防止产生气泡）后立即将此种培养基适量倾入已灭菌和空平皿内，待其冷却凝固后置于冰箱内备用。也可选用市售成品培养基。

四、实验步骤

1. 乳糖发酵实验

取 10mL 水样接种到 10mL 双倍乳糖蛋白胨培养液中，取 1mL 水样接种到 10mL 单料乳糖蛋白胨培养液中，另取 1mL 水样注入 9mL 灭菌生理盐水中，混匀后吸取 1mL（即 0.1mL 水样）注入 10mL 单料乳糖蛋白胨培养液中，每一稀释度接种 5 管。

2. 培养

将接种管置 36℃±1℃培养箱内，培养 24h±2h，如所有乳糖蛋白胨培养管都不产气产酸，则可报告为总大肠菌群阴性，如有产酸产气者，则按下列步骤进行。

3. 分离培养

将产酸产气的发酵管分别转接在伊红美蓝琼脂平板上，于 36℃±1℃培养箱内培养 18～24h，观察菌落形态，挑取符合下列特征的菌落作革兰氏染色、镜检和证实试验。

① 深紫黑色、具有金属光泽的菌落；

② 紫黑色、不带或略带金属光泽的菌落；

③ 淡紫红色、中心较深的菌落。

4. 证实试验

经上述染色镜检为革兰氏阴性无芽孢杆菌，同时接种乳糖蛋白胨培养液，36℃±1℃培养箱内，培养 24h±2h，有产酸产气者，即证实有总大肠菌群存在。

五、实验结果

根据证实为总大肠菌群阳性的管数，查附表 1 MPN 检索表，报告每 100mL 水样中的总大肠菌群最大可能数（MPN）值。如所有乳糖发酵管均阴性时，可报告总大肠菌群未检出。

六、注意事项

1. 发酵试管添加培养基和发酵杜氏小管过程中不要出现气泡。

2. 从制备样品匀液至样品接种完毕，全过程无菌操作，不得超过 15min。

七、考评

考评标准见表 2-15。

表 2-15　考评表

序号	考核内容	分值	评分标准
1	实验准备	15	① 培养基的配制、分装及灭菌,10 分。 ② 正确放入倒管,保证其内无气泡,5 分
2	实验操作	35	① 无菌接种,5 分。 ② 正确判断是否产酸产气,5 分。 ③ 正确进行伊红美蓝平皿制备及划线接种,10 分。 ④ 正确进行革兰氏染色及显微镜镜检,10 分。 ⑤ 正确接种证实实验试管,5 分
3	数据记录	25	① 菌落判读计数正确,10 分。 ② 菌落数结果计算表示正确,15 分
4	结果分析	15	实验结果正确,总结分析全面,15～11 分; 实验结果较正确,总结分析较全面,10～6 分; 实验结果不正确,总结分析不到位,5～0 分
5	文明实验	10	① 实验过程台面、地面清洁,2 分。 ② 实验结束清洗仪器,试剂物品归原位,3 分。 ③ 未损坏仪器,5 分

任务四　生活饮用水中大肠埃希氏菌的测定

一、实验目的

1. 了解大肠埃希氏菌在生活饮用水中检验中的意义。
2. 学习并掌握大肠埃希氏菌的检验方法。

二、实验原理

大肠埃希氏菌为肠杆菌科埃希氏菌属的模式种，大肠埃希氏菌是人和温血动物肠道内栖居菌，该菌随粪便排出体外，可直接或间接污染水源及生活饮用水，是粪便污染最有意义的指示菌，已被世界上许多组织、国家和地区使用。若水样未检出总大肠菌群，不必检验大肠埃希氏菌或耐热大肠菌群。若水样中检出耐热大肠菌群或大肠埃希氏菌，说明水质可能受到严重污染，必须采取相应措施。大肠埃希氏菌的检验方法有多管发酵法、滤膜法和酶底物法。这里结合前面总大肠菌群的测定介绍多管发酵法测定饮用水中大肠埃希氏菌。

三、实验用品

高压蒸汽灭菌锅、恒温培养箱、紫外光灯、超净工作台、接种环、天平、试管、杜氏小管、移液器、锥形瓶等。

EC-MUG 培养基：将 20g 胰蛋白胨、5g 乳糖、1.5g 3 号胆盐或混合胆盐、4g 磷酸氢二钾、1.5g 磷酸二氢钾、5g 氯化钠、0.05g 4-甲基伞形酮-β-D-葡萄糖醛酸苷（MUG）加入 1000mL 水中充分混匀，加热溶解，在 366nm 紫外光下检查无自发荧光后分装于试管中，115℃高压蒸汽灭菌 20min，最终 pH 为 6.9±0.2。也可选用市售成品培养基。

四、实验步骤

1. 接种

将本项目任务三中总大肠菌群多管发酵法初发酵产酸或产气的管进行大肠埃希氏菌检测。用烧灼灭菌的金属接种环或无菌棉签将上述试管中液体接种到 EC-MUG 管中。

2. 培养

将已接种的 EC-MUG 管在培养箱或恒温水浴中 44.5℃±0.5℃培养 24h±2h。

如使用恒温水浴，在接种后 30min 内进行培养，使水浴的液面超过 EC-MUG 管的液面。

五、实验结果

将培养后的 EC-MUG 管在暗处用波长为 366nm 功率为 6W 的紫外光灯照射，如果有蓝色荧光产生则表示水样中含有大肠埃希氏菌。

计算 EC-MUG 阳性管数，查对应的最大可能数表（附表 1）得出大肠埃希氏菌的最大可能数，结果以 MPN/100mL 报告。

六、考评

考评标准见表 2-16。

表 2-16 考评表

序号	考核内容	分值	评分标准
1	实验准备	15	① 培养基的配制、分装及灭菌,10 分。 ② 正确放入倒管,保证其内无气泡,5 分
2	实验操作	35	① 无菌接种,5 分。 ② 正确判断是否产酸产气,10 分。 ③ 正确接种 EC-MUG 试管,设定培养温度 44.5℃,10 分。 ④ 正确使用紫外灯照射判断实验结果,10 分
3	数据记录	25	① 查表确定阳性管数量正确,15 分。 ② 结果计算表示正确,10 分
4	结果分析	15	实验结果正确,总结分析全面,15~11 分; 实验结果较正确,总结分析较全面,10~6 分; 实验结果不正确,总结分析不到位,5~0 分
5	文明实验	10	① 实验过程台面、地面清洁,2 分。 ② 实验结束清洗仪器,试剂物品归原位,3 分。 ③ 未损坏仪器,5 分

项目四　海洋沿岸水域微生物检测与评价

　　沿岸水域是与人类生活联系密切的海域。近年来，随着海洋经济的兴起及陆地经济的高速发展，大量污染物入海造成局部近岸水域海水水质污染，海洋生态功能退化和受损。近岸水域微生物的种类及数量可作为判断水质情况的重要指标，为相关部门预警与防治提供参考。

任务一　海洋沿岸水域浮游植物样品的采集

一、实验目的

　　1.了解海洋沿岸水域采样点的设置方法。
　　2.掌握样品的采集及整理方法。

二、实验原理

　　海洋沿岸水域样品的采集方法根据所调查海区的水深、水质垂直变化和调查目的而定。采样点设置的一般原则是浅层密些，深层疏些；水质变化大的密些，变化小的疏些。

三、实验用品

　　采水器、浅水Ⅲ型网、采样瓶、碘液（将碘片溶于5％的碘化钾溶液中成饱和溶液）等。

四、实验操作

1.采样点设置
　　海洋沿岸的采样，可在沿海设置大断面，并在断面上设置多个采样点。入海河口区的采样断面应与径流扩散方向垂直布设。根据地形和水动力特征布设一至数个断面。港湾采样断面（站位）视地形、潮汐、航道和监测对象等情况布设。在潮流复杂区域，采样断面可与岸线垂直设置。海岸开阔海区的采样站位呈纵横断面网格状布设。

2. 采样

（1）浮游植物水样采集

① 采样层次　测站水深在15m以内的浅海，采表、底两层；水深大于15m的采表、中、底三层。若需要详细了解其垂直分布，可按0m、3m、5m、10m、15m和底层等层次采样。当有必要进行昼夜连续观测时，可每间隔2h或3h按上述层次采样一次。

② 采样过程　用颠倒采水器或卡盖式采水器，其使用方法及操作步骤与水质项目采样相同；采样层次视调查需要、计划规定和海区各站实际水深而定；水样采集务必与叶绿素a和水质项目的采水同步进行；所需水样量一般为500mL；采样后，应及时按每升水样加6～8mL碘液固定。

（2）垂直拖网采样

① 采样层次　浮游植物拖网采样，可考虑在需要详细分析种类组成时采用。一般使用浅水Ⅲ型网自海底至水面作垂直拖网采样。若需了解其垂直分布，可按从下至上5～0m、10～5m、底至10m等层次作垂直分层拖网。若需进行昼夜连续观测，应与浮游植物采水样的时间间隔一致。

② 采样过程　每次下网前应检查网具是否破损，发现破损应及时修补或更换网衣；检查网底管和流量计是否处于正常状态，并把流量计指针拨至指零；放网入水，当网口贴近水面时，需调整计数器指针于零的位置；网口入水后，下网速度一般不能超过1m/s，以钢丝绳保持紧直为准；当网具接近海底时，绞车应减速，当沉锤着底、钢丝绳出现松弛时，应立即停车，记下绳长；网具到达海底后可立即起网，速度保持在0.5m/s左右；网口未露出水面前不可停车；网口离开水面时应减速并及时停车，谨防网具碰刮船底或卡环碰撞滑轮，使钢丝绞断，网具失落；把网升至适当高度，用冲水设备自上而下反复冲洗网衣外表面（切勿使冲洗的海水进入网口），使黏附于网上的标本集中于网底管内；将网收入甲板，开启网底管活门，把标本装入标本瓶，再关闭网底管活门，用洗耳球吸水冲洗筛绢套，如此反复多次，直至残留标本全部收入标本瓶中；按样品体积加入固体液进行固定。

（3）分层拖网采样

① 采样层次　同垂直拖网采样。

② 采样过程　分层采集，应在网具上装置闭锁器，按规定层次逐一采样。下网前应使网具、闭锁器、钢丝绳、拦腰绳等处于正常采样状态，下网时按垂直拖网方法；网具降至预定采样水层下界时应立即起网，速度同垂直拖网；当网将达采样水层上界时，应减慢速度（避免停车，以防样品的外溢），提前打下使锤（提前量每10m水深约1m）；当钢丝绳出现瞬间松弛或振动时，说明网已关闭（记录此时的绳长），可适当加快起网速度直至网具露出水面；之后，将闭锁状态的网具

恢复成采样状态，并按垂直拖网法冲网和收集、固定标本。

3. 样品的整理

（1）核对

根据采样记录表认真核对采取的全部样品，若发现不符应及时查找原因，不得任意更改原始记录。

（2）编号

依据海上采样记录按序对各类样品进行总编号，并记入表 2-17 中。总编号力求简明，由能表示样品的采样海区、采集方式、采集网具、采集年份及标本序号的字母或代号表示。

采集海区用调查海区汉语拼音的第一个字母表示；Ⅲ 表示浅水 Ⅲ 型浮游生物网垂直拖网样品；L 表示昼夜连续观测样品；ch 表示垂直分层采集样品；S 表示浮游植物采水样品；年份用阿拉伯数字表示。

表 2-17　浮游生物标本记录表

调查海区＿＿＿＿＿＿　　调查船＿＿＿＿＿＿　　　　　　　共＿＿页第＿＿页

标本编号	站号	实测站位	日期年月日	时间时分	水深/m	层次/m	采水量/mL	网型	倾角/(°)		流量计		绳长/m	滤水量/m³	备注
									开始	终了	转数	标定值			

记录者＿＿＿＿＿　　计算者＿＿＿＿＿　　校对者＿＿＿＿＿　　审核者＿＿＿＿＿

（3）标签

外标签：按总编号顺序编写，贴于各号标本瓶外，并涂蜡或树脂保护；内标签按表 2-18 的式样（规格：4cm×2.5cm）填写、放入各标本瓶中。

表 2-18　内标签

总编号 _____	
_____ 年　　月　　日	
站号 _____	
海上编号 _____	

五、实验结果

实验结果记录于表 2-19 中。

表 2-19　浮游生物采样记录表

共____页第____页

站号		水深/m		海区		调查船	
标定站位	纬度		经度				
实测站位	纬度		经度				
调查时间	自　　年　　月　　日　　时　　分至　　月　　日　　时　　分						

采集项目		瓶号	绳长/m	倾角/(°)		流量计		备注
				开始	终了	号码	转数	
垂直拖网	浅水 I 型浮游生物网							
	浅水 II 型浮游生物网							
	浅水 III 型浮游生物网							
采水	层							
	层							
	层							
	层							
	层							

采水	层							
	层							
	层							
海况 （记事）	（采水量　　　　mL）							

采样者＿＿＿＿　　记录者＿＿＿＿　　校对者＿＿＿＿

六、注意事项

1. 遇倾角超过 45°时应加重沉锤重新采样。

2. 遇网口刮船底或海底，应重新采样。

七、考评

考评标准见表 2-20。

表 2-20　考评表

序号	考核点	配分	评分标准
1	实验准备	10	① 试剂的配制（碘液），5 分。 ② 采样设备的清点，5 分
2	实验操作	20	采点设置： ① 正确设置采样断面，10 分。 ② 正确设置采样层次，10 分
		20	采样操作： ① 正确采样，10 分。 ② 正确进行样品的固定，10 分
3	数据记录	10	正确填写采样记录表，10 分
4	样品整理	30	① 正确核对样品，10 分。 ② 对样品正确编号，10 分。 ③ 标签书写规范，10 分
5	文明实验	10	① 实验结束保持设备及仪器清洁，试剂物品归原位，5 分。 ② 未损坏仪器，5 分

八、思考题

1. 如何设置采样点及采样层次？
2. 不同采样方法的适用情况分别是什么？

应用微生物学实验分级训练教程

任务二　海洋沿岸水域水体中浮游植物的显微计数

一、实验目的

1. 了解海洋浮游植物显微计数的原理。
2. 掌握海洋浮游植物显微计数的方法。

二、实验原理

水中浮游植物的数量是评价水体水质的重要生物指标之一。正常状态下，海水中浮游植物的数量较少，为了便于计数观察，通常将海水进行沉降或浓缩处理，增大沉降器或计数框中浮游植物的数量，在显微镜下进行计数，通过换算得到单位体积海水中浮游植物的数量。

三、实验用品

倒置显微镜、沉降器、盖玻片、计数器；正置显微镜、计数框、取样管等。

四、实验操作

1. 计数方法

（1）沉降计数法

取三个等容量的沉降器，分别注满经摇匀的水样，盖上盖玻片使不留气泡，静置 24h 以上。分样体积大小视水样浑浊度和浮游植物的丰度而定；可一次性准备几个待计数的样品。轻移上述沉降器于倒置显微镜下鉴定、计数。浮游植物数量较少时，应计全数；若数量较大或计数微型藻类时，可于高倍镜下计算一定面积上的细胞数，再依所计面积换算为整个底面积上的总细胞数。

（2）直接计数法

将待计数水样摇匀，准确吸取 0.25mL 置于计数框内，盖上盖玻片使不留气泡。移计数框于显微镜下鉴定计数。通常应按序计全数，若数量大，可考虑间行计数（若水样为未加固定剂的新鲜海水，计数前应向框内喷射少许醋酸蒸气）。

（3）浓缩计数法

将静置 24h 以上的水样，用包扎有 JF_{62} 或 JP_{80} 号筛绢的吸管，轻轻吸去上清液，使水样浓缩至 10mL。浓缩时切勿搅动沉淀样品，否则需重新静置 24h 后再浓缩。通常一次不可能浓缩成 10mL，需把浓缩到一定体积的水样移至 50mL 左右的指形管中，经 24h 以上静置后再浓缩。将浓缩后的样品全部移入已经标记 10mL 容积的指形管中，静置 24h 后，用吸管轻吸多余的清液，使液面凹处恰在标记上。计数取样时，水样务必充分摇匀，用取样管迅速吸取 0.25mL 于计数框内，加盖盖玻片使不留气泡。之后的计数方法与直接计数法相同。

2. 细胞数统计

（1）沉降计数法和直接计数法

$$N = \frac{n}{V} \times 1000$$

式中　N——每升水样的藻类细胞数，个/L；

　　　　n——三个分样的总细胞数或其平均值，个；

　　　　V——三个分样的总体积或其平均值，mL。

（2）浓缩计数法

$$N = \frac{nV'}{VV''}$$

式中　N——每升水样的藻类细胞数，个/L；

　　　　n——取样计数所得的细胞数，个；

　　　　V'——水样浓缩的体积，mL。

　　　　V——采水量，L。

　　　　V''——取样计数的体积，mL。

五、实验结果

实验结果记录于表 2-21。

表 2-21　浮游植物细胞数量计数记录表

标本编号＿＿＿＿　站号＿＿＿　层次＿＿＿＿＿ m 调查时间＿＿年＿＿月＿＿日
采集体积＿＿＿＿ mL　计数体积＿＿＿＿＿ mL　计数时间＿＿＿＿＿　水量＿＿＿＿ mL　　共＿＿页第＿＿页

种类	数量	n/个	N/(个/L)	备注

种类	数量	n/个	N/(个/L)	备注
硅藻种数____个		数量____个		
甲藻种数____个		数量____个		
其　它____个		总数____个		

采集者_____　　记录者_____　　校对者_____　　审核者_____

六、注意事项

1.计数时一般以种为单位分别计数。优势种、常见种、赤潮生物种应力求鉴定到种。

2.凡失去色素或不足一半的残体，不在计数之列。

3.胶质团大群体和浮游蓝藻类等不易计数的种类，可用数量等级符号（＋＋＋、＋＋、＋）表示。

4.对进入浮游生物中的底栖种类，均按细胞记数，并将它们作为单项列入浮游植物总量中。

5.填表时，应特别注意不同计数方法的水样量、沉降量、浓缩量（或稀释量）、计数面积或计数量，并进行必要的换算。

七、考评

考评标准见表 2-22。

表 2-22　考评表

序号	考核点	配分	评分标准
1	实验准备	10	实验用具的清点,10 分

序号	考核点	配分	评分标准
2	实验操作	20	样品处理： 根据选用的方法，正确进行计数前的处理，20分
		35	① 取样前混匀样品,5分。 ② 正确使用显微镜,15分。 ③ 正确计数,15分
3	数据记录	10	根据公式正确计算水样中浮游植物的数量,10分
4	结果分析	15	实验结果正确,总结分析全面,15～11分； 实验结果较正确,总结分析较全面,10～6分； 实验结果不正确,总结分析不到位,5～0分
5	文明实验	10	① 实验过程台面、地面清洁,2分。 ② 实验结束清洗仪器,试剂物品归原位,3分。 ③ 未损坏仪器,5分

八、思考题

1. 如何使用盖玻片不产生气泡？
2. 各种计数方法的正确换算。

任务三　海洋沿岸水域水体中细菌总数的测定

一、实验目的

1. 掌握平板计数法测定海水中细菌总数的方法。
2. 了解水质状况与细菌总数的关系。

二、实验原理

平板计数法是根据单一的细菌在平板培养基上，经若干时间培养，形成一个肉眼可见的子细胞群（菌落）（亦即一个菌落代表一个细胞），通过计算菌落数而得知细菌数。计数关键是必须尽可能将样品中的细菌分散成单个细胞，并制成均匀的不同浓度稀释液，将一定量的稀释液均匀地接种到盛有固体培养基的培养皿上（以下简称平皿）。

三、实验用品

超净工作台、恒温培养箱、高压蒸气灭菌器、电炉、广口玻璃瓶、培养皿、吸量管（1mL）、试管（12mm×150mm）、纱布和棉花（塞试管用）、玻璃刮棒、牛皮纸、线绳、精密 pH 试纸等。

氢氧化钠、吐温、蛋白胨、酵母膏、磷酸铁、琼脂、陈海水。

四、实验操作

1. 采样瓶灭菌

用于细菌检查的采样瓶，应用可耐灭菌处理的广口玻璃瓶或无毒的塑料瓶。灭菌前，把具有玻璃瓶塞的采样瓶用铝箔或厚的牛皮纸包裹，瓶顶和瓶颈都要裹好，瓶颈系一长绳，在 121℃经 15min 高压灭菌。有的塑料瓶用蒸气灭菌会扭曲变形，可用低温的氯化乙烯气体灭菌。

2. 水样采集

开瓶塞时，要连同铝箔或牛皮纸一起拿开，以免沾污。手执长绳的末端，将采样瓶投入选定点的海水内，采集水下约 10cm 处水样（若需分层采样则采用击开式或颠倒式采水器）。采好的水样需盖紧瓶塞、编好瓶号。水样在瓶内要留下足够的空间（至少 2.5cm 高）以备在检验前摇荡混匀。该法适用于沿岸水域的采集。

当使用调查船进行采样时，则需用采水器（击开式、复背式或 Niskin 采水器）采样。按预先选定的采样水层，挂好选定的采水器，以 1m/s 的速度下放采水器。测量钢丝绳的倾斜角，以便校正采水深度。采水器开启后，应停留一定时间，使水样注满容器；采到样品后，迅速把水样转移至无菌瓶中，水样量必须满足进行两个平行测定之用，发酵法的水样不少于 100mL。

3. 试剂配制

氢氧化钠溶液（160g/L）：称取氢氧化钠 160g，溶于 1000mL 的蒸馏水中。

吐温溶液（1+2000）：取 1mL 吐温 80，溶于 2000mL 蒸馏水中。

4. 培养基配制

2216E 培养基的成分：蛋白胨 5g；酵母膏 1g；磷酸铁 0.1g；琼脂 20g；陈海水 1000mL。

将上述成分加热溶解，用氢氧化钠溶液调节 pH 为 7.6。分装于锥形瓶中，置高压蒸气灭菌器中，在 121℃（约 105kPa）下灭菌 20min。将此培养基分别倒入经灭菌的各平皿中，每平皿约 15mL，待其冷却凝固，置冰箱内保存备用。

5. 测定

依水样量，按 100mL 水样加 1mL 吐温溶液，充分摇匀，使样品中的细菌细胞分散成单一细胞。

以无菌操作法吸取 1mL 水样注入盛有 9mL 灭菌陈海水的试管内混匀，并依同法依次连续稀释至所需要的稀释度（倍数）。稀释度依水样含菌量而定，以每平皿的菌落数在 30～300 个为宜，每种稀释度需有 3 个平行样。

取 0.1mL 稀释水样，滴入制好的平皿上，用灭菌玻璃刮棒将菌液涂抹均匀，平放于超净工作台上 20～30min，使菌液渗入培养基。

将此平皿置于 25℃恒温箱内培养 7d，取出计数菌落。

五、实验结果

实验结果记录于表 2-23。

表 2-23 细胞平板计数记录表

海区		站号		水深/m		采样时间	
水温/℃		潮汐/m		盐度		pH	
样品号	水层/m	稀释度	菌落数	平均值	细菌数/(个/mL)		

样品号	水层/m	稀释度	菌落数	平均值	细菌数/(个/mL)

分析者_____ 计算者_____ 校对者_____ 审核者_____

六、注意事项

1.细菌学检验必须严格遵照无菌操作。

2.采得的样品应及时送检，时间不得超过 2h，否则，水样应放置冰瓶保存，但保存时间也不应超过 6h。

3.平板应预先制作好，否则存留于平板上的水分会影响检测结果。

七、考评

考评标准见表 2-24。

表 2-24　考评表

序号	考核点	配分	评分标准
1	实验准备	15	① 试剂的配制(氢氧化钠溶液、吐温溶液),5分。 ② 采样瓶的选择及灭菌,10分
2	实验操作	20	培养基配制: ① 正确配制培养基,10分。 ② 正确使用高压蒸汽灭菌器,10分
		30	样品测定: ① 正确进行样品的梯度稀释,10分。 ② 正确进行无菌操作,10分。 ③ 正确使用培养箱并放置接菌后的平皿,10分
3	数据记录	10	正确计数并进行数据处理,10分
4	结果分析	15	实验结果正确,总结分析全面,15～11分; 实验结果较正确,总结分析较全面,10～6分; 实验结果不正确,总结分析不到位,5～0分
5	文明实验	10	① 实验结束保持设备及仪器清洁,试剂物品归原位,5分。 ② 未损坏仪器,5分

八、思考题

1. 如果样品不及时送检，对检测结果会有哪些影响？
2. 海水中细菌总数的测定与其他水质细菌总数的测定有哪些区别？

任务四　海洋沿岸水域水体中粪大肠菌群数的测定

一、实验目的

1. 掌握发酵法测定海水中粪大肠菌群数的方法。
2. 了解水质状况与粪大肠菌群数的关系。

二、实验原理

大肠菌群是一群在 37℃ 或 44.5℃ 生长时能使乳糖发酵，在 24h 内产酸产气的需氧及兼性厌氧的革兰氏阴性无芽孢杆菌。大肠菌群数指每升水样中所含有的"大肠菌群"的数目。一般在 37℃ 培养生长的称为"总大肠菌群"，在 44.5℃ 培养生长的称为"粪大肠菌群"。海水检验采用 44.5℃ 培养法，以检测粪大肠菌群。通过初发酵及复发酵两个步骤，以证实海水水样中是否存在粪大肠菌群并测定其数目。

三、实验用品

超净工作台、恒温培养箱、高压蒸气灭菌器、吸量管（1mL、10mL）、试管（15mm×150mm、18mm×180mm）、发酵杜氏小管（5mm×30mm）、锥形瓶（500mL）、广口采水样瓶（500mL）、接种环、纱布和棉花（塞试管用）等。

溴甲酚紫、乙醇、碳酸钠、蛋白胨、牛肉膏、乳糖、氯化钠、胰蛋白胨、胆盐混合物或 3 号胆盐、磷酸氢二钾、磷酸二氢钾。

四、实验操作

1. 采样瓶灭菌
同本项目任务三。
2. 水样采集
同本项目任务三。
3. 试剂配制
溴甲酚紫乙醇溶液：称取 1.6g 溴甲酚紫溶于 2～3mL 乙醇中，然后用蒸馏水定容到 100mL。
碳酸钠溶液：称取 10.6g 碳酸钠溶于蒸馏水，并定容到 100mL。

4. 培养基配制

（1）乳糖蛋白胨培养液

蛋白胨 10.0g；牛肉膏 3.0g；乳糖 5.0g；氯化钠 5.0g；溴甲酚紫乙醇溶液 1mL；蒸馏水 1000mL。

将规定量的蛋白胨、牛肉膏、乳糖及氯化钠加热溶解于 1000mL 蒸馏水中，用碳酸钠溶液调节 pH 为 7.2～7.4，加入 1mL 溴甲酚紫乙醇溶液，混匀，分装于置有杜氏小管的试管内（10mL 左右）。置高压蒸气灭菌器中，于 115℃（68.95kPa）灭菌 20min。

根据需要，亦按上述配方将蒸馏水由 1000mL 减为 333mL，配制成浓缩三倍的乳糖蛋白胨培养液备用。

（2）EC 培养基

胰蛋白胨 20.0g；乳糖 5.0g；胆盐混合物或 3 号胆盐 1.5g；磷酸氢二钾 4.0g；磷酸二氢钾 1.5g；氯化钠 5.0g；蒸馏水 1000mL。

将上述成分加热溶解，分装于内装杜氏小管的试管中。灭菌后 pH 值应为 6.9。此培养基用前不宜置冰箱，以防检测时出现假阳性。

5. 测定

（1）初发酵试验

以无菌操作方法，等量吸取 10mL 经充分摇匀的水样，分别加入 5 支各盛有 5mL 已灭菌的三倍浓缩乳糖蛋白胨培养液的试管中（内有倒管）；等量吸取 1mL 水样，分别加入 5 支盛有约 10mL 已灭菌的普通浓度乳糖蛋白胨培养液的试管中（内有倒管）；吸取 1mL 水样注入盛有 9mL 已灭菌清洁海水的试管中，摇匀。另换一吸量管等量吸取此种稀释水样 1mL，分别加入 5 支盛有 10mL 已灭菌的普通浓度乳糖蛋白胨培养液的试管中（内有倒管）；将上述 15 支试管充分混匀后，置于 44.5℃恒温箱中培养 24h。

（2）复发酵试验

经培养 24h 后，将产酸（培养液变成黄色）、产气（倒管上端积有气泡）及只产酸的发酵管，用一无菌环（3mm 直径）或木压舌板转接入 EC 培养液中，摇匀后置 44.5℃±0.5℃恒温箱中培养 24h±2h。在此期间内所得的产气阳性管即证实有粪大肠菌群存在；依据阳性管数查附表 1，即可得每 100mL 水样中粪大肠菌群的最大可能数（MPN），此数值再乘以 10，即求得每升水样中粪大肠菌群数；若海水水样污染较严重，接种后 15 管全部产酸产气时，可将接种量减少为十分之一，即 1mL 的 5 管，0.1mL（1＋9 稀释的 1mL）的 5 管，0.01mL（1＋99 稀释的 1mL）的 5 管。此时，由附表 1 查得的每 100mL 水样中的大肠菌群数的最大可能数乘以 100，即得一升水样中的粪大肠菌群数。

五、实验结果

实验结果记录于表 2-25。

表2-25 粪大肠菌群记录表（发酵法）

海区＿＿＿　船名＿＿＿　航次＿＿＿　采样器类型＿＿＿　采样单位＿＿＿　采样者＿＿＿　共＿＿页　第＿＿页

水样收讫时间＿＿＿　检验开始时间＿＿＿　检验完成时间＿＿＿　检验发出时间＿＿＿

水样号	站号	站位 纬度	站位 经度	最大水深/m	水深/m	潮汐/m	气温/℃	采样时间 年 月 日	采样时间 时 分	水温/℃	盐度	pH	接种水样量/mL	初发酵试管 1	2	3	4	5	复发酵试管 1	2	3	4	5	分样粪大肠菌群数/(个/100mL)	平均粪大肠菌群数/(个/100mL)

检验者＿＿＿　记录者＿＿＿　校对者＿＿＿　审核者＿＿＿

六、注意事项

1.采集的水样应立即送检，时间不超过 2h，否则，应将样品置于冰瓶或冰箱中，但不得超过 24h，否则影响检验结果。

2.大肠菌群的检验应按照无菌操作的要求进行同时应作平行样品的测定。

七、考评

考评标准见表 2-26。

表 2-26　考评表

序号	考核点	配分	评分标准
1	实验准备	15	① 试剂的配制(溴甲酚紫乙醇溶液、碳酸钠溶液)，5 分。 ② 采样瓶的选择及灭菌，10 分
2	实验操作	25	培养基配制： ① 正确配制培养基，15 分。 ② 正确使用高压蒸汽灭菌器，10 分
		25	样品测定： ① 正确进行样品的梯度稀释，10 分。 ② 正确进行无菌操作，10 分。 ③ 正确使用培养箱，5 分
3	数据记录	10	① 正确判断阳性管数量并计数，5 分。 ② 正确查表并进行数据处理，5 分
4	结果分析	15	实验结果正确，总结分析全面，15～11 分； 实验结果较正确，总结分析较全面，10～6 分； 实验结果不正确，总结分析不到位，5～0 分
5	文明实验	10	① 实验结束保持设备及仪器清洁，试剂物品归原位，5 分。 ② 未损坏仪器，5 分

八、思考题

1.什么是粪大肠菌群？
2.测定水中的粪大肠菌群有何实际意义？

项目五 土壤微生物检测与评价

土壤有"微生物天然培养基"之称，是微生物生长繁殖及进行各种生命活动的良好环境。土壤中有数量最大、类型最多的微生物，是人类利用微生物资源的主要来源。土壤中微生物的活动对土壤形成、土壤肥力和作物生产都有非常重要的作用。因此，了解土壤中微生物的分布状况，比较不同土壤中微生物的种类和数量，查明土壤中微生物的数量和组成情况，掌握土壤中微生物检测的基本方法，对发掘土壤微生物资源和对土壤微生物实行定向控制无疑是十分必要的，对于微生物的研究工作非常重要。

任务一 土壤微生物的分离及计数

一、实验目的

1. 学习并掌握土壤微生物的分离技术及计数方法。
2. 掌握平板菌落计数法的基本原理。
3. 综合练习环境微生物学各种无菌操作技术。
4. 了解土壤中微生物的数量及细菌、放线菌和霉菌的菌落特点。

二、实验原理

在自然界中，微生物的种类很多，数量很大，但不同种类的微生物绝大多数都是混杂生活在一起，从混杂微生物群体中获得只含有某一种或某一株微生物的过程称为微生物的分离与纯化。平板菌落计数法是实验室最常使用的活菌计数方法，将待测土样经过系列稀释至适宜的倍数后，土壤样品中的微生物被充分释放并形成单个细胞，然后吸取一定量的稀释液接种到无菌培养基上，待其混合均匀后，置于恒温培养箱中培养一定时间，在平板中可肉眼观察到各个单细胞微生物生长繁殖的菌落，计数培养基表面生成的菌落数便可计算出该土壤样品中的含菌数。根据细菌、放线菌和霉菌所要求的营养条件不同，利用不同的培养基制成平板进行分离，然后依据菌落形态上的差异，可以把细菌、放线菌和霉菌三大类群区分并可计算出其数量。熟悉并掌握细菌、放线菌、霉菌的形态特征，对于菌株的分离筛选和识别具有重要理论意义。

三、实验用品

高压灭菌锅、恒温培养箱、振荡摇床、电热炉、90mL 无菌水（装在 250mL 锥形瓶中，并带有 10 粒玻璃珠）、9mL 无菌水（盛于试管中）、移液枪、涂布棒、无菌培养皿、酒精灯、无菌封口膜、天平、待测土壤样品、培养基（营养琼脂培养基、高氏 1 号培养基、孟加拉红培养基）等。

四、实验操作

1. 土壤稀释液的制备

（1）土样采集

选择具有代表性的土壤，确定采样地点。采样时所用的工具、塑料袋或其他装土样的器皿必须事先灭菌或事先用采取的土样擦拭。铲除表面 1cm 左右的表土，以避免地面微生物与土样混杂。取样点可采用对角线取样法或根据地形等情况决定，多点采取质量大体相等（当）的土样于塑料布上，剔除石砾或植被残根等杂物，混匀后取一定数量装袋，采样量一般为 20～300g，置于无菌袋中备用或放于 4℃冰箱中暂存，采集土样时需标记采集地点、采集深度、采集时间等信息。

（2）土壤稀释液制备

准确称取待测土壤样品 10g，加到盛有 90mL 无菌水的锥形瓶中（适量玻璃珠），在 140r/min 的转速下振荡 20min，使土样充分打散，与无菌水充分混合，制成 10^{-1} 稀释度的土壤悬液。

以无菌操作方式进行 10 倍系列稀释。用移液枪吸取 1mL 10^{-1} 稀释度的土壤悬液，并将其加到盛有 9mL 无菌水的试管中，充分摇匀，即配制成 10^{-2} 稀释度的土样稀释液。按同样操作程序，依次配制成 10^{-3}、10^{-4}、10^{-5}、10^{-6}、10^{-7} 等不同稀释度的土壤稀释液，备用。以此类推，按 10 倍稀释度依次做浓度梯度稀释，直到稀释至合适的稀释倍数，使接种 1mL 菌液的培养皿平板上出现 30～300 个菌落为宜。

2. 分离微生物

平板制备：配制好的营养琼脂培养基、高氏 1 号培养基、孟加拉红培养基，置于 121℃高压灭菌锅中灭菌 30min，自然冷却至 45℃左右。将灭菌过的培养基置于无菌操作间内的酒精灯火焰旁，右手持装有灭过菌的培养基的锥形瓶，并松绑无菌封口膜，瓶口贴近火焰；用左手持培养皿，将培养皿在火焰旁打开一条缝，右手迅速倒入约 15mL 培养基，左手立即盖好培养皿盖，在桌面上轻轻摇匀，使培养基均匀分布在培养皿中。等待培养基冷却凝固，将平板倒置，备用。

取样接种：首先用记号笔在平板上进行标记。然后分别用移液枪吸取适宜稀释度土样稀释液，将其加到对应编号的无菌平板培养基中央，每个稀释度倒 3 个平板（即 3 个重复一样）。细菌（营养琼脂平板）采用 10^{-4} 和 10^{-5} 稀释液；放线菌（高氏 1 号平板）和霉菌（孟加拉红平板）采用 10^{-3} 和 10^{-4} 稀释液。

涂布平板：右手持已灭菌的玻璃涂布棒，左手拿着加好土样稀释液的平板，将皿盖在火焰旁打轻轻打开，恰好能使涂布棒进行涂布。进行涂布时，将玻璃涂布棒沿同心圆中心方向缓慢地向四周扩展，使土样稀释液均匀分布在整个平板培养基表面。同一稀释度使用同一玻璃涂布棒；更换稀释度时则要先对玻璃涂布棒进行火焰灭菌，再进行下一次涂布；由低稀释度向高稀释度进行涂布时，可用同一玻璃涂布棒进行涂布。

倒置培养：将涂布好的细菌、放线菌、霉菌平板倒置，分别置于 37℃、28℃ 和 25℃ 恒温培养箱中，观察平板培养基表面是否有菌落长出。细菌培养 1～2d，放线菌培养 5～7d，霉菌培养 3～5d。

3. 菌落特征观察

观察不同微生物菌落形态特征，包括大小、颜色、干湿情况、形态、透明程度等。

4. 菌落计数

测定菌落总数从系列稀释度中选择一个较为合适的稀释度，计算土壤样品中的菌落数。

适宜稀释度的筛选标准如下：

① 在培养好的培养皿中进行肉眼观察，细菌、放线菌的菌落数为 30～300 个，霉菌的菌落数为 10～100 个。

② 对在同一稀释度的土样稀释液，其菌落数相差不能太大。

③ 由低稀释度向高稀释度稀释时，大致以平板中菌落数递减 10 倍为标准，各稀释度之间的递减误差越小，说明分离效果越好。

④ 微生物菌悬液的菌落数含量（CFU/g）的计算公式为：

$$新鲜土壤中微生物含量 = 平均菌落数 \times 稀释倍数 \times 10$$

五、实验结果

1. 平板菌落形态观察

从不同平板上选择不同类型菌落肉眼观察，区分细菌、放线菌、霉菌的菌落形态特征。并用接种环挑菌，看其与基质结合紧密程度。记录所分离的含菌样品的主要菌落特征，将结果填入表 2-27 中。

表 2-27　微生物类群菌落特征

微生物类群	菌落特征
细菌	
放线菌	
霉菌	

2.土壤微生物平板菌落计数结果

分别将细菌、放线菌、霉菌菌落计数及结果填入表 2-28 中。

表 2-28　土壤微生物平板菌落计数结果

微生物类群	稀释度	菌落数/CFU				每克土壤中微生物含量/(CFU/g)
		1	2	3	平均	
细菌						
放线菌						
霉菌						

六、注意事项

1.系列稀释操作为无菌操作,每次配制稀释溶液都要更换吸头。

2.在进行平板培养基涂布时,要注意按照稀释度从低到高的顺序进行操作。

3.当培养皿中的菌落呈片状出现时,应舍弃该平板中的菌落数。

七、考评

考评标准见表 2-29。

表 2-29　考评表

序号	考核内容	分值	评分标准
1	实验准备	10	药品准备及所需物品数量齐全合适,10 分
2	实验操作	10	样品采集: ① 正确设置采样点,5 分。 ② 正确进行土样采集,5 分
		40	① 制备土壤菌悬液操作方法正确,10 分。 ② 加样涂布方法正确,涂布均匀,10 分。 ③ 操作过程均在酒精灯无菌区域进行,10 分。 ④ 正确设置培养温度,倒置培养,10 分
3	结果检查	15	菌落无片状,没有杂菌污染情况,15 分
4	结果分析	15	实验结果正确,总结分析全面,15~11 分; 实验结果较正确,总结分析较全面,10~6 分; 实验结果不正确,总结分析不到位,5~0 分

序号	考核内容	分值	评分标准
5	文明实验	10	① 实验过程台面、地面清洁,2分。 ② 实验结束清洗仪器,试剂物品归原位,3分。 ③ 未损坏仪器,5分

八、思考题

1. 为什么需要将培养皿倒置培养?

2. 分离放线菌时,为什么要加入重铬酸钾溶液?

3. 分离细菌、放线菌和霉菌时为什么选择不同稀释度的土壤稀释液?

任务二　土壤微生物活性的测定

一、实验目的

1.了解土壤微生物活性的检测方法。
2.掌握荧光素二乙酸酯（FDA）水解酶分析法的原理。
3.掌握测定土壤微生物活性的操作步骤。

二、实验原理

微生物是自然界中有机物质的主要分解者，其在整个生态系统和全球变化研究中起着重要作用。荧光素二乙酸酯（fluorescein diacetate，FDA）是一种无色化合物，易被介质中细菌及真菌中的非专一性酶（酯酶、蛋白酶、脂肪酶等）催化水解，酶解反应最终产物为荧光素（fluorescein），荧光素的生成可以定量地监测 FDA 的水解。FDA 水解酶活性能较好地反映土壤中微生物活性、土壤质量的变化以及生态系统中有机质的转化，是土壤质量研究中的一种重要生物学指标，因此多被用于土壤酶活性和微生物活性分析。

由于土壤中的酶类主要来自于土壤微生物，其中 FDA 水解酶活性与微生物活性间的相关性比其他酶活性更显著，因此，利用 FDA 水解酶活性可间接地表示土壤中总微生物的活性，该方法现已被公认为土壤微生物活性的表征方法。FDA 水解酶分析法以荧光素二乙酸酯作为底物，底物被微生物分泌的多种酶（酯酶、蛋白酶和脂肪酶等）水解后产物为稳定不易被分解的荧光素，通过荧光素的产生量来表征微生物活性的强度。荧光素是一种亮黄色物质，对 490nm 的可见光有较强的吸收，可用紫外-可见分光光度计检测 490nm 处的吸光值变化计算得 FDA 水解酶活性；又因为荧光素在 488nm 激发下可发出 530nm 的荧光，因此也可用荧光分光光度计检测，其灵敏度较高，尤其适用于微生物浓度或活性较低的样品的检测。

三、实验用品

紫外-可见分光光度计或荧光分光光度计、恒温水浴锅、pH 计、离心机、恒温箱、天平、移液枪、土铲、无菌样品瓶、无菌试管、无菌离心管等。

FDA 储备液（$10^3\mu g/mL$ FDA）：准确称量 0.1g FDA 于小烧杯中，加少量丙酮溶解，转移至 100mL 棕色容量瓶中用丙酮定容至刻度，$-20℃$储存备用。

荧光素标准储备液（200μg/mL）：准确称取 20mg 荧光素钠盐，用少量的磷酸盐缓冲液（pH＝7.6）溶解后定容于 100mL 棕色容量瓶中，4℃储存备用。

终止剂：丙酮。

磷酸盐缓冲溶液：pH＝7.6，60mmol/L。

四、实验操作

1. 样品采集

采集校园中不同地理位置或典型区块的表层土壤样品。首先除去采样区地面枯枝落叶等杂物，其次为避免地表微生物的影响，铲除表面 1cm 左右的表土，然后用预先灭菌的取样铲采集土样，剔除石砾、碎片和植物残体，将土样置于无菌样品瓶中带回实验室。

2. 荧光素标准曲线

取 0.25mL、0.5mL、0.75mL、1mL 和 1.25mL 荧光素溶液于 50mL 容量瓶，加 25mL 磷酸缓冲液，然后用丙酮定容至 50mL；以不加荧光素只加终止剂的磷酸盐缓冲液作为对照，紫外-可见分光光度计 490nm 下测定其吸光值或荧光分光光度计测定样品的荧光强度（激发波长 488nm，发射波长 530nm），并绘制 $0\sim5\mu g/mL$ 的荧光素标准曲线。

3. 土壤微生物活性测定

称取 2g 新鲜土壤样品于 100mL 的锥形瓶中，加入 pH7.6 的磷酸盐缓冲液 25mL，充分振荡，使样品均匀分散，随后加入 2mL 1mg/mL FDA 溶液，塞上瓶塞混合均匀；以不加样品、只加 FDA 和终止剂的磷酸盐缓冲液作为对照；置 30℃ 恒温避光培养 3h，然后加入 25mL 丙酮终止 FDA 水解反应，将混合液转移至无菌离心管中，2000r/min 离心 3min，过滤，于 490nm 下测定上清液的吸光值（当吸光值高于 0.8 时，样品需要稀释），或用荧光分光光度计测上清液的荧光强度（当荧光强度高于 10^4 时，样品需要稀释）。对照标准曲线计算荧光素的释放量，FDA 水解酶活性用荧光素 $\mu g/(g \cdot h)$ 表示，每个处理重复 3 次，取平均值。

同时，另称取同样重量的土样，置洁净铝盒中，于烘箱中 105℃烘干 8h，置干燥器中冷却后称量土壤干重。

五、实验结果

1. 绘制荧光素标准曲线。

2. 土壤微生物活性的测定及计算结果记录在表 2-30 内。

表 2-30　土壤微生物活性结果记录表

项目	样品号		
	1	2	3
OD_{490} 或荧光强度			
荧光素浓度/$(\mu g/mL)$			
微生物活性/$[\mu g/(g \cdot h)]$			

六、注意事项

1.尽量采用新鲜土样或者短期低温保存样品,否则很难准确反映酶的活性。

2.测定之前进行预实验,若吸光值较高,请进行适当的稀释再测定,并在计算公式中乘以稀释倍数。

七、考评

考评标准见表 2-31。

表 2-31　考评表

序号	考核内容	分值	评分标准
1	实验准备	15	① 药品准备及所需物品数量齐全合适,5分。 ② 试剂的配制,10分
2	实验操作	20	样品采集: ① 正确设置采样点,10分。 ② 正确进行土样采集,10分
		25	① 操作规范,操作步骤清晰,10分。 ② 正确使用分光光度计,15分
3	数据记录	15	① 正确绘制荧光素标准曲线,5分。 ② 有原始数据,正确运用公式,准确计算,10分
4	结果分析	15	实验结果正确,总结分析全面,15~11分; 实验结果较正确,总结分析较全面,10~6分; 实验结果不正确,总结分析不到位,5~0分
5	文明实验	10	① 实验过程台面、地面清洁,2分。 ② 实验结束清洗仪器,试剂物品归原位,3分。 ③ 未损坏仪器,5分

八、思考题

1.比较不同取样点微生物活性的差异,并分析产生这种差异的可能原因。

2.请分析 FDA 水解酶分析法测定微生物活性的影响因素。

任务三　土壤微生物群落多样性分析

一、实验目的

1. 掌握 Biolog 法的基本原理。
2. 掌握 ECO 板分析微生物群落功能多样性的基本操作过程。
3. 学会使用 Biolog ECO 微孔板研究土壤微生物功能多样性。

二、实验原理

土壤微生物是生态系统的重要组成部分，其结构和功能会随着环境条件的改变而改变，并通过群落代谢功能的变化对生态系统产生一定的影响，因此研究土壤微生物多样性对于监测土壤污染具有一定的生态意义。

Biolog 法是目前已知的研究微生物代谢功能多样性的重要方法，其应用已经涉及土壤、污水、污泥等各种不同的环境，目前研究最为广泛、深入的是土壤环境微生物群落的功能多样性。Biolog 法是通过微生物对微平板上不同单一碳源的利用能力来反映微生物群落的功能多样性。Biolog 微孔板的种类很多，有 GN2、GP2、AN、YT、ECO、MT2 等。每个 Biolog 微孔板含有 96 个孔，每孔均含有指示染料。除对照孔外，其余小孔均含有有机碳源（MT2 板除外），微生物在孔中生长时可以将孔中的染料还原成有色物质。目前，在微生物群落功能多样性研究中应用较多的是 Biolog ECO 微孔板，其上有 96 个微孔，包含 31 种碳源和水空白，每种底物有 3 个重复。碳源主要分为 6 类：氨基酸类、羧酸类、胺类、糖类、聚合物类和其他。也有将 31 种碳源分为 4 大类，即糖类及其衍生物、氨基酸类及其衍生物、脂肪酸及脂类、代谢中间产物及次生代谢物。除生态板以外，Biolog GN2 等微孔板也可以用于微生物群落和生态分析，这些微孔板在某些应用上可能优于生态板，在实验中选用哪一种微孔板进行群落或生态分析可以根据具体情况决定。本实验采用 Biolog ECO 微孔板法分析不同环境土壤中微生物群落的代谢功能多样性，微生物在孔中生长显色后，一般用 Biolog ECO 微孔板读数仪读取吸光度值，然后进行分析。

三、实验用品

Biolog 自动读数仪、恒温培养箱、振荡器、ECO 微孔板、移液器、无菌取样铲、无菌样品瓶、天平、无菌锥形瓶、无菌试管等。

不同环境中的土壤样品、生理盐水（0.85%~0.90%的 NaCl 溶液）。

四、实验操作

1. 土壤样品采集

根据实验目的，采集不同生境下的新鲜土壤，去除砂石、动植物残体，置冰袋中带回实验室 4℃保存。

2. 菌悬液的制备

称取新鲜土壤样品约 1g 置于 50mL 锥形瓶中，加入适量的 0.87%的无菌生理盐水（10mL），置摇床中充分振荡 15min，使土壤均匀分散，静置 1min，上层悬浊液即为菌悬液，取 1mL 土壤悬液转移至 99mL 0.87%的无菌生理盐水中，得到 10^{-3} 稀释度土壤稀释液。

3. Biolog ECO 微平板的接种

将 Biolog ECO 微孔板从冰箱中取出，做好标记，预热到 28℃，每孔中接种稀释液 150μL。注意在加入稀释液之前一定要确保稀释液已经混匀，其次还要确保每个微孔加入量相等。

4. Biolog ECO 微孔板培养与测定

将接种的微孔板盖子盖好，放在 28℃（通常细菌培养在 26~37℃，根据具体情况而定）下培养 7d，观察微孔板各孔颜色变化情况，分别于接种的 0 时刻和每隔一定时间（通常为 24h），用 Biolog 自动读数仪读取各孔在 590nm 下吸光度值。另外，为排除真菌生长造成的浊度变化对吸光度值产生的影响，可以用 590nm 和 750nm（浊度值）下吸光度值的差值来表征颜色变化。

5. 数据分析

根据测得的吸光度值计算平均颜色变化率（AWCD）和群落代谢多样性（CMD）。对于小组的单个样品来说，绘制 AWCD 随时间的变化曲线，并可进行多样性指数计算。对于小组间一系列相关样品，可以应用统计分析软件（如 SPSS 等）进行主成分分析、聚类分析、多样性指数比较等，从而了解微生物群落代谢功能多样性的差异或变化。

Biolog ECO 微孔板研究微生物生态最常用的指标是平均吸光度，它可以评判微生物群落对碳源利用总的能力。土壤微生物对碳源的利用情况用 AWCD 表示。绘制样品的 AWCD 值随时间的变化曲线，可以用来表示样品中微生物的平均活性变化，体现微生物群落反应速度和最终达到的程度。

某一时刻 AWCD 值的计算公式为：

$$AWCD = \frac{\sum_{i=1}^{31}(A_i - A_0)}{31}$$

式中　A_i——第 i 碳源反应孔在 590nm 下的吸光度值；

　　A_0—— 微平板对照孔的吸光度值；

$A_i - A_0$ 小于 0 的孔，计算中按 0 处理。

CMD 也是一个比较常用的指标。CMD 的值为阳性孔（显紫色的孔）的总数，是指能被微生物群落利用的碳源数量，类似于群落功能丰富度。一般把与对照孔吸光度值之差大于 0.25 的孔作为阳性孔。

此外，根据所测得的吸光度值，还可以计算多种群落多样性指数，如 Shannon 指数、Simpson 指数等，以表征微生物群落的结构与功能特征。还可以对一些指标进行统计分析，最流行的统计分析方法是 AWCD 的主成分分析（PCA）。

五、实验结果

记录不同时间不同样品的吸光度值，通过公式计算进行数据分析。

六、注意事项

1. 手持 ECO 板时不要接触上下两表面。
2. 在测量期间不能开盖，以防污染。

七、考评

考评标准见表 2-32。

表 2-32　考评表

序号	考核内容	分值	评分标准
1	实验准备	15	① 药品准备及所需物品数量齐全合适,5 分。 ② 试剂的配制,10 分
2	实验操作	20	样品采集： ① 正确设置采样点,10 分。 ② 正确进行土样采集,10 分
		30	① 正确制备土壤菌悬液,5 分。 ② 加样前是否摇匀菌悬液,正确添加菌悬液,15 分。 ③ 操作规范,正确使用 Biolog ECO 微孔板,10 分
3	数据记录	10	有原始数据,正确运用公式,准确计算,10 分
4	结果分析	15	实验结果正确,总结分析全面,15～11 分； 实验结果较正确,总结分析较全面,10～6 分； 实验结果不正确,总结分析不到位,5～0 分
5	文明实验	10	① 实验过程台面、地面清洁,2 分。 ② 实验结束清洗仪器,试剂物品归原位,3 分。 ③ 未损坏仪器,5 分

八、思考题

1.通过比较小组间样品的多样性 Shannon 指数的差异，分析不同环境微生物生态功能的健康及稳定性。

2.通过比较小组间样品的微生物代谢多样性信息，分析不同环境样品中微生物群落的生态功能及造成微生物功能多样性差异的主要原因。

项目六 空气中微生物检测与评价

空气是人类保持正常活动的物质条件，并与人类健康有着极为密切的关系。我们周围的环境中存在着种类繁多、数量庞大的微生物。虽然空气不是微生物栖息的良好环境，但由于气流、灰尘的流动，人和动物的活动等原因，仍有相当数量的微生物存在。被微生物污染的空气是呼吸道传染病的主要传播介质。空气中微生物的多少从一个侧面反映了空气的质量和安全性。

随着社会进入信息时代，空气微生物采样检测也得到了飞速发展，已研制出快速、敏感、特异、自动化程度高的各类仪器。常用的空气中微生物的检测方法有沉降法与滤过法。

任务一 沉降法测定空气中的微生物

一、实验目的

1. 学习并掌握用沉降法检测空气中的微生物。
2. 通过实验计算空气中微生物的数量，并评价是否符合标准。

二、实验原理

空气中的微生物沉降到固体培养基表面，经过一段时间的适温培养，每个分散菌体或孢子就会形成一个肉眼可见的细胞群体，即菌落。观察形态和大小各异的菌落，可以大致鉴别空气中存在的微生物种类。计算菌落数，可按公式推算 $1m^3$ 空气中的微生物数量。

三、实验用品

高压蒸汽灭菌锅、干热灭菌箱、恒温培养箱、4℃冰箱、培养皿、吸管、标签纸、牛肉膏蛋白胨培养基、马铃薯-蔗糖培养基、高氏1号培养基等。

四、实验操作

1. 标记培养皿

每组取 6 套培养皿，分别在皿底贴上标签，注明所用的培养基。

2. 制作平板

熔化细菌（牛肉膏蛋白胨）琼脂培养基、真菌（马铃薯-蔗糖）琼脂培养基和放线菌（高氏 1 号）琼脂培养基，每种培养基各倒 2 皿，将细菌培养基直接倒入培养皿中，制成平板。在制作后两种平板前，预先在培养皿内加入适量的链霉素液，再倾倒真菌培养基，混匀，制成平板；同样在培养皿内加入适量的重铬酸钾液，再倾倒放线菌培养基混匀，制成平板。

3. 暴露取样

每组在指定的地点取三种平板培养基，打开皿盖，按分配好的时间在空气中暴露 5min 或 10min。时间一到，立即合上皿盖。

4. 培养观察

将培养皿倒转，放置恒温培养箱中培养。细菌置 37℃恒温培养箱培养 24～48h；真菌和放线菌置于 28℃恒温培养箱培养 3～7d。计数平板上的菌落，观察各种菌落的形态、大小、颜色等特征。

5. 计算 1m³ 空气中微生物的数量

根据奥梅梁斯基换算法，如果平板培养基面积为 100cm²，在空气中暴露 5min，于 37℃培养 24h 长出的菌落数，相当于 10L 空气中的细菌数。即：

$$X = \frac{N \times 100 \times 100}{\pi r^2} \tag{2-3}$$

式中，X 为每立方米空气中的细菌数；N 为平板培养基在空气中暴露 5min，于 37℃培养 24h 后长出的菌落数；r 为底皿半径，cm。

五、实验结果

实验结果记录于表 2-33。

表 2-33　空气中微生物数量计算结果

各培养皿中菌落数 N/CFU			空气中微生物的数量 X/(CFU/m³)
细菌	真菌	放线菌	

室内取样，可根据《室内空气质量标准》（GB/T 18883—2022）中生物性参数，菌落总数标准值≤1500CFU/m³，结合计算结果评价空气中微生物数量是否符合标准。

六、注意事项

1. 在野外暴露取样，应选择背风的地方，否则会影响取样效果。

2. 根据空气污染程度确定暴露时间。如果空气污浊，暴露时间宜适当缩短。

3. 室内空气采样点布设方法，可参考《公共场所卫生检验方法 第3部分：空气微生物》（GB/T 18204.3—2013）附录A中的自然沉降法采样布点要求。

七、考评

考评标准见表2-34。

表2-34　考评表

序号	考核内容	分值	评分标准
1	实验准备	10	培养基的配制（牛肉膏蛋白胨培养基、马铃薯-蔗糖培养基、高氏1号培养基），10分
2	实验操作	25	样品采集： ① 正确设置采样点，10分。 ② 正确进行空气样品采集，15分
		30	① 正确取用样品，10分。 ② 正确使用恒温培养箱，7分。 ③ 正确菌落计数，13分
3	数据记录	10	根据公式正确计算空气微生物的数量，10分
4	结果分析	15	实验结果正确，总结分析全面，15～11分； 实验结果较正确，总结分析较全面，10～6分； 实验结果不正确，总结分析不到位，5～0分
5	文明实验	10	① 实验过程台面、地面清洁，2分。 ② 实验结束清洗仪器，试剂物品归原位，3分。 ③ 未损坏仪器，5分

八、思考题

1. 分析沉降法测定空气中微生物数量的优缺点。

2. 如何设置采样点？

任务二　过滤法测定空气中的微生物

一、实验目的

1.学习并掌握用过滤法检测空气中的微生物。

2.通过实验计算空气中微生物的数量，并评价是否符合标准。

二、实验原理

使一定体积的空气通过一定体积的无菌吸附剂（通常为无菌水，也可用肉汤液体培养基），然后用平板培养法培养吸附剂中的微生物，以平板上出现的菌落数计算空气中的微生物数量。

三、实验用品

牛肉膏蛋白胨培养基、盛有200mL无菌水的锥形瓶、15L塑料桶、高压蒸汽灭菌锅、干热灭菌箱、恒温培养箱、4℃冰箱、培养皿、吸管、标签纸等。

四、实验操作

1. 灌装自来水

在15L塑料桶中，灌装10L自来水。

2. 组装过滤装置

按图2-1组装好过滤装置。

3. 抽滤取样

打开塑料桶的水阀，使水缓缓流出，这时外界空气被吸入，经喇叭口进入盛有200mL无菌水的锥形瓶（采样器）中，至10L水流完后，则10L体积空气中的微生物被截流在200mL水中。

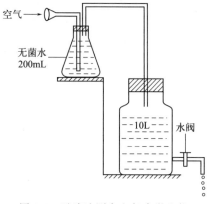

图2-1　过滤法测定空气中微生物

4. 培养观察

从锥形瓶中吸取1mL水样放入无菌培养皿中（平行做3个皿），每皿倾入12～15mL已熔化并冷却至45℃左右的牛肉膏蛋白胨培养基，摇匀，凝固后置37℃恒温培养箱培养24h。

5. 计算结果

培养 24h 后，按平板上长出的菌落数，计算出每升空气中的细菌（或其他微生物）的数目。

$$每升空气中的菌落数 = \frac{1mL\,水中培养所得菌落数 \times 200}{10} \tag{2-4}$$

五、实验结果

实验结果记录于表 2-35。

表 2-35　空气中微生物数量计算结果

培养皿中菌落数/CFU			空气中微生物的数量/(CFU/L)
1	2	3	

室内取样，可根据《室内空气质量标准》（GB/T 18883—2022）中生物性参数，菌落总数标准值≤1500CFU/m³，结合计算结果评价空气中微生物数量是否符合标准。

六、注意事项

1. 仔细检查过滤装置，防止漏气。
2. 水阀中的水流不宜过快，否则会影响过滤效果。

七、考评

考评标准见表 2-36。

表 2-36　考评表

序号	考核内容	分值	评分标准
1	实验准备	10	培养基的配制(牛肉膏蛋白胨培养基),10 分
2	实验操作	25	样品采集： ① 正确组装过滤设置,10 分。 ② 正确进行空气样品采集,15 分
		30	① 正确取用样品,10 分。 ② 正确使用恒温培养箱,7 分。 ③ 正确菌落计数,13 分
3	数据记录	10	根据公式正确计算空气中微生物的数量,10 分
4	结果分析	15	实验结果正确,总结分析全面,15～11 分； 实验结果较正确,总结分析较全面,10～6 分； 实验结果不正确,总结分析不到位,5～0 分

序号	考核内容	分值	评分标准
5	文明实验	10	① 实验过程台面、地面清洁,2分。 ② 实验结束清洗仪器,试剂物品归原位,3分。 ③ 未损坏仪器,5分

八、思考题

试比较沉降法和过滤法测定空气中微生物数量的异同点。

项目七　食品中微生物的检测与评价

自然界中绝大多数微生物对于人类和动、植物是有益且必需的。但微生物也是造成食品变质的主要原因，甚至会引起食物中毒。为了正确且客观地了解食品的卫生情况，加强食品卫生的管理，保障人们的健康，并为防止某些传染病的发生提供科学依据，我们必须对食品微生物指标进行检验。食品中微生物的检测与评价，是运用微生物学及其相关的科学理论、方法，研究食品中微生物的种类、数量、性质、生存环境及其对人类健康的影响。食品微生物学检验是衡量食品卫生质量的重要指标，也是判定被检食品能否食用的科学依据，可以判断食品加工环境及其卫生的情况，为卫生管理工作提供科学依据，可以有效地防止或减少食物中毒和人畜共患病的发生，保证产品质量，避免不必要的损失。

任务一　食品样品的采集与处理

一、实验目的

1. 了解食品样品采集原则。
2. 掌握食品样品采集的方法。
3. 掌握食品样品预处理的方法。

二、实验原理

样品的采集应遵循随机性、代表性的原则。采样过程遵循无菌操作程序，防止一切可能的外来污染。

根据检验目的、食品特点、批量、检验方法、微生物的危害程度等确定采样方案。各类食品的采样方案按食品安全相关标准的规定执行。

采样方案分为二级和三级采样方案。二级采样方案设有 n、c 和 m 值，三级采样方案设有 n、c、m 和 M 值。

n：同一批次产品应采集的样品件数；

c：最大可允许超出 m 值的样品数；

m：微生物指标可接受水平限量值（三级采样方案）或最高安全限量值（二级采样方案）；

M：微生物指标的最高安全限量值。

按照二级采样方案设定的指标，在 n 个样品中，允许有 $\leqslant c$ 个样品其相应微生物指标检验值大于 m 值。

按照三级采样方案设定的指标，在 n 个样品中，允许全部样品中相应微生物指标检验值 $\leqslant m$ 值；允许有 $\leqslant c$ 个样品其相应微生物指标检验值在 m 值和 M 值之间；不允许有样品相应微生物指标检验值大于 M 值。

例如：$n=5$，$c=2$，$m=100CFU/g$，$M=1000CFU/g$。含义是从一批产品中采集 5 个样品，若 5 个样品的检验结果均 $\leqslant m$ 值（$\leqslant 100CFU/g$），则这种情况是允许的；若 $\leqslant 2$ 个样品的结果（X）位于 m 值和 M 值之间（$100CFU/g < X \leqslant 1000CFU/g$），则这种情况也是允许的；若有 3 个及以上样品的检验结果位于 m 值和 M 值之间，则这种情况是不允许的；若有任一样品的检验结果 $> M$ 值（$> 1000CFU/g$），则这种情况也是不允许的。

食品安全事故中食品样品的采集：

① 由批量生产加工的食品污染导致的食品安全事故，食品样品的采集和判定原则按采样方案执行。重点采集同批次食品样品。

② 由餐饮单位或家庭烹调加工的食品导致的食品安全事故，重点采集现场剩余食品样品，以满足食品安全事故病因判定和病原确证的要求。

三、实验用品

天平、高压灭菌设备、过滤除菌装置、pH 计、均质器（剪切式或拍打式均质器）、离心机、移液器、恒温培养箱、恒温水浴、显微镜、放大镜、游标卡尺、冰箱、生物安全柜等。

常规检测用具：接种环（针）、酒精灯、镊子、剪刀、药匙、消毒棉球、硅胶（棉）塞、吸管、洗耳球、试管、平皿、锥形瓶、微孔板、广口瓶、量筒、玻棒及 L 形玻棒、pH 试纸、记号笔、均质袋等。

现场采样检验用品：无菌采样容器、棉签、涂抹棒、采样规格板、转运管等。

四、实验操作

1. 预包装食品

应采集相同批次、独立包装、适量件数的食品样品，每件样品的采样量应满足微生物指标检验的要求。

独立包装 $\leqslant 1000g$ 的固态食品或 $\leqslant 1000mL$ 的液态食品，取相同批次的包装。

独立包装＞1000mL的液态食品，应在采样前摇动或用无菌棒搅拌液体，使其达到均质后采集适量样品，放入同一个无菌采样容器内作为一件食品样品；＞1000g的固态食品，应用无菌采样器从同一包装的不同部位分别采取适量样品，放入同一个无菌采样容器内作为一件食品样品。

2. 散装食品或现场制作食品

用无菌采样工具从 n 个不同部位现场采集样品，放入 n 个无菌采样容器内作为 n 件食品样品。每件样品的采样量应满足微生物指标检验单位的要求。

3. 采集样品的标记

应对采集的样品进行及时、准确的记录和标记，内容包括采样人、采样地点、时间、样品名称、来源、批号、数量、保存条件等信息。

4. 采集样品的贮存和运输

已采集样品应尽快送往实验室检验，且应在运输过程中保持样品完整。应在接近原有贮存温度条件下贮存样品，或采取必要措施防止样品中微生物数量的变化。

5. 样品处理

实验室接到送检样品后应认真核对登记，确保样品的相关信息完整并符合检验要求。实验室应按要求尽快检验。若不能及时检验，应采取必要的措施，防止样品中原有微生物因客观条件的干扰而发生变化。各类食品样品处理应按相关食品安全标准检验方法的规定执行。

五、实验结果

实验结果记录于表 2-37。

表 2-37　食品采集记录单

被检测单位：_____　地址：_____　采样地点：_____　采样日期：_____

样品序号	样品名称	数量	规格	包装状况或存储条件	生产日期或批号	生产或进口代理商	备注

检验项目1. 微生物检测：菌落总数□　　大肠菌群□　　霉菌□　　酵母菌□　　金黄色葡萄球菌□
　　　　志贺氏菌□　　溶血性链球菌□
　　2. 理化检测：铅□　　总砷□　　酸价□　　过氧化值□
　　3. 其它：

被检单位陪同人：_____　日期：_____　采样人：_____　日期：_____
　　　送样人：_____　日期：_____　采样人：_____　日期：_____

六、注意事项

1. 样品的采集应遵循随机性、代表性的原则。
2. 采样过程遵循无菌操作程序，防止一切可能的外来污染。

七、考评

考评标准见表 2-38。

表 2-38 考评表

序号	考核内容	分值	评分标准
1	实验准备	20	采样器具准备及无菌化处理，20 分
2	实验操作	35	样品采集： ① 正确设置采样点，20 分。 ② 正确进行采集，7 分。 ③ 正确进行样品的前处理，8 分
3	数据记录	20	食品采集记录单，20 分
4	结果分析	15	实验结果正确，总结分析全面，15～11 分； 实验结果较正确，总结分析较全面，10～6 分； 实验结果不正确，总结分析不到位，5～0 分
5	文明实验	10	① 实验过程台面、地面清洁，2 分。 ② 实验结束清洗仪器，试剂物品归原位，3 分。 ③ 未损坏仪器，5 分

八、思考题

1. 食品采样方案如何确定？
2. 如何设置采样点？

任务二 食品中菌落总数的测定

一、实验目的

1. 掌握平板菌落计数法测定食品中菌落总数的基本原理和方法。
2. 了解菌落总数测定在对被检样品进行安全学评价中的意义。

二、实验原理

菌落总数的测定是食品微生物检验中的重要指标，从安全卫生学的角度来说，菌落总数可以用来判定食品被细菌污染的程度及卫生质量，它反映了食品在生产过程中是否受到污染，以便对被检样品做出适当的安全学评价。菌落总数的多少是食品检样经过处理，在一定条件下（如培养基、培养温度和培养时间等）培养后，所得每1g（mL）检样中形成的微生物菌落总数，在一定程度上标志着食品卫生质量的优劣。平板菌落计数法又称标准平板活菌计数法（standard plate count，SPC），是最常用的一种活菌计数法。将待测样品经适当稀释之后，其中的微生物充分分散成单个细胞，取一定量的稀释样液涂布到平板上，经过培养，由每个单细胞生长繁殖而形成肉眼可见的菌落，即一个单菌落应代表原样品中的一个单细胞。统计菌落数，根据其稀释倍数和取样接种量即可换算出样品中的含菌数。由于测定的温度是在37℃有氧条件下培养的结果，故厌氧菌、微氧菌、嗜冷菌、嗜热菌在此条件下不能生长，有特殊营养要求的细菌也受到限制。因此，这种方法所得到的结果实际上只包括一群在平板计数琼脂培养基中发育、嗜中温的需氧或兼性厌氧的菌落总数，并不表示实际中的所有细菌总数。但由于在自然界这类细菌占大多数，其数量的多少能反映出样品中细菌的总数。所以用该方法来测定食品中含有的细菌总数已得到了广泛的认可。此外，菌落总数不能区分其细菌的种类，所以有时被称为杂菌数或需氧菌数等。

三、实验用品

除微生物实验室常规灭菌及培养设备外，其他设备如下：恒温培养箱、冰箱、天平、无菌移液管、无菌锥形瓶、无菌培养皿、菌落计数器。

平板计数琼脂（plate count agar，PCA）培养基、无菌生理盐水等。

四、实验步骤

1. 样品的稀释

① 固体和半固体样品 称取 25g 样品置于 225mL 生理盐水中，制成 1：10 的样品匀液。

② 液体样品 以无菌吸管吸取 25mL 样品置盛有 225mL 无菌生理盐水的无菌锥形瓶（瓶内预置适当数量的无菌玻璃珠）中，充分混匀，制成 1：10 的样品匀液。

③ 用 1mL 无菌吸管或微量移液器吸取 1：10 样品匀液 1mL，沿管壁缓慢注于盛有 9mL 稀释液的无菌试管中（注意吸管或吸头尖端不要触及稀释液面），振摇试管或换用一支无菌吸管反复吹打使其混合均匀，制成 1：100 的样品匀液。

④ 按上述③操作，依次制成 10 倍递增系列稀释样品匀液。每递增稀释一次，换用一次 1mL 无菌吸管或吸头。

2. 接种样品

根据对样品污染状况的估计，选择 2～3 个适宜稀释度的样品匀液（液体样品可包括原液），在进行 10 倍递增稀释时，每个稀释度分别吸取 1mL 样品匀液加入两个无菌平皿内。同时分别取 1mL 稀释液加入两个无菌平皿作空白对照。

3. 倒平板

及时将 15～20mL（即培养皿底铺满一层培养基即可）冷却至 46℃ 的平板计数琼脂培养基（可放置于 46℃±1℃ 恒温水浴箱中保温）倾注平皿，并转动平皿使其混合均匀。

4. 培养

琼脂凝固后，将平板翻转，36℃±1℃ 培养 48h±2h。如果样品中可能含有在琼脂培养基表面弥漫生长的菌落时，可在凝固后的琼脂表面覆盖一薄层琼脂培养基（约 4mL），凝固后翻转平板，36℃±1℃ 培养 48h±2h。

5. 菌落计数

可用肉眼观察，必要时用放大镜或菌落计数器，记录稀释倍数和相应的菌落数量。

① 选取菌落数在 30～300CFU、无蔓延菌落生长的平板计数菌落总数。低于 30CFU 的平板记录具体菌落数，大于 300CFU 的可记录为多不可计。每个稀释度的菌落数应采用两个平板的平均数。

② 其中一个平板有较大片状菌落生长时，则不宜采用，而应以无片状菌落生长的平板作为该稀释度的菌落数；若片状菌落不到平板的一半，而其余一半中菌落分布又很均匀，即可计算半个平板后乘以 2，代表一个平板菌落数。

③ 当平板上出现菌落间无明显界线的链状生长时，则将每条单链作为一个菌落计数。

五、实验结果与报告

1. 菌落总数的计算方法

① 若只有一个稀释度平板上的菌落数在适宜计数范围内，计算两个平板菌落数的平均值，再将平均值乘以相应稀释倍数，作为每 1g（或 mL）中菌落总数结果。

② 若有两个连续稀释度的平板菌落数在适宜计数范围内时，按下式计算：

$$N = \frac{\sum C}{(n_1 + 0.1n_2)d} \tag{2-5}$$

式中　N——样品中菌落数，CFU；

$\sum C$——平板（含适宜范围菌落的平板）菌落数之和，CFU；

n_1——第一稀释度（低稀释倍数）平板个数；

n_2——第二稀释度（高稀释倍数）平板个数；

d——稀释因子（第一稀释度）。

示例见表 2-39。

表 2-39　计数结果

稀释度	1：100（第一稀释度）	1：1000（第二稀释度）
菌落数/CFU	232，244	33，35

$$N = \frac{\sum C}{(n_1 + 0.1n_2)d} = \frac{232 + 244 + 33 + 35}{[2 + (0.1 \times 2)] \times 10^{-2}} = \frac{544}{0.022} = 24727 \approx 2.5 \times 10^4$$

③ 若所有稀释度的平板上菌落数均大于 300CFU，则对稀释度最高的平板进行计数，其他平板可记录为多不可计，结果按平均菌落数乘以最高稀释倍数计算。

④ 若所有稀释度的平板菌落数均小于 30CFU，则应按稀释度最低的平均菌落数乘以稀释倍数计算。

⑤ 若所有稀释度（包括液体样品原液）平板均无菌落生长，则以小于 1 乘以最低稀释倍数计算。

⑥ 若所有稀释度的平板菌落数均不在 30～300CFU，其中一部分小于 30CFU或大于 300CFU 时，则以最接近 30CFU 或 300CFU 的平均菌落数乘以稀释倍数计算。

示例见表 2-40。

表 2-40　计数结果

例次	菌落数/CFU			菌落总数 /[CFU/g（或 mL）]	报告方式 /[CFU/g（或 mL）]	备注
	稀释度 10^{-1}	稀释度 10^{-2}	稀释度 10^{-3}			
1	多不可计	295	46	31 000	3.1×10^4	

例次	菌落数/CFU			菌落总数 /[CFU/g(或 mL)]	报告方式 /[CFU/g(或 mL)]	备注
	稀释度 10^{-1}	稀释度 10^{-2}	稀释度 10^{-3}			
2	27	11	5	270	2.7×10^2	
3	0	0	0	$<1 \times 10$	<10	
…						

2. 实验结果记录及报告

将实验中各稀释度的菌落总数计入表 2-41，并按照菌落总数的计算方法报告样品中菌落总数的检测结果。

表 2-41　检测结果

例次	稀释度 10^{-1}	稀释度 10^{-2}	稀释度 10^{-3}	…	空白	备注
1						
2						
菌落总数/[(CFU/g(或 mL)]						

六、注意事项

整个实验中无菌操作，避免人为污染，导致结果异常。

七、考评

考评标准见表 2-42。

表 2-42　考评表

序号	考核内容	分值	评分标准
1	实验准备	10	试剂的配制、灭菌等,10 分
2	实验操作	20	样品处理: ① 正确处理样品,10 分。 ② 正确梯度稀释样品,10 分
		30	① 正确使用移液管,15 分。 ② 正确倒平板,15 分
3	数据记录	15	① 根据公式计算正确,10 分。 ② 正确判断样品污染程度,5 分
4	结果分析	15	实验结果正确,总结分析全面,15~11 分; 实验结果较正确,总结分析较全面,10~6 分; 实验结果不正确,总结分析不到位,5~0 分

序号	考核内容	分值	评分标准
5	文明实验	10	① 实验过程台面、地面清洁,2分。 ② 实验结束清洗仪器,试剂物品归原位,3分。 ③ 未损坏仪器,5分

八、思考题

1. 稀释平板计数法应注意哪些问题?

2. 在食品安全微生物学检验中,为什么要以菌落总数为指标?

任务三　食品中大肠菌群的计数

一、实验目的

1. 了解大肠菌群在食品卫生检验中的意义。
2. 学习并掌握大肠菌群的检验方法。

二、实验原理

大肠菌群系指一群能发酵乳糖、产酸产气、需氧和兼性厌氧的革兰氏阴性无芽孢杆菌。该菌群主要来源于人畜粪便，故以此作为粪便污染指标来评价食品的卫生质量，具有广泛的卫生学意义。它反映了食品是否被粪便污染，同时，间接地指出食品是否有肠道致病菌污染的可能性。食品中大肠菌群数系以每 1g（或 1mL）检样内大肠菌群最大可能数（MPN）来表示。

三、实验用品

除微生物实验室常规灭菌及培养设备外，其他用品如下：

恒温培养箱、冰箱、恒温水浴箱、天平、均质器、振荡器、无菌吸管 [1mL（具 0.01mL 刻度）、10mL（具 0.1mL 刻度）] 或微量移液器及吸头、无菌锥形瓶（500mL）、无菌培养皿（90mm）、pH 计或 pH 比色管或精密 pH 试纸、菌落计数器等。

月桂基硫酸盐胰蛋白胨（LST）肉汤、煌绿乳糖胆盐（BGLB）肉汤、结晶紫中性红胆盐琼脂（VRBA）、磷酸盐缓冲液、无菌生理盐水、1mol/L NaOH 溶液及 HCl 溶液等。

四、实验步骤

1. 样品的稀释

① 固体和半固体样品：称取 25g 样品，放入盛有 225mL 磷酸盐缓冲液或生理盐水的无菌均质杯内，8000～10000r/min 均质 1～2min，或放入盛有 225mL 磷酸盐缓冲液或生理盐水的无菌均质袋中，用拍击式均质器拍打 1～2min，制成 1：10 的样品匀液。

② 液体样品：以无菌吸管吸取 25mL 样品置盛有 225mL 磷酸盐缓冲液或生理

盐水的无菌锥形瓶（瓶内预置适当数量的无菌玻璃珠）或其他无菌容器中充分振摇或置于机械振荡器中振摇，充分混匀，制成1∶10的样品匀液。

③ 样品匀液的pH应在6.5～7.5，必要时分别用1mol/L NaOH或1mol/L HCl调节。

④ 用1mL无菌吸管或微量移液器吸取1∶10样品匀液1mL，沿管壁缓缓注入9mL磷酸盐缓冲液或生理盐水的无菌试管中（注意吸管或吸头尖端不要触及稀释液面），振摇试管或换用1支1mL无菌吸管反复吹打，使其混合均匀，制成1∶100的样品匀液。

⑤ 根据对样品污染状况的估计，按上述操作，依次制成10倍递增系列稀释样品匀液。每递增稀释1次，换用1支1mL无菌吸管或吸头。从制备样品匀液至样品接种完毕，全过程不得超过15min。

2. 计数

（1）第一法　大肠菌群MPN计数法（适用于大肠菌群含量较低的食品中大肠菌群的计数，见图2-2）

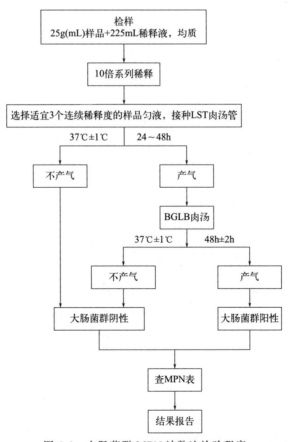

图2-2　大肠菌群MPN计数法检验程序

① 初发酵试验　每个样品，选择 3 个适宜的连续稀释度的样品匀液（液体样品可以选择原液），每个稀释度接种 3 管月桂基硫酸盐胰蛋白胨（LST）肉汤，每管接种 1mL（如接种量超过 1mL，则用双料 LST 肉汤），37℃±1℃培养 24h±2h，观察倒管内是否有气泡产生，24h±2h 产气者进行复发酵试验（证实试验），如未产气则继续培养至 48h±2h，产气者进行复发酵试验。未产气者为大肠菌群阴性。

② 复发酵试验（证实试验）　用接种环从产气的 LST 肉汤管中分别取培养物 1 环，移种于煌绿乳糖胆盐肉汤（BGLB）管中，37℃±1℃培养 48h±2h，观察产气情况。产气者，计为大肠菌群阳性管。

③ 大肠菌群最大可能数（MPN）的报告　按复发酵试验确证的大肠菌群 BGLB 阳性管数，检索 MPN 表（见附表 4），报告每 g（mL）样品中大肠菌群的 MPN 值。

（2）第二法　大肠菌群平板计数法（适用于大肠菌群含量较高的食品中大肠菌群的计数，见图 2-3）

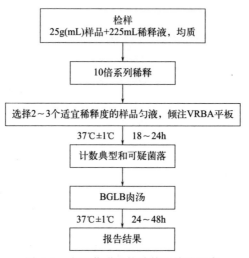

图 2-3　大肠菌群平板计数法检验程序

① 平板计数　选取 2～3 个适宜的连续稀释度，每个稀释度接种 2 个无菌平皿，每皿 1mL。同时取 1mL 生理盐水加入无菌平皿作空白对照。及时将 15～20mL 熔化并恒温至 46℃的结晶紫中性红胆盐琼脂（VRBA）约倾注于每个平皿中。小心旋转平皿，将培养基与样液充分混匀，待琼脂凝固后，再加 3～4mL VRBA 覆盖平板表层。翻转平板，置于 37℃±1℃培养 18～24h。

② 平板菌落数的选择　选取菌落数在 15～150CFU 的平板，分别计数平板上出现的典型和可疑大肠菌群菌落（如菌落直径较典型菌落小）。典型菌落为紫红色，菌落周围有红色的胆盐沉淀环，菌落直径为 0.5mm 或更大，最低稀释度平板

低于 15CFU 的记录具体菌落数。

③ 证实试验　从 VRBA 平板上挑取 10 个不同类型的典型和可疑菌落，少于 10 个菌落的挑取全部典型和可疑菌落。分别移种于 BGLB 肉汤管内，37℃±1℃ 培养 24～48h，观察产气情况。凡 BGLB 肉汤管产气，即可报告为大肠菌群阳性。

④ 大肠菌群平板计数的报告　经最后证实为大肠菌群阳性的试管比例乘以结晶紫中性红胆盐琼脂（VRBA）计数的平板菌落数，再乘以稀释倍数，即为每 g（mL）样品中大肠菌群数。例：10^{-4} 样品稀释液 1mL，在 VRBA 平板上有 100 个典型和可疑菌落，挑取其中 10 个接种 BGLB 肉汤管，证实有 6 个阳性管，则该样品的大肠菌群数为：$100×6/10×10^{4}/g$（或 mL）$=6.0×10^{5}$CFU/g（或 mL）。若所有稀释度（包括液体样品原液）平板均无菌落生长，则以小于 1 乘以最低稀释倍数计算。

五、实验结果

将大肠菌群的测定结果填入表 2-43。

表 2-43　实验结果　　　　单位：CFU/g（或 mL）

检验项目	初发酵结果			空白	复发酵结果		
	10^{-1}	10^{-2}	10^{-3}		10^{-1}	10^{-2}	10^{-3}
第一法 大肠菌群 1							
2							
3							
计算方法:大肠菌群数＝复发酵阳性试管比例( )　　结果判定：　　合格□　　　　不合格□							
检验项目	结晶紫中性红胆盐琼脂(VRBA)菌落总数			结果	BGLB 肉汤产气管数		
	10^{-1}	10^{-2}	10^{-3}		10^{-1}	10^{-2}	10^{-3}
第二法 大肠菌群 1							
2							
3							
…							
计算方法:大肠菌群数＝阳性试管比例×(VRBA)平板菌落数×稀释倍数　　结果判定：　　合格□　　　　不合格□							

六、注意事项

1. 发酵试管添加培养基和发酵杜氏小管过程中不要出现气泡。

2. 从制备样品匀液至样品接种完毕，全过程无菌操作，不得超过 15min。

七、考评

考评标准见表 2-44。

表 2-44

序号	考核内容	分值	评分标准
1	实验准备	10	培养基等的配制、分装、灭菌，10 分
2	实验操作	20	样品稀释： ① 正确处理样品，10 分。 ② 正确梯度稀释样品，10 分
		30	① 正确使用移液管，15 分。 ② 实验过程无菌操作，15 分
3	数据记录	15	① 根据公式计算正确，10 分。 ② 正确判断样品污染程度，5 分
4	结果分析	15	实验结果正确，总结分析全面，15～11 分； 实验结果较正确，总结分析较全面，10～6 分； 实验结果不正确，总结分析不到位，5～0 分
5	文明实验	10	① 实验过程台面、地面清洁，2 分。 ② 实验结束清洗仪器，试剂物品归原位，3 分。 ③ 未损坏仪器，5 分

八、思考题

1.生活中经常见到"超标"，此次实验结果，样品是否超标？请举例 3～5 种食品微生物限量标准。

2.列举集中快速准确的大肠菌群检查方法并说明其工作原理。

任务四　食品中霉菌和酵母的计数

一、实验目的

1. 了解霉菌和酵母计数在食品卫生检验中的意义。
2. 学习并掌握霉菌和酵母计数的检验方法。

二、实验原理

霉菌和酵母菌计数可以反映食品被污染的程度。目前已有若干个国家制定了某些食品的霉菌和酵母限量标准。我国已制定了糕点和蜜饯食品中霉菌和酵母的限量标准，其他食品霉菌和酵母的限量标准也在制定中。

三、实验用品

除微生物实验室常规灭菌及培养设备外，其他用品如下：

恒温培养箱、冰箱、恒温水浴箱、天平、均质器、漩涡混合器、吸管 [1mL（具 0.01mL 刻度）、10mL（具 0.1mL 刻度）] 或微量移液器及吸头、锥形瓶（500mL）、试管（18mm×180mm）、培养皿（90mm）、pH 计或 pH 比色管或精密 pH 试纸、菌落计数器、显微镜、折光仪、郝氏计测玻片、盖玻片、测微器等。

生理盐水、马铃薯-葡萄糖琼脂、孟加拉红琼脂、磷酸盐缓冲液等。

四、实验步骤

1. 样品的稀释

① 固体和半固体样品：称取 25g 样品，加入 225mL 无菌蒸馏水或磷酸盐缓冲液或生理盐水内，充分振摇，或用拍击式均质器拍打 1～2min，制成 1∶10 的样品匀液。

② 液体样品：以无菌吸管吸取 25mL 样品置盛有 225mL 无菌蒸馏水或磷酸盐缓冲液或生理盐水的无菌锥形瓶（瓶内预置适当数量的无菌玻璃珠）或无菌均质袋内，充分振摇，或用拍击式均质器拍打 1～2min，制成 1∶10 的样品匀液。

③ 用 1mL 无菌吸管或微量移液器吸取 1∶10 样品匀液 1mL，沿管壁缓缓注入 9mL 蒸馏水或磷酸盐缓冲液或生理盐水的无菌试管中（注意吸管或吸头尖端不要触及稀释液面），另换一支 1mL 无菌吸管反复吹吸，或在漩涡混合器上混匀，制成

1：100 的样品匀液。

④ 根据对样品污染状况的估计，按上述操作，依次制成 10 倍递增系列稀释样品匀液。每递增稀释 1 次，换用 1 支 1mL 无菌吸管或吸头。

2. 接种样品

根据对样品污染状况的估计，选择 2～3 个适宜稀释度的样品匀液（液体样品可包括原液），在进行 10 倍递增稀释时，每个稀释度分别吸取 1mL 样品匀液加入 2 个无菌平皿内。同时分别取 1mL 稀释液加入 2 个无菌平皿作空白对照。

3. 倒平板

及时将 20～25mL 冷却至 46℃的马铃薯-葡萄糖琼脂或孟加拉红琼脂（可放置于 46℃±1℃恒温水浴箱中保温）倾注平皿，并转动平皿使其混合均匀。置于水平台面待培养基完全凝固。

4. 培养

琼脂凝固后，正置平板，置 28℃±1℃培养箱中培养，观察并记录培养至第 5 天的结果。

5. 菌落计数

用肉眼观察，必要时可用放大镜或低倍镜，记录稀释倍数和相应的霉菌和酵母菌菌落数。以菌落形成单位（colony-forming units，CFU）表示。

选取菌落数在 10～150CFU 的平板，根据菌落形态分别计数霉菌和酵母菌。霉菌蔓延生长覆盖整个平板的可记为多不可计。菌落计数应采用两个平板的平均数乘以相应稀释倍数，即为每克或每毫升检样中所含霉菌和酵母菌计数，以 CFU/g（或 CFU/mL）表示。

五、实验结果

1. 菌落总数的计算方法

① 计算同一个稀释度的两个平板菌落数的平均值，计算两个平板菌落数的平均值，再将平均值乘以相应稀释倍数。

② 若有两个连续稀释度的平板菌落数在 10～150CFU，按项目七 任务二中式（2-5）计算：

示例见表 2-45。

表 2-45　计数结果

稀释度	1：100（第一稀释度）	1：1000（第二稀释度）
菌落数/CFU	132,144	13,15

$$N=\frac{\sum C}{(n_1+0.1n_2)d}=\frac{232+244+33+35}{[2+(0.1\times2)]\times10^{-2}}=\frac{304}{0.022}=13818\approx1.4\times10^4$$

③ 若所有稀释度的平板上菌落数均大于 150CFU，则对稀释度最高的平板进行计数，其他平板可记录为多不可计，结果按平均菌落数乘以最高稀释倍数计算。

④ 若所有稀释度的平板菌落数均小于 10CFU，则应按稀释度最低的平均菌落数乘以稀释倍数计算。

⑤ 若所有稀释度（包括液体样品原液）平板均无菌落生长，则以小于 1 乘以最低稀释倍数计算。

⑥ 若所有稀释度的平板菌落数均不在 10～150CFU，其中一部分小于 10CFU 或大于 150CFU 时，则以最接近 10CFU 或 150CFU 的平均菌落数乘以稀释倍数计算。

2. 实验结果记录及报告

将实验中各稀释度的菌落总数计入表 2-46，并按照菌落总数的计算方法报告样品中菌落总数的检测结果。

表 2-46　计数结果

例次	稀释度 10^{-1}	稀释度 10^{-2}	稀释度 10^{-3}	…	空白	备注
1						
2						
菌落总数/[CFU/g(或 mL)]						

六、注意事项

整个实验中无菌操作，避免人为污染，导致结果异常。

七、考评

考评标准见表 2-47。

表 2-47　考评表

序号	考核内容	分值	评分标准
1	实验准备	10	试剂的配制、灭菌等,10 分
2	实验操作	20	样品处理: ① 正确处理样品,10 分。 ② 正确梯度稀释样品,10 分
		30	① 正确使用移液管,15 分。 ② 正确倒平板,15 分
3	数据记录	15	① 根据公式计算正确,10 分。 ② 正确判断样品污染程度,5 分
4	结果分析	15	实验结果正确,总结分析全面,15～11 分; 实验结果较正确,总结分析较全面,10～6 分; 实验结果不正确,总结分析不到位,5～0 分

序号	考核内容	分值	评分标准
5	文明实验	10	① 实验过程台面、地面清洁,2分。 ② 实验结束清洗仪器,试剂物品归原位,3分。 ③ 未损坏仪器,5分

八、思考题

霉菌与酵母菌计数法与菌落总数实验过程有什么区别？应注意哪些问题？

任务五　食品中金黄色葡萄球菌的检验

一、实验目的

1. 了解食品中金黄色葡萄球菌检验的意义。
2. 学习并掌握食品中金黄色葡萄球菌的检验方法和结果的判断。

二、实验原理

葡萄球菌在自然界分布极广，空气、土壤、水、饲料、食品以及人和动物的体表黏膜等处均有存在。金黄色葡萄球菌是葡萄球菌属的一个种，可引起皮肤组织炎症，还能产生肠毒素。人误食了含有毒素的食品，就会发生食物中毒，故食品中存在金黄色葡萄球菌对人的健康是一种潜在危险，检查食品中的金黄色葡萄球菌及其数量具有实际意义。

金黄色葡萄球菌能产生凝固酶，使血浆凝固，多数致病菌株能产生溶血毒素，使血琼脂平板菌落周围出现溶血环，在试管中出现溶血反应，这是鉴定致病性金黄色葡萄球菌的重要指标。

三、实验用品

除微生物实验室常规灭菌及培养设备外，其他用品如下：

恒温培养箱、冰箱、恒温水浴箱、天平、均质器、振荡器、无菌吸管 [1mL（具 0.01mL 刻度）、10mL（具 0.1mL 刻度）] 或微量移液器及吸头、无菌锥形瓶（容量 100mL、500mL）、无菌培养皿（直径 90mm）、涂布棒、pH 计或 pH 比色管或精密 pH 试纸等。

7.5％氯化钠肉汤、血琼脂平板、Baird-Parker 琼脂平板、脑心浸出液肉汤（BHI）、兔血浆、磷酸盐缓冲液、营养琼脂小斜面、革兰氏染色液、$MgCO_3$ 悬液等。

四、实验步骤

1. 第一法　金黄色葡萄球菌定性检验

（1）样品的处理

称取 25g 样品至盛有 225mL 7.5％氯化钠肉汤的无菌均质杯内，8000～10000r/min 均质 1～2min，或放入盛有 225mL 7.5％氯化钠肉汤无菌均质袋中，用拍击式均质器拍打 1～2min。若样品为液态，吸取 25mL 样品至盛有 225mL 7.5％氯化钠肉汤的无菌锥形瓶（瓶内可预置适当数量的无菌玻璃珠）中，振荡混匀。

（2）增菌

将上述样品匀液于 36℃±1℃培养 18～24h。金黄色葡萄球菌在 7.5％氯化钠肉汤中呈混浊生长。

（3）分离

将增菌后的培养物，分别划线接种到血琼脂平板和 Baird-Parker 平板。血琼脂平板 36℃±1℃培养 18～24h。Baird-Parker 平板 36℃±1℃培养 24～48h。

（4）初步鉴定

金黄色葡萄球菌在 Baird-Parker 平板上呈圆形，表面光滑、凸起、湿润、菌落直径为 2～3mm，颜色呈灰黑色至黑色，有光泽，常有浅色（非白色）的边缘，周围绕以不透明圈（沉淀），其外常有一清晰带。当用接种针触及菌落时具有黄油样黏稠感。有时可见到不分解脂肪的菌株，除没有不透明圈和清晰带外，其他外观基本相同。从长期贮存的冷冻或脱水食品中分离的菌落，其黑色常较典型菌落浅些，且外观可能较粗糙，质地较干燥。在血琼脂平板上，形成菌落较大，呈圆形、光滑凸起、湿润、金黄色（有时为白色），菌落周围可见完全透明溶血圈。挑取上述可疑菌落进行革兰氏染色镜检及血浆凝固酶试验。

（5）确证鉴定

① 染色镜检：金黄色葡萄球菌为革兰氏阳性球菌，排列呈葡萄球状，无芽孢，无荚膜，直径为 0.5～1μm。

② 血浆凝固酶试验：挑取 Baird-Parker 平板或血琼脂平板上至少 5 个可疑菌落（小于 5 个全选），分别接种到 5mL BHI 和营养琼脂小斜面，36℃±1℃培养 18～24h。

取新鲜配制兔血浆 0.5mL，放入小试管中，再加入 BHI 培养物 0.2～0.3mL，振荡摇匀，置 36℃±1℃温箱或水浴箱内，每半小时观察一次，观察 6h，如呈现凝固（即将试管倾斜或倒置时，呈现凝块）或凝固体积大于原体积的一半，被判定为阳性结果。同时以血浆凝固酶试验阳性和阴性葡萄球菌菌株的肉汤培养物作为对照。也可用商品化的试剂，按说明书操作，进行血浆凝固酶试验。

结果如可疑，挑取营养琼脂小斜面的菌落到 5mL BHI，36℃±1℃培养 18～48h，重复试验。

2. 第二法　金黄色葡萄球菌平板计数法

（1）样品的稀释

① 固体和半固体样品：称取 25g 样品，加入盛有 225mL 无菌磷酸盐缓冲液或生理盐水的无菌均质杯内，8000～10000r/min 均质 1～2min，或置于盛有 225mL 稀释液的无菌均质袋中，用拍击式均质器拍打 1～2min，制成 1∶10 的样品匀液。

② 液体样品：以无菌吸管吸取 25mL 样品置盛有 225mL 无菌磷酸盐缓冲液或生理盐水的无菌锥形瓶（瓶内预置适当数量的无菌玻璃珠）内，充分振摇，制成 1：10 的样品匀液。

③ 用 1mL 无菌吸管或微量移液器吸取 1：10 样品匀液 1mL，沿管壁缓缓注入 9mL 磷酸盐缓冲液或生理盐水的无菌试管中（注意吸管或吸头尖端不要触及稀释液面），振摇试管或另换一支 1mL 无菌吸管反复吹吸，或在漩涡混合器上混匀，制成 1：100 的样品匀液。

④ 根据对样品污染状况的估计，按上述操作，依次制成十倍递增系列稀释样品匀液。每递增稀释 1 次，换用 1 支 1mL 无菌吸管或吸头。

（2）样品的接种

根据对样品污染状况的估计，选择 2～3 个适宜稀释度的样品匀液（液体样品可包括原液），在进行 10 倍递增稀释的同时，每个稀释度分别吸取 1mL 样品匀液以 0.3mL、0.3mL、0.4mL 接种量分别加入三块 Baird-Parker 平板，然后用无菌涂布棒涂布整个平板，注意不要触及平板边缘。使用前，如 Baird-Parker 平板表面有水珠，可放在 25～50℃的培养箱里干燥，直到平板表面的水珠消失。

（3）培养

在通常情况下，涂布后，将平板静置 10min，如样液不易吸收，可将平板放在培养箱 36℃±1℃培养 1h；等样品匀液吸收后翻转平板，倒置后于 36℃±1℃培养 24～48h。

（4）典型菌落计数和确认

金黄色葡萄球菌在 Baird-Parker 平板上呈圆形，表面光滑、凸起、湿润、菌落直径为 2～3mm，颜色呈灰黑色至黑色，有光泽，常有浅色（非白色）的边缘，周围绕以不透明圈（沉淀），其外常有一清晰带。当用接种针触及菌落时具有黄油样黏稠感。有时可见到不分解脂肪的菌株，除没有不透明圈和清晰带外，其他外观基本相同。从长期贮存的冷冻或脱水食品中分离的菌落，其黑色常较典型菌落浅些，且外观可能较粗糙，质地较干燥。

① 选择有典型的金黄色葡萄球菌菌落的平板，且同一稀释度 3 个平板所有菌落数合计在 20～200CFU 的平板，计数典型菌落数。

② 从典型菌落中至少选 5 个可疑菌落（小于 5 个全选）进行鉴定试验。分别做染色镜检，血浆凝固酶试验（见第一法中 5.确证鉴定）；同时划线接种到血琼脂平板 36℃±1℃培养 18～24h 后观察菌落形态，金黄色葡萄球菌菌落较大，圆形、光滑凸起、湿润、金黄色（有时为白色），菌落周围可见完全透明溶血圈。

3. 结果计算

① 若只有一个稀释度平板的典型菌落数在 20～200CFU，计数该稀释度平板上的典型菌落，按式(2-6)计算。

② 若最低稀释度平板的典型菌落数小于 20CFU，计数该稀释度平板上的典型

菌落，按式（2-6）计算。

③ 若某一稀释度平板的典型菌落数大于 200CFU，但下一稀释度平板上没有典型菌落，计数该稀释度平板上的典型菌落，按式（2-6）计算。

④ 若某一稀释度平板的典型菌落数大于 200CFU，而下一稀释度平板上虽有典型菌落但不在 20～200CFU 范围内，应计数该稀释度平板上的典型菌落，按式（2-6）计算。

⑤ 若 2 个连续稀释度的平板典型菌落数均在 20～200CFU，按式（2-7）计算。

$$T = \frac{AB}{Cd} \qquad\qquad (2\text{-}6)$$

式中　T——样品中金黄色葡萄球菌菌落数，CFU；

　　　A——某一稀释度典型菌落的总数，CFU；

　　　B——某一稀释度鉴定为阳性的菌落数，CFU；

　　　C——某一稀释度用于鉴定试验的菌落数，CFU；

　　　d——稀释因子。

$$T = \frac{A_1 B_1 / C_1 + A_2 B_2 / C_2}{1.1d} \qquad\qquad (2\text{-}7)$$

式中　T——样品中金黄色葡萄球菌菌落数，CFU；

　　　A_1——第一稀释度（低稀释倍数）典型菌落的总数，CFU；

　　　B_1——第一稀释度（低稀释倍数）鉴定为阳性的菌落数，CFU；

　　　C_1——第一稀释度（低稀释倍数）用于鉴定试验的菌落数，CFU；

　　　A_2——第二稀释度（高稀释倍数）典型菌落的总数，CFU；

　　　B_2——第二稀释度（高稀释倍数）鉴定为阳性的菌落数，CFU；

　　　C_2——第二稀释度（高稀释倍数）用于鉴定试验的菌落数，CFU；

　　　1.1——计算系数；

　　　d——稀释因子（第一稀释度）。

五、实验结果

实验结果记录于表 2-48。

表 2-48　实验结果

检验项目	样品	初步鉴定	确证鉴定
第一法 金黄色葡萄球菌	样品 1		
	样品 2		
	…		
	结果判定：符合实验步骤中要求，可判定为金黄色葡萄球菌。 结果报告：25g(mL)样品中检出金黄色葡萄球菌□ 　　　　　25g(mL)样品中未检出金黄色葡萄球菌□		

检验项目	样品	初步鉴定		确证鉴定	
		10^{-1}	10^{-2}	10^{-3}	空白
第二法 金黄色葡萄球菌 /[CFU/g(或 mL)]	1				
	2				
	3				
	...				
计算方法:金黄色葡萄球菌菌落数＝××CFU/g(或 mL),按照式(2-6)或式(2-7)。 结果判定: 合格□ 不合格□					

注:如 T 值为 0,则以小于 1 乘以最低稀释倍数报告。

六、注意事项

整个实验中无菌操作,避免人为污染,导致结果异常。

七、考评

考评标准见表 2-49。

表 2-49 考评表

序号	考核内容	分值	评分标准
1	实验准备	10	试剂的配制、灭菌等,10 分
2	实验操作	20	样品处理: ① 正确处理样品,10 分。 ② 正确梯度稀释样品,10 分
		30	① 正确使用移液管,10 分。 ② 正确倒平板,10 分。 ③ 正确使用显微镜镜检,10 分
3	数据记录	15	① 正确判定结果,10 分。 ② 正确判断样品污染程度,5 分
4	结果分析	15	实验结果正确,总结分析全面,15~11 分; 实验结果较正确,总结分析较全面,10~6 分; 实验结果不正确,总结分析不到位,5~0 分
5	文明实验	10	① 实验过程台面、地面清洁,2 分。 ② 实验结束清洗仪器,试剂物品归原位,3 分。 ③ 未损坏仪器,5 分

八、思考题

1.金黄色葡萄球菌在血琼脂平板上的菌落特征如何？为什么？

2.食品中能否允许个别金黄色葡萄球菌存在？为什么？

项目八　食品生产环境中微生物培养及观察

任务一　食品生产环境样品的采集与处理

一、实验目的

1. 了解食品生产环境采集样品的原则。
2. 掌握食品生产环境采集样品的方法。
3. 掌握食品生产环境样品预处理的方法。

二、实验原理

样品的采集应遵循随机性、代表性的原则。采样过程遵循无菌操作程序，防止一切可能的外来污染。采样需求单位根据情况制定食品采样计划，计划中应明确采样总体要求、食品种类、采样量、时间 安排和任务分工等内容。

环境样品包括：

① 生产及餐饮环节用水　包括生产用水（指设备清洗用水、洗料水、投料水、配料水等）及饮用水（指餐饮店面的直饮水，不包括预包装饮用水）。

② 食品接触表面　指食品加工设备、操作案台、工器具、餐具、加工人员的手或手套、工作服（包括围裙）等。

③ 环境微生物　指生产、餐饮环节环境中存在的浮游菌和沉降菌。

根据检验目的、食品特点、批量、检验方法、微生物的危害程度等确定采样方案。各类食品的采样方案按食品安全相关标准的规定执行。

采样方案同项目七中任务一。

三、实验用品

天平、高压灭菌设备、过滤除菌装置、pH 计、均质器（剪切式或拍打式均质器）、离心机、移液器、恒温培养箱、恒温水浴、显微镜、放大镜、游标卡尺、冰箱、生物安全柜等。

采样桶、酒精棉、涂抹棒、测试片、无菌采样袋、冰袋、保温箱、采样包等。

采集菌落用平板，内置提前在 35℃±2℃ 培养 24h 的无污染营养琼脂培养基。

四、实验操作

1. 食品生产环境样品采集

（1）生产及餐饮环节用水

生产用水采样常见于食品企业及餐饮店面自控或监管机构监控。根据检测内容，如涉及微生物项目，采样过程注意用无菌采样方法，避免对样品造成微生物污染。常规采样：5L＋2L，无菌采样：0.5L。

饮用水检测内容常仅涉及微生物项目，采样过程注意用无菌采样方法，避免对样品造成污染。无菌采样：0.5L。

（2）食品接触表面

食品接触表面采样以工厂及餐饮店面自控为主，常见于工厂及餐饮店面等与食品接触易受消毒剂残留及微生物污染的表面，如员工手部、生产设备、烹调餐饮用器具等。

餐饮具：将 5 根筷子的下段（入口端）5cm 处（长 5cm×周长 2cm×5 根，50cm²），置装有 10mL 灭菌生理盐水的大试管中，充分振荡 20 次后，移出筷子。视具体情况，5 根筷子可分别振荡，或用无菌生理盐水湿润棉拭子，分别在 5 根筷子的下段（入口端）5cm 处表面范围均匀涂抹 3 次。其他餐（饮）具：以 1mL 无菌生理盐水湿润 10 张 2.0cm×2.5cm（5cm²）灭菌滤纸片（总面积为 50cm²）。选择餐（饮）具通常与食物接触的内壁表面或与口唇接触处，每件样品分别贴上 10 张湿润的灭菌滤纸片。30s 后取下，置相应的液体培养基内。或用无菌生理盐水湿润棉拭子，分别在 2 个 25cm²（5cm×5cm）面积范围来回均匀涂抹整个方格 3 次。4h 内送检。

工器具：用无菌蒸馏水分 3～5 次冲洗待检表面或根据检测内容用 1～2 支无菌涂抹棒旋转涂抹指定工器具，要求涂抹棒与涂抹表面呈 30°（按每 100cm² 表面积使用 100mL 蒸馏水的比例），制成样液备用。

员工手部：五指并拢，根据检测内容用 1～2 支无菌涂抹棒在掌心面从指尖到指端来回涂抹 10 次（按每 100cm² 表面积使用 100mL 蒸馏水的比例），制成样液备用。

（3）环境微生物

环境微生物采样以工厂及餐饮店面自控为主，常见于对环境洁净度有严格要求的生产车间、餐饮店面等场所。

针对采样量，可由采样需求方及检测机构共同商定，如无特殊要求，可参考以下内容：①室内面积不超过 30m² 时，在对角线上均匀设置三点采样，对角两点距墙 1m；②室内面积超过 30m² 时，设东、西、南、北、中五点采样，取室内中心一点，周围四点距墙 1m。采样时，将含营养琼脂培养基的平板（直径 9cm）置采样点（约等于桌面高度），打开平皿盖，使平板在空气中暴露 5min，盖上平皿盖，结束采样。

2. 采集样品的标记

应对采集的样品进行及时、准确的记录和标记，内容包括采样人、采样地点、时间、样品名称、来源、批号、数量、保存条件等信息。

3. 采集样品的贮存和运输

已采集样品应尽快送往实验室检验。且应在运输过程中保持样品完整。应在接近原有贮存温度条件下贮存样品，或采取必要措施防止样品中微生物数量的变化。

4. 样品处理

实验室接到送检样品后应认真核对登记，确保样品的相关信息完整并符合检验要求。实验室应按要求尽快检验。若不能及时检验，应采取必要的措施，防止样品中原有微生物因客观条件的干扰而发生变化。各类食品样品处理应按相关食品安全标准检验方法的规定执行。

五、实验结果

实验结果记录于表 2-50。

表 2-50　食品生产环境采集样品记录单

被检测单位：＿＿＿＿＿　地址：＿＿＿＿＿　采样地点：＿＿＿＿＿　采样日期：＿＿＿＿＿

样品序号	样品名称	数量	规格	包装状况或存储条件	备注

检验项目1.微生物检测:菌落总数□　大肠菌群□　霉菌□　酵母菌□　金黄色葡萄球菌□
　　　　　　志贺氏菌□　溶血性链球菌□
　　　2.理化检测:铅□　总砷□　酸价□　过氧化值□
　　　3.其它:

被检单位陪同人：＿＿＿＿＿　日期：＿＿＿＿＿　采样人：＿＿＿＿＿　日期：＿＿＿＿＿
　　　　送样人：＿＿＿＿＿　日期：＿＿＿＿＿　采样人：＿＿＿＿＿　日期：＿＿＿＿＿

六、注意事项

1. 样品的采集应遵循随机性、代表性的原则。

2.采样过程遵循无菌操作程序，防止一切可能的外来污染。

七、考评

考评标准见表2-51。

表 2-51　考评表

序号	考核内容	分值	评分标准
1	实验准备	20	采样器具准备及无菌化处理,20分
2	实验操作	35	① 正确设置采样点,20分。 ② 正确进行采集,7分。 ③ 正确进行样品的前处理,8分
3	数据记录	20	样品采集记录单,20分
4	结果分析	15	实验结果正确,总结分析全面,15～11分; 实验结果较正确,总结分析较全面,10～6分; 实验结果不正确,总结分析不到位,5～0分
5	文明实验	10	① 实验过程台面、地面清洁,2分。 ② 实验结束清洗仪器,试剂物品归原位,3分。 ③ 未损坏仪器,5分

八、思考题

1.食品生产环境采样方案如何确定?

2.环境微生物如何设置采样点?

任务二　样品中菌落总数的测定

一、实验目的

1. 掌握平板菌落计数法测定菌落总数的基本原理和方法。
2. 了解菌落总数测定在对被检样品进行安全学评价中的意义。

二、实验原理

菌落总数的测定是食品微生物检验中的重要指标，从安全卫生学的角度来说，菌落总数可以用来判定食品被细菌污染的程度及卫生质量，它反映了食品在生产过程中是否受到污染，以便对被检样品做出适当的安全学评价。菌落总数的多少在一定程度上标志着食品卫生质量的优劣。食品检样经过处理，在一定条件下（如培养基、培养温度和培养时间等）培养后，所得每 1g（mL）检样中形成的微生物菌落总数。平板菌落计数法又称标准平板活菌计数法（standard plate count，SPC），是最常用的一种活菌计数法。即将待测样品经适当稀释之后，其中的微生物充分分散成单个细胞，取一定量的稀释样液涂布到平板上，经过培养，由每个单细胞生长繁殖而形成肉眼可见的菌落，即一个单菌落应代表原样品中的一个单细胞；统计菌落数，根据其稀释倍数和取样接种量即可换算出样品中的含菌数。由于测定的温度是在 37℃有氧条件下培养的结果，故厌氧菌、微氧菌、嗜冷菌、嗜热菌在此条件下不能生长，有特殊营养要求的细菌也受到限制。因此，这种方法所得到的结果实际上只包括一群在平板计数琼脂培养基中发育、嗜中温的需氧或兼性厌氧的菌落总数，并不表示实际中的所有细菌总数。但由于在自然界这类细菌占大多数，其数量的多少能反映出样品中细菌的总数。所以用该方法来测定食品中含有的细菌总数已得到了广泛的认可。此外，菌落总数不能区分其细菌的种类，所以有时被称为杂菌数或需氧菌数等。

三、实验用品

除微生物实验室常规灭菌及培养设备外，其他用品如下：恒温培养箱、冰箱、天平、无菌移液管、无菌锥形瓶、无菌培养皿、菌落计数器、平板计数琼脂（plate count agar，PCA）培养基、无菌生理盐水等。

四、实验步骤

1. 样品的稀释

① 将本项目任务一中已采集样品，用适量无菌生理盐水或磷酸盐缓冲液，充分混匀，制成 1∶10 的样品匀液。

② 用 1mL 无菌吸管或微量移液器吸取 1∶10 样品匀液 1mL，沿管壁缓慢注于盛有 9mL 稀释液的无菌试管中（注意吸管或吸头尖端不要触及稀释液面），振摇试管或换用一支无菌吸管反复吹打使其混合均匀，制成 1∶100 的样品匀液。

③ 按上述②操作，依次制成 10 倍递增系列稀释样品匀液。每递增稀释一次，换用一次 1mL 无菌吸管或吸头。

2. 接种样品

根据对样品污染状况的估计，选择 2～3 个适宜稀释度的样品匀液（液体样品可包括原液），在进行 10 倍递增稀释时，每个稀释度分别吸取 1mL 样品匀液加入两个无菌平皿内。同时分别取 1mL 稀释液加入两个无菌平皿作空白对照。

3. 倒平板

及时将 15～20mL（即培养皿底铺满一层培养基即可）冷却至 46℃的平板计数琼脂培养基（可放置于 46℃±1℃恒温水浴箱中保温）倾注平皿，并转动平皿使其混合均匀。

4. 培养

琼脂凝固后，将平板翻转，36℃±1℃培养 48h±2h。如果样品中可能含有在琼脂培养基表面弥漫生长的菌落时，可在凝固后的琼脂表面覆盖一薄层琼脂培养基（约 4mL），凝固后翻转平板，36℃±1℃培养 48h±2h。

5. 菌落计数

可用肉眼观察，必要时用放大镜或菌落计数器，记录稀释倍数和相应的菌落数量。

① 选取菌落数在 30～300CFU、无蔓延菌落生长的平板计数菌落总数。低于30CFU 的平板记录具体菌落数，大于 300CFU 的可记录为多不可计。每个稀释度的菌落数应采用两个平板的平均数。

② 其中一个平板有较大片状菌落生长时，则不宜采用，而应以无片状菌落生长的平板作为该稀释度的菌落数；若片状菌落不到平板的一半，而其余一半中菌落分布又很均匀，即可计算半个平板后乘以 2，代表一个平板菌落数。

③ 当平板上出现菌落间无明显界线的链状生长时，则将每条单链作为一个菌落计数。

五、实验结果

1. 菌落总数的计算方法

① 若只有一个稀释度平板上的菌落数在适宜计数范围内，计算两个平板菌落数的平均值，再将平均值乘以相应稀释倍数，作为每 1g（mL）中菌落总数结果。

② 若有两个连续稀释度的平板菌落数在适宜计数范围内时，按项目七 任务二中式(2-5)计算：

示例见表 2-52。

表 2-52 计数结果

稀释度	1：100(第一稀释度)	1：1000(第二稀释度)
菌落数/CFU	232,244	33,35

$$N=\frac{\sum C}{(n_1+0.1n_2)d}=\frac{232+244+33+35}{[2+(0.1\times2)]\times10^{-2}}=\frac{544}{0.022}=24727\approx2.5\times10^4$$

③ 若所有稀释度的平板上菌落数均大于 300CFU，则对稀释度最高的平板进行计数，其他平板可记录为多不可计，结果按平均菌落数乘以最高稀释倍数计算。

④ 若所有稀释度的平板菌落数均小于 30CFU，则应按稀释度最低的平均菌落数乘以稀释倍数计算。

⑤ 若所有稀释度（包括液体样品原液）平板均无菌落生长，则以小于 1 乘以最低稀释倍数计算。

⑥ 若所有稀释度的平板菌落数均不在 30～300CFU，其中一部分小于 30CFU 或大于 300CFU 时，则以最接近 30CFU 或 300CFU 的平均菌落数乘以稀释倍数计算。

示例见表 2-53。

表 2-53 计数结果

例次	菌落数/CFU 稀释度 10^{-1}	稀释度 10^{-2}	稀释度 10^{-3}	菌落总数 /[CFU/g(或 mL)]	报告方式 /[CFU/g(或 mL)]	备注
1	多不可计	295	46	31 000	3.1×10^4	
2	27	11	5	270	2.7×10^2	
3	0	0	0	$<1\times10$	<10	
...						

2. 实验结果记录及报告

将实验中各稀释度的菌落总数计入表 2-54，并按照菌落总数的计算方法报告样品中菌落总数的检测结果。

表 2-54　检测结果

例次	稀释度 10^{-1}	稀释度 10^{-2}	稀释度 10^{-3}	…	空白	备注
1						
2						
菌落总数/[CFU/g(或 mL)]						

六、注意事项

整个实验中无菌操作，避免人为污染，导致结果异常。

七、考评

考评标准见表 2-55。

表 2-55　考评表

序号	考核内容	分值	评分标准
1	实验准备	10	试剂的配制、灭菌等，10 分
2	实验操作	20	样品处理： ① 正确处理样品，10 分。 ② 正确梯度稀释样品，10 分
		30	① 正确使用移液管，15 分。 ② 正确倒平板，15 分
3	数据记录	15	① 根据公式计算正确，10 分。 ② 正确判断样品污染程度，5 分
4	结果分析	15	实验结果正确，总结分析全面，15～11 分； 实验结果较正确，总结分析较全面，10～6 分； 实验结果不正确，总结分析不到位，5～0 分
5	文明实验	10	① 实验过程台面、地面清洁，2 分。 ② 实验结束清洗仪器，试剂物品归原位，3 分。 ③ 未损坏仪器，5 分

八、思考题

1.稀释平板计数法应注意哪些问题？

2.食品生产环境样品测定菌落总数的意义有什么？

任务三 样品中大肠菌群的计数

一、实验目的

1.了解大肠菌群在食品卫生检验中的意义。

2.学习并掌握大肠菌群的检验方法。

二、实验原理

大肠菌群系指一群能发酵乳糖、产酸产气、需氧和兼性厌氧的革兰氏阴性无芽孢杆菌。该菌群主要来源于人畜粪便，故以此作为粪便污染指标来评价食品的卫生质量，具有广泛的卫生学意义。它反映了食品是否被粪便污染，同时，间接地指出食品是否有肠道致病菌污染的可能性。食品中大肠菌群数系以每1g（1mL）检样内大肠菌群最大可能数（MPN）来表示。

三、实验用品

除微生物实验室常规灭菌及培养设备外，其他用品如下：

恒温培养箱、冰箱、恒温水浴箱、天平、均质器、振荡器、无菌吸管［1mL（具0.01mL刻度）、10mL(具0.1mL刻度)］或微量移液器及吸头、无菌锥形瓶（500mL）、无菌培养皿（90mm）、pH计或pH比色管或精密pH试纸、菌落计数器等。

月桂基硫酸盐胰蛋白胨（LST）肉汤、煌绿乳糖胆盐（BGLB）肉汤、结晶紫中性红胆盐琼脂（VRBA）、磷酸盐缓冲液、无菌生理盐水、1mol/L NaOH溶液及HCl溶液等。

四、实验步骤

1. 样品的稀释

① 将本项目任务一中已采集样品，用适量无菌生理盐水或磷酸盐缓冲液，充分混匀，制成1∶10的样品匀液。

② 用1mL无菌吸管或微量移液器吸取1∶10样品匀液1mL，沿管壁缓慢注于盛有9mL稀释液的无菌试管中（注意吸管或吸头尖端不要触及稀释液面），振摇试管或换用一支无菌吸管反复吹打使其混合均匀，制成1∶100的样品匀液。

③ 按上述②操作，依次制成 10 倍递增系列稀释样品匀液。每递增稀释一次，换用一次 1mL 无菌吸管或吸头。

2. 计数

（1）第一法　大肠菌群 MPN 计数法（适用于大肠菌群含量较低的食品中大肠菌群的计数，见图 2-4）

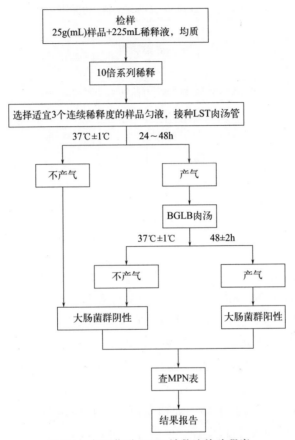

图 2-4　大肠菌群 MPN 计数法检验程序

① 初发酵试验　每个样品，选择 3 个适宜的连续稀释度的样品匀液（液体样品可以选择原液），每个稀释度接种 3 管月桂基硫酸盐胰蛋白胨（LST）肉汤，每管接种 1mL（如接种量超过 1mL，则用双料 LST 肉汤），37℃±1℃ 培养 24h±2h，观察倒管内是否有气泡产生，24h±2h 产气者进行复发酵试验（证实试验），如未产气则继续培养至 48h±2h，产气者进行复发酵试验。未产气者为大肠菌群阴性。

② 复发酵试验（证实试验）　用接种环从产气的 LST 肉汤管中分别取培养物 1 环，移种于煌绿乳糖胆盐肉汤（BGLB）管中，37℃±1℃ 培养 48h±2h，观察产气情况。产气者，计为大肠菌群阳性管。

③ 大肠菌群最可能数（MPN）的报告　按复发酵试验确证的大肠菌群 BGLB 阳性管数，检索 MPN 表，报告每 g（mL）样品中大肠菌群的 MPN 值。

（2）第二法　大肠菌群平板计数法（适用于大肠菌群含量较高的食品中大肠菌群的计数，见图 2-5）

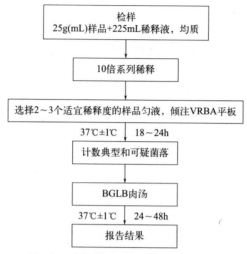

图 2-5　大肠菌群平板计数法检验程序

① 平板计数　选取 2～3 个适宜的连续稀释度，每个稀释度接种 2 个无菌平皿，每皿 1mL。同时取 1mL 生理盐水加入无菌平皿作空白对照。及时将 15～20mL 熔化并恒温至 46℃ 的结晶紫中性红胆盐琼脂（VRBA）约倾注于每个平皿中。小心旋转平皿，将培养基与样液充分混匀，待琼脂凝固后，再加 3～4mL VRBA 覆盖平板表层。翻转平板，置于 37℃±1℃ 培养 18～24h。

② 平板菌落数的选择　选取菌落数在 15～150CFU 的平板，分别计数平板上出现的典型和可疑大肠菌群菌落（如菌落直径较典型菌落小）。典型菌落为紫红色，菌落周围有红色的胆盐沉淀环，菌落直径为 0.5mm 或更大，最低稀释度平板低于 15CFU 的记录具体菌落数。

③ 证实试验　从 VRBA 平板上挑取 10 个不同类型的典型和可疑菌落，少于 10 个菌落的挑取全部典型和可疑菌落。分别移种于 BGLB 肉汤管内，37℃±1℃ 培养 24～48h，观察产气情况。凡 BGLB 肉汤管产气，即可报告为大肠菌群阳性。

④ 大肠菌群平板计数的报告　经最后证实为大肠菌群阳性的试管比例乘以结晶紫中性红胆盐琼脂（VRBA）计数的平板菌落数，再乘以稀释倍数，即为每 g（mL）样品中大肠菌群数。例：10^{-4} 样品稀释液 1mL，在 VRBA 平板上有 100 个典型和可疑菌落，挑取其中 10 个接种 BGLB 肉汤管，证实有 6 个阳性管，则该样品的大肠菌群数为：$100 \times 6/10 \times 10^4$ g（或 mL）＝6.0×10^5 CFU/g（或 mL）。若所有稀

释度（包括液体样品原液）平板均无菌落生长，则以小于 1 乘以最低稀释倍数计算。

五、实验结果

将大肠菌群的测定结果填入表 2-56。

表 2-56　实验结果　　　　　单位：CFU/g（或 mL）

检验项目	样品	初发酵结果			空白	复发酵结果		
		10^{-1}	10^{-2}	10^{-3}		10^{-1}	10^{-2}	10^{-3}
第一法 大肠菌群	1							
	2							
	3							
	计算方法：大肠菌群数＝复发酵阳性试管比例（　） 结果判定：　　　合格□　　　　不合格□							

检验项目	样品	结晶紫中性红胆盐琼脂（VRBA） 菌落总数			结果	BGLB 肉汤产气管数		
		10^{-1}	10^{-2}	10^{-3}		10^{-1}	10^{-2}	10^{-3}
第二法 大肠菌群	1							
	2							
	3							
	…							
	计算方法：大肠菌群数＝阳性试管比例×（VRBA）平板菌落数×稀释倍数 结果判定：　　　合格□　　　　不合格□							

六、注意事项

1. 发酵试管添加培养基和发酵杜氏小管过程中不要出现气泡。

2. 从制备样品匀液至样品接种完毕，全过程无菌操作，不得超过 15min。

七、考评

考评标准见表 2-57。

表 2-57　考评表

序号	考核内容	分值	评分标准
1	实验准备	10	培养基等的配制、分装、灭菌，10 分
2	实验操作	20	样品稀释： ① 正确处理样品，10 分。 ② 正确梯度稀释样品，10 分
		30	① 正确使用移液管，15 分。 ② 实验过程无菌操作，15 分

序号	考核内容	分值	评分标准
3	数据记录	15	① 根据公式计算正确,10分。 ② 正确判断样品污染程度,5分
4	结果分析	15	实验结果正确,总结分析全面,15~11分; 实验结果较正确,总结分析较全面,10~6分; 实验结果不正确,总结分析不到位,5~0分
5	文明实验	10	① 实验过程台面、地面清洁,2分。 ② 实验结束清洗仪器,试剂物品归原位,3分。 ③ 未损坏仪器,5分

八、思考题

1.生活中经常见到"超标",此次实验结果,样品是否超标?请举例3~5种食品生产环境易发生污染的环节。

2.列举几种快速准确的大肠菌群检查方法并说明其工作原理。

项目九　富营养化水体中藻类的检测

富营养化已成为众多水体普遍存在的环境问题，生物所需的氮、磷等营养物质大量进入湖泊、河湖、海湾等缓流水体，引起藻类及其他浮游生物迅速繁殖，水体溶解氧量下降，水质恶化。测定藻类等指示生物的数量及理化指标是评价水体富营养化的主要方法之一。藻的数量通常用藻密度来表征，也就是单位体积水体中藻的数量。在地表水环境的富营养化研究中，叶绿素 a 是表征浮游植物生物量的最常用的理化指标之一，也是用来衡量水体水质、评价水体富营养化水平的标准之一。

任务一　藻类的计数

一、实验目的

1. 了解计数框的构造和计数原理。
2. 掌握藻类定量水样采集的方法。
3. 掌握使用计数框进行藻类计数的方法。

二、实验原理

在显微镜下利用计数框直接进行藻类计数是最常用的计数方法。该方法将浓缩后的水域试样中的微生物，置于计数框和盖玻片之间的计数室中，在显微镜下计数。因为计数室中的容积是一定的，所以可通过显微镜下观察到的藻的数目计算单位体积内的藻的总数。

常用的浮游生物计数框有 S-R 计数框和网络计数框两种，结构和计数方法介绍如下：

1. 结构

S-R 计数框：长 50mm、宽 20mm、深 1mm，总面积 1000mm^2，总体积 1mL，见图 2-6。

网络计数框：长 20mm、宽 20mm、深 0.25mm，总面积 400mm^2，总体积 0.1mL，计数框底部刻 100 个均等的小方格，见图 2-7。

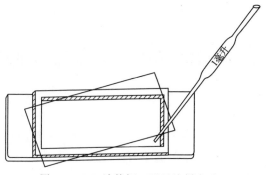

图 2-6　S-R 计数框（显示注样方法）

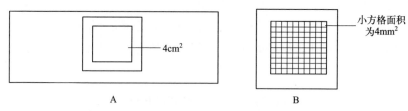

图 2-7　网络计数框

2. 计数方法

（1）长条计数法

先将目测微尺放入目镜中，用台测微尺去校正目尺的长度，再用 S-R 计数框计数，以目测微尺的长度作为一个长条的宽度，从计数框的左边一直计数到计数框的右边成为一个长条。计数的长条数取决于藻的多少，一般藻类可计数 2～4 个长条。藻数（个/mL）计算公式如下：

$$藻数 = \frac{1000C}{LWDS} \tag{2-8}$$

式中　C——计数的藻数，个；

　　　L——一个长条的长度，即计数框的长度，mm；

　　　W——一个长条的宽度，即目尺的长度，mm；

　　　D——一个长条的深度，即计数框的深度，mm；

　　　S——计数的长条数。

（2）网格计数法

该法使用网格计数框计数，计数时如果藻密度不大，可将框内藻类全部数出，密度大时，可利用计数框上的刻度，计数其中的几行。浮游生物数（个/L）计算公式如下：

$$浮游生物数 = \frac{CV_1}{V_2} \tag{2-9}$$

式中　C——计数的藻数，个；

V_1——由 1L 水浓缩成的样品水量，mL/L；

V_2——计数的样品水量，mL。

（3）视野计数法

先用台测微尺测出显微镜视野的直径，然后算出视野的面积，再用 S-R 计数框或网格计数框计数。计数时以视野为单位。浮游生物数（个/L）计算公式如下：

$$浮游生物数 = \frac{1000C}{ADF} \tag{2-10}$$

式中　A——一个视野面积，mm^2；

　　　D——视野的深度，mm；

　　　F——计数的视野数（一般至少 10 个）；

　　　C——计数的生物个数，个。

三、实验用品

采水器、浮游生物网、显微镜、S-R 计数框或网格计数框、盖玻片、吸管、吸水纸、鲁哥碘液、硫代硫酸钠饱和液等。

四、实验操作

1. 设置采样点

根据采样区域实际状况，选择有代表性的位置作为采样点。一般情况下，应在污染源附近及其上下游设点，以反映受污染和未受污染的状况。在较宽阔的河流中，河水横向混合较慢，往往需要在近岸的左右两边设点。采样深度据情况而定，湖泊和水库中，水深 5m 以内的，采样点在水面下 0.5m、1m、2m、3m、4m 等 5 个水层采样，混合均匀，从其中取定量水样。水深 2m 以内的，仅在 0.5m 左右深处采集亚表层水样。深水水体可按 3～6m 间距设置采样层。江河中，由于水不断流动，上下层混合较快，采集水面以下 0.5m 左右亚表层或在下层加采 1 次，2 次混合即可。

2. 水样量的采集

采集定量水样常用采水器（图 2-8）。采集水样量一般根据藻密度来定，密度低水量多（5～10L），反之则少（1～2L）。

3. 样品的固定与浓缩

定量水样采集后一般即刻加固定液固定，以免标本变质。藻类按 10% 比例加鲁哥碘液固定，然后通过 25 号浮游生物网（图 2-9）过滤或沉淀的方法浓缩水样，然后把水样放入烧杯中，最后定容至 30mL。

4. 定量测量——以长条计数法为例

校正目测微尺的长度。将定量样品加入计数框，加水样时，先将盖玻片斜放在计数框上，把样品摇匀后用吸管慢慢注入样品，注满后把盖玻片移正，静置5～10min。随机计数2～4个长条中藻的数量。

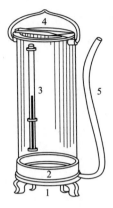

图 2-8　采水器

1—进水阀；2—压重铅圈；

3—温度计；4—溢水汀；5—橡皮管

图 2-9　浮游生物网

1—支撑环；2—网圈；3—网衣；

4—集合器；5—底管；6—阀门

5. 计算

根据公式分别计算每毫升水样中藻的数量。

五、实验结果

实验结果记录于表 2-58。

表 2-58　长条计数法计数结果

各长条中藻的数量/个				4个长条藻的总数/个	藻的总数/(个/L)
1	2	3	4		

六、注意事项

1. 样品中加入鲁哥碘液后，藻类会变色而影响观察，可加入 1～2 滴硫代硫酸钠饱和液，使其恢复原色。

2. 计数时显微镜的放大倍数应与校正目尺长度时的放大倍数一致。

3. 向计数框加样时，避免产生气泡。

七、考评

考评标准见表 2-59。

表 2-59　考评表

序号	考核内容	分值	评分标准
1	实验准备	10	试剂的配制(鲁哥碘液、硫代硫酸钠饱和液),10分
2	实验操作	25	样品采集: ① 正确设置采样点,10分。 ② 正确进行水样采集,7分。 ③ 正确进行样品的固定与浓缩,8分
		30	① 正确取用样品,5分。 ② 正确使用显微镜,13分。 ③ 正确计数,12分
3	数据记录	10	根据公式正确计算水样中藻的数量,10分
4	结果分析	15	实验结果正确,总结分析全面,15~11分; 实验结果较正确,总结分析较全面,10~6分; 实验结果不正确,总结分析不到位,5~0分
5	文明实验	10	① 实验过程台面、地面清洁,2分。 ② 实验结束清洗仪器,试剂物品归原位,3分。 ③ 未损坏仪器,5分

八、思考题

1.藻的种类及各自典型的代表有哪些?

2.计数框的计数原理是什么?

3.如何设置采样点?

任务二 叶绿素 a 的测定

一、实验目的

1.掌握叶绿素 a 的测定原理及方法。

2.了解水体富营养化的评价标准。

二、实验原理

"叶绿素 a 法"是生物监测浮游藻类的一种方法。根据叶绿素的光学特征，叶绿素可分为 a、b、c、d、e 5 类，其中叶绿素 a 存在于所有的浮游藻类中，是最重要的一类。叶绿素 a 的含量在浮游藻类中占有机质干重的 $1\%\sim2\%$，是估算藻类生物量的一个良好指标。

三、实验用品

分光光度计（波长选择大于 750nm，精度为 $0.5\sim2$nm）、台式离心机、冰箱、真空泵（最大压力不超过 300kPa）、匀浆器（或小研钵）、蔡氏滤器、滤膜（0.45μm）、$MgCO_3$ 悬液（1g $MgCO_3$，细粉悬浮于 100mL 蒸馏水中）、体积分数为 90% 的丙酮溶液等。

四、实验步骤

1.过滤水样

在蔡氏滤器上装好滤膜，取水样 $50\sim500$mL 减压过滤。待水样剩余若干毫升之前加入 0.2mL $MgCO_3$ 悬浊液，摇匀直至抽干水样。加入 $MgCO_3$ 可增进藻细胞滞留在滤膜上，同时还可防止提取过程中叶绿素 a 被分解。如果过滤后的载藻滤膜不能马上进行提取处理，则应将其置于干燥器内，放暗处 4℃保存，放置时间最多不能超过 48h。

2.提取

将滤膜放于匀浆器或小研钵内，加 $2\sim3$mL 体积分数为 90% 的丙酮溶液，匀浆，以破碎藻细胞。然后用移液管将匀浆液移入刻度离心管中，用 5mL 体积分数为 90% 丙酮冲洗 2 次，最后补加体积分数为 90% 的丙酮于离心管中，使管内总体积为 10mL。塞紧塞子并在管子外部罩上遮光物，充分振荡，放入冰箱内避光提取

$18\sim24h$。

3. 离心

提取完毕后离心（3500r/min）10min，取出离心管，用移液管将上清液移入刻度离心管中，塞上塞子，再离心 10min。准确记录提取液的体积。

4. 测定吸光度

藻类叶绿素 a 具有其独特的吸收光谱（663nm），可用分光光度法测其含量。

用移液管将提取液移入 1cm 比色杯中，以体积分数为 90% 的丙酮溶液作为空白，分别在 750nm、663nm、645nm 及 630nm 波长下测提取液的吸光度（OD）。此过程中，必须控制样品提取液的 OD_{663} 为 0.2~1.0，如不在此范围内，应调换比色杯，或改变过滤水样量。OD_{663} 小于 0.2 时，应改用较宽的比色杯或增加水样量；OD_{663} 大于 1.0 时，可稀释提取液或减少水样滤过量，使用 1cm 比色杯比色。

5. 叶绿素 a 浓度计算

将样品提取液在 663nm、645nm 及 630nm 波长下的吸光度（OD_{663}、OD_{645}、OD_{630}）分别减去在 750nm 下的吸光度（OD_{750}），此值为非选择性本底物光吸收校正值。叶绿素 a 浓度（ρ_a，单位 $\mu g/L$）计算公式如下：

① 样品提取液中的叶绿素 a 浓度

$$\rho_{a提取液}=11.64(OD_{663}-OD_{750})-2.16(OD_{645}-OD_{750})+0.1(OD_{630}-OD_{750}) \quad (2\text{-}11)$$

② 水样中叶绿素 a 浓度

$$\rho_{a水样}=\rho_{a提取液}\times V_{丙酮}/V_{水样} \quad (2\text{-}12)$$

式中　$\rho_{a提取液}$——提取液中叶绿素 a 的浓度，$\mu g/L$；

$V_{丙酮}$——体积分数为 90% 的丙酮体积，mL；

$V_{水样}$——过滤水样体积，mL。

五、实验结果

实验结果见表 2-60。

表 2-60　藻类叶绿素 a 测定结果

水样	OD_{750}	OD_{663}	OD_{645}	OD_{630}	叶绿素 a 浓度/($\mu g/L$)

根据测定结果，参照表 2-61 中指标评价被测水样的富营养化程度。

表 2-61　水样的富营养化指标

指标	贫营养型	中营养型	富营养型
叶绿素 a 浓度/($\mu g/L$)	<4	4~10	10~100

六、注意事项

整个实验中所使用的玻璃仪器应全部用洗涤剂清洗干净，避免酸性条件引起叶绿素 a 的分解。

七、考评

考评标准见表 2-62。

表 2-62　考评表

序号	考核内容	分值	评分标准
1	实验准备	10	试剂的配制（$MgCO_3$ 悬液、90％丙酮），10 分
2	实验操作	20	水样预处理： ① 正确过滤水样，10 分。 ② 正确提取叶绿素，10 分
		30	① 正确使用分光光度计，15 分。 ② 正确测定吸光度，15 分
3	数据记录	15	① 根据公式正确计算叶绿素 a 含量，10 分。 ② 正确判断水样富营养化程度，5 分
4	结果分析	15	实验结果正确，总结分析全面，15～11 分； 实验结果较正确，总结分析较全面，10～6 分； 实验结果不正确，总结分析不到位，5～0 分
5	文明实验	10	① 实验过程台面、地面清洁，2 分。 ② 实验结束清洗仪器，试剂物品归原位，3 分。 ③ 未损坏仪器，5 分

八、思考题

如何保证水样叶绿素 a 浓度测定结果的准确性？

项目十 活性污泥或沉积物中微生物检测

　　活性污泥是污水生物处理系统的主体，污泥的数量、代谢活性和沉降性直接与生物处理系统的工作效能密切相关。因此，观察活性污泥絮体及其生物相，测定污泥活性，可初步判断生物处理系统的运转状况，有助于及时采取调控措施，保证生物处理系统的稳定运行。

　　水体沉积物通常是黏土、泥沙、有机质及各种矿物的混合物，经过长时间物理、化学及生物等作用及水体传输而沉积于水体底部所形成。水体沉积物是水生生物繁衍生息的场所，微生物群落也是构成水体生态系统的重要组成部分，微生物广泛的分布、多样性代谢能力及高效的环境选择性对维持河流生态系统平衡起着极其重要的作用。

　　本项目重点介绍活性污泥中微生物种类与活性的测定方法。

任务一　活性污泥及其生物相的观察

一、实验目的

　　1.学习观察活性污泥及其生物相的方法。
　　2.掌握根据活性污泥及其生物相，推断污水生物处理系统工作状态的技能。

二、实验原理

　　活性污泥中的生物相（种类、丰度、状态）是赋予污泥活性的关键因素。污泥生物相较为复杂，以细菌和原生动物为主，也有真菌和后生动物等。当水质条件或曝气池操作条件发生变化时，生物相也会随之变化。一般认为，原生动物固着型纤毛虫占优势时，污水处理系统运转正常；后生动物轮虫大量出现则意味着污泥已经老化；缓慢游动或匍匐前进的生物出现时，说明污泥正在恢复正常状态；丝状菌占据优势，甚至伸出絮体外，则是污泥膨胀的象征。发育良好的污泥具有一定形状，结构稠密，沉降性能好。因此，通过观察活性污泥絮体和生物相，可以分析污水生物处理系统运转是否正常，以便及时发现异常情况，采取有效措施保证生物处理系统稳定运行。

三、实验用品

显微镜、香柏油、二甲苯（或1∶1的乙醚酒精溶液）、擦镜纸、载玻片、盖玻片、吸水纸、酒精灯、火柴、接种环、镊子、滴管等。

样品：取自城市污水处理厂的活性污泥。

染色液：苯酚复红染色液。

四、实验操作

1. 样品准备

取曝气池活性污泥，观察活性污泥时，若曝气池混合液中的活性污泥较少，可先沉淀浓缩；若污泥较多，可先加水稀释。

2. 制作样片

① 水浸片：用滴管取制好的污泥混合液一滴，放在洁净的载玻片中央，盖上盖玻片，制成活性污泥标本。加盖玻片时，先使盖玻片的一边接触样液，然后轻轻放下，以免产生气泡，影响观察。

② 染色片：用滴管取制好的污泥混合液一滴，放在洁净的载玻片中央，自然干燥（或在酒精灯上稍微加热干燥），固定，加苯酚复红染色液染色1min，水洗，用吸水纸吸干。

3. 水浸片观察

① 低倍镜观察：观察活性污泥及其生物相全貌，注意污泥絮粒大小、结构松紧程度；观察菌胶团细菌和丝状细菌的分布状况；观察微型动物的形态及其活动状况。

② 高倍镜观察：观察活性污泥中菌胶团与污泥絮粒之间的联系；观察菌胶团细菌和丝状细菌的形态特征，注意两者之间的相对数量；观察微型动物的结构特征，注意微型动物的外形和内部结构。

4. 染色片观察

① 低倍镜观察：在视野中找到丝状细菌并移至中央。

② 高倍镜观察：观察丝状细菌的形态特征。

③ 油镜观察：观察丝状细菌的假分支和衣鞘，菌体在衣鞘内的排列情况，菌体内的贮藏物质。

五、实验结果

绘制显微镜观察的污泥及生物相，并描述观察到的活性污泥微生物的形态特征。

六、注意事项

1.在观察活性污泥絮状颗粒的形态时，可先加水稀释或用水洗涤，否则絮粒粘连在一起，不易观察。

2.在观察活性污泥絮粒丝状细菌时，应注意它们与菌胶团细菌的相对比例。

七、考评

考评标准见表2-63。

表 2-63　考评表

序号	考核内容	分值	评分标准
1	实验准备	10	样品准备(活性污泥的稀释),10分
2	实验操作	25	样片制作: ① 正确制作水浸片,10分。 ② 正确制作染色片,15分
		30	① 正确取用样品,5分。 ② 正确使用显微镜,13分。 ③ 正确绘制观察图,12分
3	数据记录	10	根据显微镜观察情况绘图,并记录结果,10分
4	结果分析	15	实验结果正确,总结分析全面,15～11分; 实验结果较正确,总结分析较全面,10～6分; 实验结果不正确,总结分析不到位,5～0分
5	文明实验	10	① 实验过程台面、地面清洁,2分。 ② 实验结束清洗仪器,试剂物品归原位,3分。 ③ 未损坏仪器,5分

八、思考题

根据观察情况，评价污水处理装置中活性污泥质量及其运行情况。

任务二　活性污泥代谢活性测定

一、实验目的

1. 学习好氧活性污泥代谢活性测定的方法。
2. 掌握瓦勃氏呼吸仪的使用技能。

二、实验原理

在很大程度上，一个污水生物处理系统的效能取决于反应器内的污泥数量和污泥活性。测定污泥活性对于反应器的设计和运行具有重要的指导意义。在有机物的好氧生物降解中，微生物需要消耗氧气。测定单位时间内活性污泥的耗氧量，可在一定程度上反映活性污泥的代谢活性。

瓦勃氏呼吸仪是一种定容呼吸测定计。在一个定容的密闭系统（包括反应瓶和测压计）内，气体数量的任何改变都表现为压力改变，可由测压计测得。由于微生物在呼吸作用中既消耗氧气又释放二氧化碳，因此测压计上显示的压力改变是两者的净结果。如果在此密闭系统中事先加入碱（如氢氧化钾）吸收二氧化碳，则测压计上显示的压力改变便是耗氧结果。

三、实验用品

1. 仪器及相关用品

瓦勃氏呼吸仪、天平、烘箱、马弗炉、量筒、烧杯、吸管、坩埚、镊子等。

瓦勃氏呼吸仪主要由玻璃反应瓶以及与之相连的 U 形测压管组成（图 2-10），并配有恒温水浴槽、搅拌器和振荡机。恒温水槽由电加热，自动调控。搅拌器保持水温均匀（水温变化小于 $\pm 0.1℃$）。振荡机摇动反应瓶，促进混合。反应瓶是一个锥形玻璃瓶，内部底上设有中央井，中央井四周为主杯；旁边设有侧杯，杯口配有磨口玻璃塞。测压管两臂标有以 mm 为单

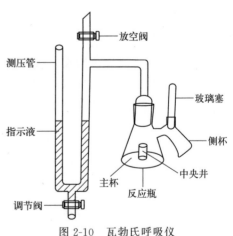

图 2-10　瓦勃氏呼吸仪

放空阀

测压管

玻璃塞

指示液

侧杯

调节阀

主杯

中央井

反应瓶

位的刻度。测压管的一臂与大气相通，称为开臂；另一臂与反应瓶相连，关闭上端的三通活塞可使此臂与外界隔绝，称为闭臂。U 形测压管底部与指示液囊相连，可以调节测压管内的指示液的液面高度。

2. 试剂

磷酸缓冲液（pH7.2），10％KOH 溶液，Brodie 指示液。

指示液采用 Brodie 溶液，其配方为：蒸馏水 500mL，NaCl 32g，牛胆酸钠 5g，伊文氏蓝或酸性品红等染料 0.1g。Brodie 溶液的相对密度为 1.033。若相对密度偏高或偏低，可用水或 NaCl 调节。另加麝香草酚酒精溶液数滴防腐。

3. 试验样品

① 模拟污水：COD 浓度约为 400mg/L。

② 活性污泥：从城市污水处理厂曝气池取样，将 100mL 混合液放入量筒，自然沉降 30min 后弃上清液，用生理盐水洗涤 3 次，最后将污泥悬浮于磷酸盐缓冲液中，稀释至原体积（100mL），备用。

四、实验操作

1. 污泥浓度测定

① 取一定量活性污泥混合液于坩埚中，置高温水浴内蒸干，再放入 105℃左右的烘箱内烘至恒重，测定污泥悬浮固体（mLSS）含量。

② 将烘干品放入马弗炉，在 550℃下灰化 1h，测定污泥挥发性悬浮固体（mLVSS）含量。

2. 耗氧量测定

① 调节反应温度：在瓦勃氏呼吸仪的恒温水槽内，加入一定量的自来水，使水面距上缘约 6～8cm。开启加热开关，将水浴调控至所需的温度（一般为 25℃）。

② 试验振荡装置：开启振荡开关，试验瓦氏呼吸仪的振荡装置是否正常。试毕关闭振荡开关。

③ 添加吸收液：取 6 只已知体积的反应瓶。按表 2-64，在 4 只反应瓶的中央井中加入 10％ KOH 溶液 0.2mL，并取一片长约 2cm 的滤纸，卷成筒状，用镊子插入中央井内，以增加 KOH 对 CO_2 的吸收面积。另 2 只反应瓶中央井不加吸收液。

④ 添加缓冲液：按表 2-64 数据，在各反应瓶主杯内（非中央井内）加入缓冲液。

⑤ 添加样品：按表 2-64 数据，在 4 只加好吸收液和缓冲液的反应瓶主杯内，加入活性污泥样品 1mL，并在其中 2 只侧杯内加入废水样品 0.5mL。塞好侧杯塞。

表 2-64　污泥活性试验组合

试验组	瓶号	主杯	侧杯	中心杯	中央井
		污泥混合液/mL	缓冲液/mL	基质/mL	10%KOH/mL
温度校正组	1		2.2		
	2		2.2		
内源呼吸组	3	1	1.0		0.2
	4	1	1.0		0.2
基质呼吸组	5	1	0.5	0.5	0.2
	6	1	0.5	0.5	0.2

⑥ 组装和调整反应系统：将 6 只反应瓶连接在相应的测压管上，用橡皮筋扎紧后一起固定在恒温水浴槽支架上。打开放空阀，调节测压管内指标液至 250mm 处。开启振荡开关，让反应瓶在水浴中稳定 10min。10min 后关闭振荡开关，再次调节测压管内指标液 250mm 处。关闭放空阀。取出加样反应瓶，将侧杯内的废水样品小心倾入反应瓶主杯中。放回加样反应瓶，重新固定在恒温水浴槽支架上。开启振荡器开关并开始计算反应时间。

⑦ 记录耗氧数据：根据实验方案，每隔 10min 停止振荡，记录瓦勃氏呼吸仪测压指示液液面的读数，填入表 2-65。

表 2-65　污泥活性试验记录

试验组	瓶号	测压管液面读数/mm							备注
		0min	10min	20min	30min	40min	50min	60min	
温度校正组	1								
	2								
内源呼吸组	3								
	4								
基质呼吸组	5								
	6								

3. 污泥活性的计算

（1）耗氧量

各反应瓶的耗氧量可由公式计算，即：

$$V_{O_2} = h\left[\dfrac{(V_g - V_f)\dfrac{273}{T} + V_f a}{P_0}\right] \tag{2-13}$$

式中，V_{O_2} 为标准状态（0℃，1atm）下反应瓶的耗氧量，mL；h 为测压管指示液液面的变化值，mm；V_g 为反应系统的气体体积（需在试验前测出），mL；

V_f 为反应瓶内的液体体积，mL；T 为温度，℃，数值等于 273℃加上水浴温度；a 为在实验温度下，某一气体在反应液中的溶解度（氧气在水中的溶解度见表 2-66）；P_0 为测压管指示液的标准压力，mm，一般采用 $P=1000$mm 的指示液。

表 2-66　氧的溶解度

（在 1atm 即 $1.01×10^5$Pa 下，1mL 水中溶解氧的体积）

温度/℃	a_{O_2}/mL	温度/℃	a_{O_2}/mL
10	0.0379	30	0.0261
15	0.0344	35	0.0244
20	0.0309	37	0.0234
25	0.0284	40	0.0231

（2）污泥活性

活性污泥的耗氧活性可由公式计算，即：

$$\upsilon_{O_2} = \frac{V_{O_2}\gamma×60×1000}{\Delta t V_f X} \tag{2-14}$$

式中，υ_{O_2} 为污泥活性，即单位时间内单位混合液污泥所消耗的氧质量数，g/(gVS·h)；V_{O_2} 为反应瓶的耗氧量，mL；γ 为在试验温度下氧气的容重，g/mL；60 为时间由小时转化成分的系数；1000 为反应瓶内液体体积由 mL 转化成 L 的系数；Δt 为反应时间，min；V_f 为反应瓶内液体体积，mL；X 为污泥混合液挥发性悬浮固体浓度，g MLVSS/L。

五、实验结果

实验结果记录于表 2-67。

表 2-67　污泥活性测定结果

试验组	瓶号	耗氧量/mL	污泥活性/[g/(gVS·h)]
温压校正组	1		
	2		
内源呼吸组	3		
	4		
基质呼吸组	5		
	6		

六、注意事项

1.测定过程中，反应系统应与外界隔绝，各连接口均应密封。

2.测定前，让反应瓶全部浸在恒温水槽中，使反应瓶内外液温平衡。

七、考评

考评标准见表2-68。

表2-68　考评表

序号	考核内容	分值	评分标准
1	实验准备	10	试剂的配制(磷酸缓冲液 pH7.2,10% KOH,Brodie指示液),10分
2	实验操作	20	活性污泥预处理： ① 正确稀释活性污泥样品,10分。 ② 正确制备模拟污水,5分。 ③ 正确组装瓦勃氏呼吸仪,5分
		30	① 正确测定活性污泥浓度,15分。 ② 正确使用瓦勃氏呼吸仪测定耗氧量,15分
3	数据记录	15	① 根据公式正确计算耗氧量,5分。 ② 根据公式正确计算污泥活性,10分
4	结果分析	15	实验结果正确,总结分析全面,15~11分； 实验结果较正确,总结分析较全面,10~6分； 实验结果不正确,总结分析不到位,5~0分
5	文明实验	10	① 实验过程台面、地面清洁,2分。 ② 实验结束清洗仪器,试剂物品归原位,3分。 ③ 未损坏仪器,5分

八、思考题

1.采用瓦勃氏呼吸仪测定污泥耗氧量时，为什么要加入碱吸收二氧化碳？

2.如果氧不是限制性机制，测定耗氧量能反映污泥活性吗？

项目十一　活性污泥的培养和驯化

　　污水的生物处理是通过微生物的新陈代谢作用，将污水中的有机物的一部分转化为微生物的细胞物质，另一部分转化为比较稳定的物质。有机污水经过一段时间曝气后，水中会产生一种以好氧菌为主体的黄褐色絮凝体，其中含有大量活性微生物，这种污泥絮状体就是活性污泥。在活性污泥中，除了微生物外，还含有一些无机物和分解中的有机物，活性污泥的含水率一般在 $98\%\sim99\%$。它具有很强的吸附和氧化分解有机物的能力。

　　活性污泥是通过一定的方法培养和驯化出来的。培养的目的是使微生物增殖，达到一定的污泥浓度；驯化则是对混合微生物群进行选择和诱导，使具有降解污水中污染物活性的微生物成为优势。经过培养和驯化的成熟的活性污泥，含有大量的异养菌，出现固着型纤毛虫，菌胶团结构紧密，形成大的絮状颗粒，能用于污水的生物处理。

▰▰▰ 任务一　好氧活性污泥的培养和驯化 ▰▰▰

一、实验目的

　　1.了解好氧活性污泥的生长规律。
　　2.掌握好氧活性污泥的培养和驯化方法。

二、实验原理

　　活性污泥法是以含有机污水为培养基，在溶解氧的条件下，连续地培养活性污泥，再利用其吸附、絮凝和氧化分解等作用净化污水中的有机污染物。活性污泥的培养和驯化是活性污泥法启动运行的首要环节，活性污泥的培养是增加污泥的浓度，驯化是利用待处理的污水对微生物种群进行自然筛选并使微生物对污染物质逐步适应的过程，可以利用镜检的方法，判断活性污泥是否成熟。

三、实验用品

　　曝气筒、曝气设备、温度计、溶解氧仪、pH 计、流量计、显微镜、烘箱。量筒、载玻片、盖玻片、吸水纸、滴管等。

样品：城市污水处理厂的活性污泥、城市污水或生活污水。

试剂：葡萄糖、硫酸铵、磷酸氢二钠。

四、实验操作

1. 活性污泥培养前的准备

① 取城市污水或生活污水 14L，同时取污水处理厂污泥 1L。

② 营养物质的计算。由于污水中有机物含量较少，营养不均衡，为加快污泥培养速度，需提供一些营养物质。根据污水中营养物的配比关系计算葡萄糖、硫酸铵、磷酸氢二钠的量，培养开始时 COD（化学需氧量）浓度大约 1000mg/L。

2. 培养的方法

① 将污水盛入曝气筒中至淹没叶轮上约 20mm，并加入少许污泥。

② 加入营养物。连接好曝气头和曝气设备并把曝气头放入曝气筒，进行连续曝气，曝气反应器见图 2-11。

③ 每天早晚观察、监测水样各一次。监测项目有：水温、pH 值、溶解氧、沉降比、COD 等，同时可通过显微镜观察微生物相。

图 2-11　曝气反应装置图

④ 经过连续曝气几天后，污水中就会出现模糊状的活性污泥绒粒，在显微镜下可看到一些菌胶团，曝气筒混合液经 30min 沉淀后，澄清液仍较浑浊，此时要进行换水。

⑤ 换水时，先停止曝气，使混合液静置沉淀 1～1.5h 后放出上清液，占混合液体积的 60%～70%。然后往曝气筒中投加新生活污水和营养物。以后每天换一次水，方法同上。

⑥ 混合液 30min 沉降比大于 30% 时，无需再加营养物，活性污泥培养结束。

3. 驯化方法

在活性污泥培养结束后，可加入 10%～20% 的校园生活污水，观察处理效果的变化，如果效果处理良好，可视现实情况，继续增加生活污水的百分比，每次增加的百分比以进水量的 10%～20% 为宜，至处理效果稳定。此时，进水 COD 浓度应该控制在 300～400mg/L。数据记录于表 2-69 中。

表 2-69 活性污泥培养过程记录表

项目	培养时间/d									
	1	2	3	4	5	6	7	8	9	10
污泥浓度/(mg/L)										
溶解氧量 DO/(mg/L)										
pH										
进水 COD/(mg/L)										
出水 COD/(mg/L)										
上清液排放量/mL										
污泥沉降比 SV(30min)/%										
絮粒情况(大小、形态、紧密度、结构、丝状菌数量)										
微生物相(种类、数量)										

五、实验结果

绘制随时间而变化的污泥沉降比 SV 曲线、COD 去除率曲线，并分析活性污泥降解有机物的能力。

六、注意事项

1.每天需分析反应装置的运行情况，及时调整曝气量，更换生活污水并投加营养物质。

2.观察活性污泥的沉淀效果。

七、考评

考评标准见表 2-70。

表 2-70 考评表

序号	考核内容	分值	评分标准
1	实验准备	10	投加营养物质的配比计算,10 分
2	实验操作	15	样品采集： ① 正确采集污泥样品,10 分。 ② 正确采集污水样品,5 分
		35	① 正确安装曝气装置,10 分。 ② 正确监测水样参数,10 分。 ③ 根据反应装置运行情况,正确调整运行参数,10 分。 ④ 正确使用显微镜,5 分

序号	考核内容	分值	评分标准
3	数据记录	15	正确记录活性污泥培养过程,15分
4	结果分析	15	实验结果正确,总结分析全面,15~11分; 实验结果较正确,总结分析较全面,10~6分; 实验结果不正确,总结分析不到位,5~0分
5	文明实验	10	① 实验过程台面、地面清洁,2分。 ② 实验结束清洗仪器,试剂物品归原位,3分。 ③ 未损坏仪器,5分

八、思考题

1.什么是冲击负荷?冲击负荷对整个工艺流程的影响?

2.哪些运行参数或环境因子对处理效果有影响?影响最大的因素是什么?如何解决?

任务二　厌氧颗粒污泥的培养和驯化

一、实验目的

1. 掌握培养和驯化厌氧颗粒污泥的方法。
2. 了解影响厌氧颗粒污泥培养的环境因素。

二、实验原理

厌氧生物法（厌氧消化法）处理污水具有有机负荷高、剩余污泥量少、能耗低等优点，产生沼气还可作为能源，适于处理高浓度有机废水，也可处理中等浓度有机废水。厌氧消化的反应机理，目前普遍接受的是甲烷发酵理论。甲烷发酵是一个复杂的微生物化学过程，主要依靠三大类细菌——水解产酸细菌、产氢产乙酸细菌和产甲烷细菌的联合作用来完成。

厌氧活性污泥呈灰色至黑色，颗粒状污泥直径在 0.5mm 以上，由兼性厌氧菌和专性厌氧菌与废水中的有机杂质交织在一起形成的。厌氧活性污泥的微生物种类、组成、结构及污泥颗粒等性质，直接影响厌氧消化处理的效果。厌氧活性污泥的培养驯化时间比较长，一般需要 3~6 个月。

三、实验用品

UASB 厌氧反应装置（包括厌氧发酵柱、配水封箱、提升泵、厌氧恒温水浴箱、循环泵等，见图 2-12）、悬浮固体测定仪、COD 分析仪、pH 计、烘箱、光学显微镜、量筒、载玻片、盖玻片、吸水纸、滴管等。

样品：厌氧消化污泥、工业废水。

试剂：碳酸钙、硫酸镁、磷酸二氢钾、硫酸锌、硫酸钴。

四、实验操作

1. 培养驯化的方法

① 安装 UASB 厌氧反应装置，检查装置的气密性。

② 向反应装置中投入总容积 30% 的厌氧消化污泥，通入工业废水作为进水，初始进水 COD 浓度 1000mg/L 左右，可以根据水样实际浓度进行调整稀释。调整进水量，污泥培养初期，水力负荷不宜过高，一般控制在 $0.1~0.2m^3/(m^2 \cdot h)$，

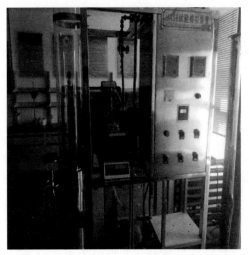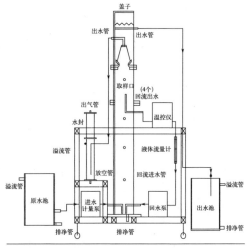

图 2-12 USAB厌氧反应装置

污泥负荷控制在 0.2～0.4kg COD/(kg VSS·d)。

③ 调节培养温度维持在 35℃左右，pH 值 6.8～7.2。适当添加营养物质，符合厌氧微生物要求 COD_{Cr} ：N：P＝200：5：1。

④ 每天监测进出水 COD、氨氮、pH、温度、污泥浓度、停留时间，计算 COD 和氨氮去除率，显微镜镜检颗粒污泥形状、大小。

⑤ 根据进水水质、培养进度适时调整污泥负荷和水力负荷。

⑥ 出水 COD 去除率达到 60％以上，表明污泥培养驯化完成，进入污泥颗粒化阶段。

2. 污泥颗粒化

① 当污泥颗粒出现时，逐步提高进水 COD 浓度，污泥负荷应迅速提高到 0.6～0.7kg COD/(kg VSS·d) 范围内，水力负荷 0.3～0.5m³/(m²·h)。水力负荷大于 0.25m³/(m²·h) 时，可以把絮状污泥与颗粒污泥完全分开，淘汰结构松散、沉降性能差的絮状污泥。

② 添加营养盐（含 Ca^{2+}、Co^{2+}、Zn^{2+}、Mg^{2+}），加快颗粒污泥的形成。

③ 出水 COD 去除率稳定在 70％以上时即进入颗粒污泥的成熟阶段，表明颗粒污泥培养完成。

3. 颗粒化污泥培养成熟的标志

① 颗粒化污泥大量形成，由下至上充满了整个反应器，反应器内呈现两个污泥浓度分布均匀的反应区。

② 颗粒污泥沉降性能良好，有球状、杆状、卵圆形，或不十分规则的黑色颗粒球体，直径 0.2～1.5mm，最大 3～5mm。显微镜下观察，为多孔结构，表面有透明胶状物。

五、实验结果

实验结果记录于表 2-71 中。

表 2-71　厌氧颗粒污泥培养记录表

培养时间/d	1	2	3	4	5	6	7	8	9	10
污泥浓度/(mg/L)										
温度/℃										
pH										
进水 COD/(mg/L)										
出水 COD/(mg/L)										
COD 去除率/%										
进水氨氮/(mg/L)										
出水氨氮/(mg/L)										
氨氮去除率/%										
污泥负荷/[kg COD/(kg VSS · d)]										
水力负荷/[m^3/(m^2 · h)]										
颗粒污泥培养大小										

绘制随时间而变化的 COD 去除率曲线、氨氮去除率曲线，并进行分析。

六、注意事项

1. 保证 UASB 厌氧反应装置的气密性。
2. 及时根据监测数据调整运行参数。

七、考评

考评标准见表 2-72。

表 2-72　考评表

序号	考核内容	分值	评分标准
1	实验准备	15	① 安装 UASB 厌氧反应装置,10 分。 ② 检查装置气密性,5 分
2	实验操作	45	① 正确监测水样参数,10 分。 ② 正确计算并添加营养物质,10 分。 ③ 根据反应装置运行情况,及时调整运行参数,15 分。 ④ 正确使用显微镜观察颗粒污泥,10 分
3	数据记录	15	正确记录厌氧颗粒泥培养过程,15 分

序号	考核内容	分值	评分标准
4	结果分析	15	实验结果正确,总结分析全面,15～11分; 实验结果较正确,总结分析较全面,10～6分; 实验结果不正确,总结分析不到位,5～0分
5	文明实验	10	① 实验过程台面、地面清洁,2分。 ② 实验结束清洗仪器,试剂物品归原位,3分。 ③ 未损坏仪器,5分

八、思考题

结合实验结果讨论各因素对颗粒污泥形成的影响,并分析最佳培养条件。

项目十二　功能菌的筛选

任务一　脱氮微生物

一、实验目的

1.了解脱氮微生物在污水处理中的作用。

2.掌握筛选脱氮微生物的方法。

二、实验原理

生物脱氮的脱氮机制是由硝化作用和反硝化作用进行的。硝化作用的主体微生物是亚硝化细菌和硝化细菌，它们在自然界的分布非常广泛，存在于土壤、各种水体和污水处理系统中。两类微生物分别从氧化 NH_3 和 NO_2^- 的过程中获得能量，以 CO_2 作为唯一碳源，作用产物分别为 NO_2^- 和 NO_3^-。反硝化细菌是所有能以 NO_3^- 为最终电子受体，将 HNO_3 还原为 N_2 的细菌的总称。

三、实验用品

1.仪器及其他用具

实验室用分批式处理废水装置（图 2-13）、连续式处理废水装置（图 2-14）、好氧反硝化菌富集装置（图 2-15）、空气振荡器、高压蒸汽灭菌器、无菌操作台等。

图 2-13　实验室用分批式处理废水装置

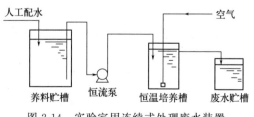

图 2-14　实验室用连续式处理废水装置

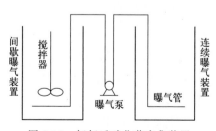

图 2-15　好氧反硝化菌富集装置

2. 试剂

葡萄糖、氯化铵、碳酸氢钠、磷酸氢二钾、硫酸锌、硫酸亚铁、氯化铜、氯化镁、硼酸、牛肉膏、蛋白胨、硝酸钾、磷酸氢二钠、磷酸二氢钾、硫酸镁、琥珀酸钠、亚硝酸钠、EDTA、氯化钙、氯化锰、硫酸铜、氯化钴、钼酸铵等。

四、实验操作

1. 硝化细菌的筛选

（1）培养基的配制

富集培养基：葡萄糖 $500 \sim 1000 mg/L$，NH_4Cl $50 \sim 350 mg/L$，$NaHCO_3$ $300 \sim 6500 mg/L$，pH $7.3 \sim 8.5$。另外，培养基中还含有 Fe、Mg、Na、K 等微量元素和 K_2HPO_4 缓冲成分。

微量元素液：$ZnSO_4 \cdot 5H_2O$ $80 mg/L$，$FeSO_4 \cdot 7H_2O$ $100 mg/L$，$CuCl_2 \cdot 2H_2O$ $20 mg/L$，$MgCl_2 \cdot 6H_2O$ $50 mg/L$，H_3BO_3 $20 mg/L$。

（2）环境条件

温度 $28 \sim 30 ℃$，pH $6.5 \sim 8.0$，污泥沉降比（SV）$30\% \sim 40\%$，溶解氧量（DO）$>2 mg/L$。

（3）合成废水

NH_4Cl $50 mg/L$（初始浓度），KH_2PO_4 $30 mg/L$，KCl $1.0 mg/L$，$MgSO_4$ $50 mg/L$，微量元素液 $0.4 mL/L$。

（4）富集培养

初期，分批式处理废水装置（SBR 反应器）中投加人工配水 4L 和城市污水处理厂好氧活性污泥 2L 作为接种菌种。反应器采用间歇操作，运行周期为 24h，其中曝气 21.5h、沉淀 2h、排水 0.5h，活性污泥取自污水处理厂（二级生化处理）曝气池出水处。将污泥进行淘洗，然后空曝 6h，利用内源呼吸作用去掉有毒物质、消耗异养菌。初始进水氨态氮浓度为 $50 mg/L$，待出水稳定后逐渐增加进水氨态氮浓度至 $250 mg/L$，每次增加幅度 $50 mg/L$。在线控制曝气量、pH 和温度。

2. 好氧反硝化菌的筛选

（1）培养基的配制

纤维原细胞培养基(FM)(g/L)：牛肉膏 1.0，蛋白胨 5.0，KNO_3 1.0。

反硝化培养基（DM）（g/L）：$Na_2HPO_4 \cdot 7H_2O$ 7.9，KH_2PO_4 1.5，NH_4Cl 0.3，$MgSO_4 \cdot 7H_2O$ 0.1，琥珀酸钠 4.7，KNO_3 2.0，$NaNO_2$ 1.0，微量元素溶液 2mL，pH $7 \sim 7.5$。

微量元素溶液（g/L）：EDTA 50.0，$ZnSO_4$ 2.2，$CaCl_2$ 5.5，$MnCl_2 \cdot 4H_2O$ 5.06，$FeSO_4 \cdot 7H_2O$ 5.0，$(NH_4)_6Mo_7O_{24} \cdot 4H_2O$ 1.1，$CuSO_4 \cdot 5H_2O$ 1.57，

CoCl$_2$ · 6H$_2$O 1.61，pH 7.0。

（2）富集培养

间歇曝气反应器每 1 周期运行 24h，其流程为进水→曝气→搅拌→沉降（0.5h）→排水（0.5h），采用瞬间进水，随着运行周期的增加，间歇曝气时间在 0～20h 内逐步增大，相应地缺氧搅拌时间则逐步减少。到富集驯化末期时，间歇曝气时间已提高到 20h 以上。

连续曝气装置采用进水→曝气（23h）→沉降（0.5h）→排水（0.5h）模式。从驯化开始直到富集完成，其每个运行周期的曝气时间均维持在 23h。

驯化初始，以 FM 作为进水，在驯化过程中逐渐增加 DM 培养液的含量。通过逐步改变环境条件，使之逐渐达到所要筛选菌株的生长环境，这样给生物菌群一个适应的过程，避免突然破坏生物菌群的营养环境从而对菌群造成伤害，最终使目的菌群成为优势菌群，达到富集的目的。运行过程中进水的 COD 控制在 3g/L 左右，总氮（TN）在 0.5g/L 左右，进水 pH7.0 左右，运行中不再对其进行调整。

（3）细菌的筛选及脱氮效率测定

从驯化后富集好氧反硝化菌的活性污泥中分离得到的细菌株经分离纯化后得到纯菌斜面，用灭菌后的 DM（加入氧化态氮 KNO$_3$ 1.0g/L、NaNO$_2$ 0.5g/L）培养液洗到装有 100mL DM 培养液的 250mL 锥形瓶中，并在每个锥形瓶内加入几粒灭过菌的玻璃珠（尽量减小厌氧微环境对实验结果的影响），用 9 层纱布包好瓶口（保证好氧条件），放入空气振荡器培养。培养温度 30℃，转速 160r/min，培养时间 24h。取培养前后的菌液，测量总氮浓度，考察其对总氮的去除率。

五、注意事项

在硝化细菌的富集培养过程中，分阶段逐渐提高进水中氨态氮的浓度，即富集培养一定时间待出水稳定后，再提高进水中氨态氮的浓度，并适当提高 NaHCO$_3$ 的投加量，以确保硝化细菌生长所需要的 pH 环境。

六、考评

考评标准见表 2-73。

表 2-73　考评表

序号	考核点	配分	评分标准
1	实验准备	10	试剂的准备与清点，10 分
2	实验操作	25	培养基配制： ① 正确配制富集培养基，10 分。 ② 正确配制纤维原细胞培养基，5 分。 ③ 正确配制反硝化培养基，10 分

序号	考核点	配分	评分标准
2	实验操作	20	富集培养： ① 正确配制合成废水,5 分。 ② 正确运行实验装置,15 分
		20	脱氮菌筛选： ① 正确分离纯化脱氮菌,15 分。 ② 正确使用空气振荡器,5 分
3	结果分析	15	实验结果正确,总结分析全面,15～11 分； 实验结果较正确,总结分析较全面,10～6 分； 实验结果不正确,总结分析不到位,5～0 分
4	文明操作	10	① 实验过程台面、地面清洁,2 分。 ② 实验结束清洗仪器,试剂物品归原位,3 分。 ③ 未损坏仪器,5 分

七、思考题

1. 影响生物脱氮过程的因素有哪些？
2. 污水处理过程中进行硝化和反硝化的最适条件是什么？

任务二 微生物絮凝剂产生菌

一、实验目的

1. 了解微生物絮凝剂及其应用范围。
2. 掌握微生物絮凝剂产生菌的分离过程及方法。

二、实验原理

絮凝沉淀是水处理过程中一种较为有效且成本较低的预处理方法。与化学絮凝沉淀相比，具有高效、使用安全、无毒害作用、无二次污染等优点。絮凝剂产生菌普遍存在于细菌、放线菌、真菌和藻类中，通常处于培养后期，细胞表面疏水性增强，产生的絮凝活性较高。

三、实验用品

高压蒸汽灭菌器、恒温培养箱、摇床振荡器、分光光度计、无菌操作台、锥形瓶等。

酵母粉、蛋白胨、氯化钠、葡萄糖、琼脂、尿素、硫酸镁、磷酸二氢钾、硫酸亚铁、高岭土、氯化钙等。

四、实验操作

1. 无菌水制备

在 150mL 锥形瓶中加入 90mL 蒸馏水，放 20～40 粒玻璃珠。另外，取 5 支试管，每支试管装入 9mL 的蒸馏水，塞上硅胶塞，包扎好，灭菌备用。

2. 培养基配制

（1）分离培养基

酵母粉 5g，蛋白胨 10g，NaCl 10g，葡萄糖 15g，琼脂 16g，水 1000mL，pH 7.2～7.5。

（2）发酵培养基

酵母粉 0.5g，葡萄糖 15g，尿素 0.5g，$MgSO_4 \cdot 7H_2O$ 0.2g，KH_2PO_4 1g，NaCl 0.1g，$FeSO_4 \cdot 7H_2O$ 0.01g，水 1000mL，pH 7.2～7.5。

3. 絮凝剂产生菌的分离筛选

（1）活性污泥的稀释

称取 10g 活性污泥，以无菌操作加到装有 90mL 无菌水的锥形瓶（内有玻璃珠）中，振荡，摇匀，即稀释度为 10^{-1} 的菌液；静止片刻后，在无菌条件下，用移液器取 1mL 上述菌液加入到一支装有 9mL 无菌水的试管中，震荡，摇匀，即稀释度为 10^{-2} 的菌液，依照此法分别制备 $10^{-6}\sim10^{-3}$ 的菌液，备用。

（2）涂布平板

选取 $10^{-6}\sim10^{-3}$ 3 个稀释度梯度的菌液，分别吸取 0.2mL 菌液涂布于分离培养基平板上，每个稀释度涂 3 个平板作为平行，另外需要 3 个没有涂布样品的平板作为阴性对照。涂布完成后将涂布菌液的平板与对照平板一起放入 30℃ 恒温培养箱中倒置培养 48h。

（3）絮凝剂产生菌筛选

首先将分离到的菌株进行编号，然后用接种环分别将上述分离到的菌种接种到装有 30mL 发酵培养液的 150mL 锥形瓶中进行预发酵培养，温度设定为 30℃，摇床转速为 160r/min，18~24h 后按 2.5% 的接种量将预发酵培养液接种到发酵培养基中进行发酵培养 72h（温度和摇床转速与预发酵相同）。发酵完成后，将发酵液于 12000r/min 离心 10min，取上清液作为絮凝剂样品，备用。

在 100mL 量筒中加入 93mL 4g/L 高岭土悬浊液、5mL 1%（质量分数）$CaCl_2$、2mL 培养液，将量筒颠倒 3~5 次，目测，使高岭土悬浊液絮凝成较大絮状体的为有絮凝活性的菌株。

（4）絮凝活性的测定

在 100mL 量筒中加入 80mL 蒸馏水、0.4g 高岭土、5mL 1% 的 $CaCl_2$ 溶液、2mL 絮凝剂样品，然后加蒸馏水至 100mL，调节 pH 至 7.0，溶液倒入 150mL 烧杯中，放在磁力搅拌器上快速搅拌 1min，慢速搅拌 3min，静置 3min，用吸管吸取一定深度的液层用分光光度计于 550nm 处测定吸光度，以不加发酵液的吸光度为对照来确定菌株发酵液的絮凝程度。絮凝剂的絮凝活性用絮凝率来表征。

五、注意事项

1. 活性污泥采自运行良好的污水处理厂，筛选出的絮凝剂产生菌的絮凝效果较好。

2. 无菌水制备及灭菌过程中加入玻璃珠，用以打碎污泥颗粒，使其中的微生物游离出来。

六、考评

考评标准见表 2-74。

表 2-74　考评表

序号	考核点	配分	评分标准
1	实验准备	10	试剂的准备与清点，10 分

序号	考核点	配分	评分标准
2	实验操作	20	培养基配制： ① 正确配制分离培养基,10分。 ② 正确配制发酵培养基,10分
		25	分离培养： ① 正确配制无菌水,5分。 ② 正确进行活性污泥的梯度稀释,10分。 ③ 正确涂布平板,10分
		20	菌种筛选： ① 正确进行发酵培养,10分。 ② 正确进行絮凝试验,10分
3	结果分析	15	实验结果正确,总结分析全面,15~11分； 实验结果较正确,总结分析较全面,10~6分； 实验结果不正确,总结分析不到位,5~0分
4	文明操作	10	① 实验过程台面、地面清洁,2分。 ② 实验结束清洗仪器,试剂物品归原位,3分。 ③ 未损坏仪器,5分

七、思考题

1. 絮凝剂产生菌产生的絮凝剂成分可能是什么？

2. 发酵培养基的成分是否会影响絮凝剂的活性？

任务三　石油降解菌

一、实验目的

1. 了解石油降解菌在污染治理及生物修复中的作用。
2. 掌握筛选石油降解菌的方法。

二、实验原理

在自然界中存在许多能够以石油或其化工产品为碳源和能源的微生物。利用该类微生物将存在于环境中的有毒有害的石油污染物降解成二氧化碳和水，或转化成为无害物质的生物修复技术，已成为传统生物处理方法的延伸，被认为是解决石油污染最有生命力的方法。

三、实验用品

索氏提取器、离心机、培养箱等。

石油醚（分析纯）、原油、磷酸二氢钾、硝酸铵、琼脂、蔗糖、酵母膏、硫酸镁等。

四、实验操作

1. 培养基配制

（1）选择性培养基

$MgSO_4$ 0.2%，KH_2PO_4 0.1%，NH_4NO_3 30.25%，原油 4%～5%，琼脂 2%。

（2）查氏培养基

蔗糖 3%，酵母膏 5%，$MgSO_4$ 1%，琼脂 2%。

2. 石油降解菌的筛选

（1）模拟石油污染土壤的配制

选择原油作为石油污染的代表物，为使原油与土壤充分、均匀混合，原油以石油醚（沸点 30～60℃）作为溶剂，与土壤充分混合后，通气吹脱石油醚，制成石油污染土壤。

（2）降解石油菌种的筛选

用原油作为唯一碳源，采用选择性培养基进行筛选。

（3）菌种石油降解率的测定

将筛选出来的菌种接入查氏培养基中，30℃培养 2d。将培养好的菌种以缓冲溶液振荡，4000r/min 离心 10min，取菌体，加入 1mL 缓冲溶液，拌入土壤中。分别在 5d、10d、15d、20d、25d 时，取出土样，对土壤中的石油降解情况进行分析。

五、注意事项

土壤中氮、磷、水分等物质含量较低，筛选过程中可根据情况，适当调整相关营养物质的含量，必要时增加条件试验。

六、考评

考评标准见表 2-75。

表 2-75　考评表

序号	考核点	配分	评分标准
1	实验准备	10	试剂的准备与清点，10 分
2	实验操作	20	培养基配制： ① 正确配制选择性培养基，10 分。 ② 正确配制查氏培养基，10 分
		25	污染土壤的配制： ① 原油与土壤混合均匀，10 分。 ② 正确吹脱石油醚，15 分
		20	菌种筛选： ① 正确进行菌种的筛选培养，10 分。 ② 正确进行降解率测定，10 分
3	结果分析	15	实验结果正确，总结分析全面，15～11 分； 实验结果较正确，总结分析较全面，10～6 分； 实验结果不正确，总结分析不到位，5～0 分
4	文明操作	10	① 实验过程台面、地面清洁，2 分。 ② 实验结束清洗仪器，试剂物品归原位，3 分。 ③ 未损坏仪器，5 分

七、思考题

1. 影响石油降解菌降解效率的因素有哪些？

2. 如何测定土壤中的石油含量？

任务四　纤维素降解菌

一、实验目的

1.了解纤维素降解菌在环境污染治理中的应用。

2.掌握纤维素降解菌的筛选方法。

二、实验原理

纤维素类物质是城市生活垃圾的重要组成部分，其自然发酵时间长，增加了垃圾处理的负荷。利用微生物好氧发酵，将其制成无毒无害、营养丰富、成本低且不造成二次污染的绿色有机肥，是一种具有前景的处理垃圾的方法。纤维素降解菌可通过刚果红染色法进行筛选。当纤维素被降解菌中的纤维素酶分解后，无法形成红色的刚果红-纤维素复合物，培养基中会出现以纤维素分解为中心的透明圈，从而完成纤维素降解菌的筛选。

三、实验用品

摇床、培养箱、高压灭菌器、分光光度计等。

纤维素粉、硝酸钠、磷酸氢二钠、磷酸二氢钾、硫酸镁、氯化钾、酵母膏、水解酪素、羧甲基纤维素钠、琼脂、马铃薯汁、刚果红等。

四、实验操作

1. 培养基配制

（1）富集培养基

纤维素粉 5g，$NaNO_3$ 1g，$Na_2HPO_4 \cdot 7H_2O$ 1.2g，KH_2PO_4 0.9g，$MgSO_4 \cdot 7H_2O$ 0.5g，KCl 0.5g，酵母膏 0.5g，水解酪素 0.5g，蒸馏水 1000mL。

（2）鉴别培养基

羧甲基纤维素钠（CMC-Na）5～10g，酵母膏 1g，KH_2PO_4 0.25g，琼脂 15g，马铃薯汁 100mL，加水至 1000mL。

2. 纤维素降解菌的筛选

（1）土样采集

采集土样要选择富含纤维素的环境。如果找不到合适的环境，可以将滤纸埋在土壤中，过一个月左右也会有能分解纤维素的微生物生长。

（2）富集培养

称取土样 20g，在无菌条件下加入装有 30mL 富集培养基的摇瓶中。将摇瓶置于摇床上，在 30℃ 下振荡培养 1～2d 至培养基变浑浊。吸取一定的培养液（约 5mL），转移至另一瓶新鲜的富集培养基中，以同样的方法培养到培养液变浑浊。富集培养的目的是增加纤维素分解菌的浓度，以确保能够从样品中分离所需要的微生物。

（3）梯度稀释

吸取 0.1mL 富集培养后的培养基进行梯度稀释 10～10^6 倍。

（4）涂布平板

将稀释度为 10^{-4}～10^{-6} 的菌悬液各取 0.1mL 涂布到鉴别纤维素分解菌的平板培养基上，30℃ 倒置培养，至菌落长出。每个稀释度下需涂布 3 个平板，并注意设置对照。

（5）刚果红染色

① 方法一　在长出菌落的培养基上，覆盖质量浓度为 1mg/mL 的刚果红溶液，10～15min 后，倒去刚果红溶液，加入物质的量浓度为 1mol/L 的 NaCl 溶液，15min 后倒掉 NaCl 溶液，此时，产生纤维素酶的菌落周围将会出现透明圈。

② 方法二　在涂布平板之前，配制质量浓度为 10mg/mL 的刚果红溶液，灭菌后，按照每 200mL 鉴别纤维素分解菌培养基加入 1mL 的比例加入刚果红溶液，混匀后倒平板。等培养基上长出菌落后，产生纤维素酶的菌落周围将会出现明显的透明圈。

（6）纯化培养

将产生明显透明圈的菌落，挑取并接种到纤维素分解菌的选择培养基上，在 30～37℃ 下培养，可获得纯化培养。

五、注意事项

采集土样要选择富含纤维素的环境，这是因为在纤维素含量丰富的环境中通常会聚集较多的分解纤维素的微生物，最好选择垃圾填埋场的土壤。

六、考评

考评标准见表 2-76。

表 2-76　考评表

序号	考核点	配分	评分标准
1	实验准备	10	试剂的准备与清点，10 分

序号	考核点	配分	评分标准
2	实验操作	20	培养基配制： ① 正确配制富集培养基，10分。 ② 正确配制鉴别培养基，10分
		15	富集培养： ① 正确进行富集培养，10分。 ② 正确使用培养设备，5分
		30	菌种筛选： ① 正确进行梯度稀释，10分。 ② 正确涂布平板，5分。 ③ 正确进行鉴别试验，10分。 ④ 正确进行纯化培养，5分
3	结果分析	15	实验结果正确，总结分析全面，15～11分； 实验结果较正确，总结分析较全面，10～6分； 实验结果不正确，总结分析不到位，5～0分
4	文明实验	10	① 实验过程台面、地面清洁，2分。 ② 实验结束清洗仪器，试剂物品归原位，3分。 ③ 未损坏仪器，5分

七、思考题

1. 刚果红染色法中使用的两种方法各有哪些优点与不足？方法一中 NaCl 溶液的作用是什么？

2. 不同地点采取的土样分离的结果是否一致？

3. 富集培养基与鉴别培养基的目的有何不同？

任务五　半纤维素降解菌

一、实验目的

1. 了解半纤维素降解菌在环境污染治理中的应用。

2. 了解半纤维素的分离方法。

3. 掌握半纤维素降解菌分离筛选的基本方法。

二、实验原理

半纤维素是除纤维素、果胶质和淀粉外的全部碳水化合物，占植物干重的 35%，包裹在纤维素之外，将木质素和纤维素紧紧拉在一起，形成难分解的木质纤维素，是制约秸秆还田、快速堆制肥料的重要环节。自然界中能够降解半纤维素的微生物很多，一般在植物残留物上能够生长的微生物都可以合成降解半纤维素的水解酶。

三、实验用品

恒温培养箱、超净工作台、高压蒸汽灭菌器、离心机等。

$(NH_4)_2SO_4$、K_2HPO_4、$MgSO_4 \cdot 7H_2O$、$CaCl_2 \cdot 2H_2O$、K_2SO_4、$NaCl$、半纤维素、琼脂、NH_4NO_3、酵母膏、$NaOH$、无水乙醇等。

四、实验操作

1. 培养基制备

（1）分离培养基（各试剂浓度单位为 g/L）

$(NH_4)_2SO_4$ 0.5、K_2HPO_4 1.0、$MgSO_4 \cdot 7H_2O$ 0.3、$CaCl_2 \cdot 2H_2O$ 0.2、K_2SO_4 0.1、$NaCl$ 0.2、半纤维素 15.0、琼脂 20.0，pH 7.2（用于细菌放线菌的分离，如分离霉菌和大型真菌可将 K_2HPO_4 换成 KH_2PO_4，调 pH 至 6.5 即可）。

（2）测定培养基（各试剂浓度单位为 g/L）

K_2HPO_4 2.0、NH_4NO_3 2.0、$MgSO_4 \cdot 7H_2O$ 0.2、酵母膏 5.0、半纤维素 20.0、琼脂 20.0，pH 7.2。

2. 半纤维素制备

取水稻秸秆磨成的粉末，用 60g/L 的 NaOH 于 120℃浸泡 2h（浸泡固液比为

1/15），过滤得滤液。将所得滤液冷却至室温，调 pH 至 7.0，加入与滤液等体积的无水乙醇（或工业乙醇）沉淀，高速冷冻离心机 5000r/min 离心 5min，沉淀物用无水乙醇洗涤离心 2 或 3 次。将所得固体物 45℃下烘干，得到的粉末即半纤维素。

3. 双层平板制备

在直径为 9cm 的平皿中倒双层平板，下层为 10cm 水琼脂，上层为 10cm 透明圈测定培养基。

4. 初筛选半纤维素降解菌

将土壤样品制备成梯度稀释液，涂布在双层平板上，30℃培养 72h，观察记录分离获得的微生物菌落特征及透明圈。将产生透明圈的单菌落分离物，在双层平板上划线获得纯培养。

5. 复筛半纤维素降解菌

取待测菌株，点接到双层平板上，每株点 3 个重复，30℃培养 72h，测量水解圈和菌苔直径，并计算水解圈和菌苔直径比，数值大的降解半纤维素能力强。

五、注意事项

从生物质中分离半纤维素的方法主要采用物理法或化学法破坏半纤维素与纤维素之间的氢键，以及破坏半纤维素与木质素之间的醚键或酯键等共价键，使半纤维素溶出。物理方法包括蒸汽爆破法、热水抽提法、微波法和超声波法；化学方法包括稀酸水解法、碱水解法和有机溶剂法。实验中半纤维素的分离方法可依实际情况而定。

六、考评

考评标准见表 2-77。

表 2-77　考评表

序号	考核点	配分	评分标准
1	操作准备	10	试剂的准备与清点,10 分
2	实验操作	20	培养基配制: ① 正确配制分离培养基,10 分。 ② 正确配制测定培养基,10 分
		15	半纤维素制备: ① 正确提取半纤维素,10 分。 ② 正确使用提取设备,5 分
		30	菌种筛选: ① 正确进行梯度稀释,10 分。 ② 正确制备双层平板,10 分。 ③ 正确进行筛选及纯化培养,10 分

序号	考核点	配分	评分标准
3	结果分析	15	实验结果正确,总结分析全面,15~11分; 实验结果较正确,总结分析较全面,10~6分; 实验结果不正确,总结分析不到位,5~0分
4	文明实验	10	① 实验过程台面、地面清洁,2分。 ② 实验结束清洗仪器,试剂物品归原位,3分。 ③ 未损坏仪器,5分

七、思考题

简述半纤维素分离、制备方法的异同及优缺点。

任务六　木质素降解菌

一、实验目的

1. 了解木质素降解的意义。
2. 掌握木质素降解菌分离、纯化的原理及方法。

二、实验原理

木质素是自然界中仅次于纤维素的第二大类天然芳香聚合物，分子结构复杂而不规则。微生物及其分解的胞外酶不易与之结合，并且对酶的水解作用呈抗性，是目前公认的微生物难降解的芳香族化合物之一。自然界参与降解木质素的微生物种类有真菌、放线菌和细菌，其中只有真菌能把木质素彻底降解为 CO_2 和水。微生物若能分泌木质素降解酶，就能与培养基中的指示剂愈创木酚发生反应，产生褐色的变色圈，这是筛选木质素降解菌的有效方法。

三、实验用品

恒温培养箱、超净工作台、高压蒸汽灭菌器、离心机、无菌打孔器等。

$(NH_4)_2SO_4$、K_2HPO_4、$MgSO_4 \cdot 7H_2O$、$CaCl_2 \cdot 2H_2O$、K_2SO_4、$NaCl$、半纤维素、琼脂、NH_4NO_3、酵母膏等。

四、实验操作

1. 培养基配制

（1）GU-PDA 平板培养基

取去皮马铃薯 200g，切成 1cm 左右小块，加入 1L 蒸馏水，文火煮 30min，冷却后用纱布过滤，滤液中加入葡萄糖 20g、KH_2PO_4 3g，$MgSO_4$ 1.5g、琼脂 15～20g 和微量维生素 B_1，加热溶解，定容至 1000mL，调节 pH 为 6.5。115℃灭菌 30min 后，冷却至 60℃，加入过滤除菌的愈创木酚-乙醇溶液，使愈创木酚的最终浓度为 4mmol/L，倒平板。

（2）液体产酶培养基（各试剂浓度单位为 g/L）

酒石酸铵 0.2，葡萄糖 10，KH_2PO_4 2，$MgSO_4 \cdot 7H_2O$ 0.5，$CaCl_2O$ 0.1，10mL 微量元素溶液，0.5mL 维生素溶液，加入 2,2-丁二酸二甲酯（DMS），DMS

的终浓度为 20mmol/L，pH 4.5。

微量元素溶液（各试剂浓度单位为 g/L）：氨基三乙酸 1.5，$MgSO_4 \cdot 7H_2O$ 3.0，$MnSO_4$ 0.5，NaCl 1.0，$FeSO_4 \cdot 7H_2O$ 0.1，$CoSO_4$ 0.1，$CaCl_2$ 0.082，$ZnSO_4$ 0.1，$CuSO_4 \cdot 5H_2O$ 0.01，$KAl(SO_4)_2$ 0.01，H_3BO_3 0.01，Na_2MoO_4 0.01。

维生素溶液（各试剂浓度单位为 mg/L）：生物素 2，叶酸 2，盐酸硫胺素（维生素 B_1）5，核黄素（维生素 B_2）5，维生素 B_6 盐酸盐 10，维生素 B_{12} 0.1，烟酸 5，DL-泛酸钙 5，对氨基苯甲酸 5，硫辛酸 5。

以上培养基均在 115℃下灭菌 30min。

2. 菌株分离纯化

分别称取 5g 样品（采用来自于森林、公园的腐土和朽木样品）捣碎后，加入装有 50mL 0.9％生理盐水和少量玻璃珠并经高压灭菌后的锥形瓶中，振荡均匀后，进行逐级梯度稀释。取 0.1～0.2mL 经适当梯度稀释的样品溶液涂布于 GU-PDA 分离平板上，于 28℃培养 4～5d。挑取周围产生褐色变色圈的菌落，划线培养于分离平板上，并通过反复平板划线进行分离纯化直至获得纯菌株，然后将纯菌株接种到 GU-PDA 斜面培养基上，于 28℃下恒温培养 4d 后，放入 4℃冰箱保存备用。

3. 菌株复筛

从斜面培养基上将初筛产生变色圈的菌种接种到 GU-PDA 培养基平板上，于 28℃恒温培养数天，直到获得大量成熟孢子，打下直径 1cm 的菌落接入装有 30mL 液体产酶培养基的 150mL 锥形瓶中，于 28℃恒温静止培养 7d。取样测定发酵液中的酶活力。

五、注意事项

1. 对于白腐菌来说，变色圈的形成有两种方式，一种是变色圈在菌丝的外圈形成，另一种是变色圈在菌丝的内圈形成，均应挑取。

2. 菌株复筛时也可以进行振荡培养，但应该根据预实验的结果进行选择。

六、考评

考评标准见表 7-78。

表 2-78　考评表

序号	考核点	配分	评分标准
1	实验准备	10	试剂的准备与清点,10 分
2	实验操作	20	培养基配制: ① 正确配制 GU-PDA 平板培养基,10 分。 ② 正确配制液体产酶培养基,10 分

序号	考核点	配分	评分标准
2	实验操作	25	分离纯化： ① 正确处理样品,10分。 ② 正确进行梯度稀释,5分。 ③ 正确制备平板,5分。 ④ 正确纯化培养,5分
		20	菌种复筛： ① 正确进行复筛,10分。 ② 正确使用培养设备,10分
3	结果分析	15	实验结果正确,总结分析全面,15~11分; 实验结果较正确,总结分析较全面,10~6分; 实验结果不正确,总结分析不到位,5~0分
4	文明实验	10	① 实验过程台面、地面清洁,2分。 ② 实验结束清洗仪器,试剂物品归原位,3分。 ③ 未损坏仪器,5分

七、思考题

在实际生产过程中如何避免纤维素酶的作用同时增加木质素酶的降解效果?

任务七 酚降解菌

一、实验目的

1. 掌握酚降解菌的分离方法。
2. 了解微生物对酚降解能力的测定方法。

二、实验原理

酚等芳香族化合物结构稳定，是农药、石油及其衍生物、染料等化工产品的前体，并具有强烈的毒性，在环境中残留时间较长，则容易造成对环境的严重污染。自然环境中很多微生物能够以酚类物质作为生长所需的能源、碳源或氮源。从而使这些污染物得以降解，在有机污染物的生物修复方面有很广阔的应用前景。而有目的、有选择性地分离、筛选高效的酚降解菌，是有效消除酚类物质污染及治理相关酚类污染物的必要前提和基础。

三、实验用品

恒温培养箱、超净工作台、高压蒸汽灭菌器、摇床、电热炉、玻璃珠及石英砂等。营养肉汤培养基、琼脂、酚等。

四、实验操作

1. 培养基配制
包括营养肉汤液体培养基和营养肉汤琼脂培养基。

2. 采样
为了获得酚分解能力较强的菌种，可在高浓度含酚废水流经的场所采样，如排放含酚废水下水道的淤泥、沉渣等，生长在这些地方的微生物往往降解酚的能力较强。为了获得既能降解酚又有良好的形成菌胶团能力的微生物，也可在处理含酚废水的构筑物中取活性污泥或生物膜进行分离。

3. 单菌株分离
将上述采得的样品，分别置于装有玻璃珠及石英砂的250mL无菌锥形瓶中，在摇床上振荡片刻，使样品分散、细化。分别以稀释平板法和划线分离法在营养肉汤琼脂平板上对样品进行分离。为了减少无关杂菌的生长，可在培养基内添加少量酚液，方法为在无菌培养皿中加入数滴浓酚液，再将加热熔化并冷却至 48℃ 左右的营养肉汤琼脂倾入平皿内，使培养基内最终酚浓度为 50mg/L 左右，然后再作划线分离或稀释分离。

倒置平皿，在 28℃ 下培养 48h 和 72h，分别挑取单菌落，接入营养肉汤琼脂斜面上，28℃ 培养 48h。将斜面培养物再次在营养肉汤琼脂平板上作划线分离，培养后长出单菌落外观一致，证明无杂菌后，接入斜面，培养后置于冰箱中待测。

4. 酚降解菌复筛

将所分得的菌株在营养肉汤琼脂培养基中振荡培养至对数生长期（28℃，约 16～24h）。在培养物中加入少量浓酚液，使培养液内酚浓度达到 10mg/L 左右，进行酚分解酶的诱发。继续振荡培养 2h 后再次加入浓酚液，使培养液酚浓度提高到 50mg/L 左右，继续振荡培养 4h。用四氨基安替比林比色法测定培养液中残留酚的浓度，并算出酚的去除率。

五、注意事项

在实验过程中应逐步提高酚浓度，以诱发菌体内酚降解酶量和活性。

六、考评

考评标准见表 2-79。

表 2-79　考评表

序号	考核点	配分	评分标准
1	实验准备	10	试剂的准备与清点,10 分
2	实验操作	20	培养基配制: ① 正确配制营养肉汤液体培养基,10 分。 ② 正确配制营养肉汤固体培养基,10 分
		20	分离纯化: ① 正确进行划线分离或稀释分离,10 分。 ② 正确纯化培养,10 分
		25	菌种复筛: ① 正确进行复筛,15 分。 ② 正确使用培养设备,10 分
3	结果分析	15	实验结果正确,总结分析全面,15～11 分; 实验结果较正确,总结分析较全面,10～6 分; 实验结果不正确,总结分析不到位,5～0 分
4	文明实验	10	① 实验过程台面、地面清洁,2 分。 ② 实验结束清洗仪器,试剂物品归原位,3 分。 ③ 未损坏仪器,5 分

七、思考题

1. 试设计一套从环境样品中分离筛选一株对芳香族化合物降解能力较好的菌株的方案。

2. 若要将降解能力较好的菌株应用于实际，菌株最好具有哪些特点？

3. 若需要了解菌株对酚的降解产物，应采用哪些方法进行检测？

任务八　表面活性剂（LAS）降解菌

一、实验目的

1. 了解表面活性剂降解菌在环境污染防治中的作用。
2. 掌握表面活性剂降解菌的分离筛选方法。

二、实验原理

表面活性剂可分为阳离子型、阴离子型、非离子型及两性离子型，其中阴离子型合成洗涤剂应用最为广泛。阴离子表面活性剂主要有合成脂肪酸衍生物、烷基苯磺酸盐、烷基磺酸盐、烷基硫酸酯等。从受表面活性剂污染的环境采集污泥或污水，经富集培养，再以含有表面活性剂为唯一碳源的分离培养基进行筛选，可分离到这种表面活性剂的降解菌。

三、实验用品

恒温振荡培养箱、高压蒸汽灭菌器、超净工作台等。

可溶性淀粉、硫酸铵、磷酸二氢钾、磷酸氢二钠、硫酸镁、酵母膏、磷酸氢二钾、氯化铵、硫酸锰、硫酸锌、钼酸铵、氯化钙、氯化铁等。

四、实验操作

1. 培养基配制

（1）富集培养基

Na_2HPO_4 0.07g，NH_4NO_3 6.0g，KCl 0.1g，KH_2PO_4 1.0g，K_2HPO_4 1.0g，$MgSO_4 \cdot 7H_2O$ 0.5g，$CaCl_2 \cdot 2H_2O$ 0.05g，表面活性剂（LAS）0.03g，蒸馏水100mL，pH 7.0。

（2）选择培养基

不同浓度 LAS 作为唯一碳源的培养基（1）。

2. 亚甲蓝溶液配制

称取 100mg 亚甲蓝溶于蒸馏水后稀释至 100mL，移取该液 30mL 于 1000mL容量瓶中，加 6.8mL 分析纯浓 H_2SO_4 及 50g $NaH_2PO_4 \cdot 2H_2O$，用蒸馏水溶解后加入容量瓶并稀释至 1000mL 刻度处。

3. 采样

从洗涤剂生产厂下水道的泥、土壤,城市污水处理厂曝气池活性污泥及其他洗涤剂消耗量较多的印染厂、毛纺厂的废水生物处理构筑物中采集分离源样品,置于无菌小瓶内。

4. 富集

取 2g 样品加入装有 50mL 富集培养基的 250mL 锥形瓶中,置于 28℃ 恒温振荡培养器中振荡培养 5d 后,取 5mL 培养液转入新的富集培养基(LAS 的量增加)中,同样振荡培养 5d,连摇重复 3 次,以驯化并富集 LAS 降解菌。富集培养结束后,取少量培养液过滤,加入 1 滴亚甲蓝溶液,若是变色,说明 LAS 被细菌分解。

5. 分离纯化

将经富集培养的菌液用不同 LAS 浓度的分离平板进行稀释分离或划线分离,28℃ 倒置培养 3d,挑取生长旺盛的典型菌落,接入斜面培养基上,28℃ 培养 3d。菌种对 LAS 的降解效率可通过亚甲蓝比色法测定。

五、注意事项

1. 样品需要从长期受 LAS 污染的环境取得。

2. 增殖培养结束后,取样过滤,滴 1 滴亚甲蓝溶液,证实 LAS 被分解再进行分离纯化。

六、考评

考评标准见表 2-80。

表 2-80　考评表

序号	考核点	配分	评分标准
1	实验准备	10	试剂的准备与清点,10 分
2	实验操作	25	培养基及溶液配制: ① 正确配制富集培养基,10 分。 ② 正确设置选择培养基中 LAS 浓度,10 分。 ③ 正确配制亚甲蓝溶液,5 分
		20	菌种采集与富集: ① 正确采样、选取菌种来源,10 分。 ② 正确富集菌悬液,10 分
		20	分离纯化: ① 正确制备平板,10 分。 ② 正确分离纯化,10 分
3	结果分析	15	实验结果正确,总结分析全面,15~11 分; 实验结果较正确,总结分析较全面,10~6 分; 实验结果不正确,总结分析不到位,5~0 分

序号	考核点	配分	评分标准
4	文明实验	10	① 实验过程台面、地面清洁,2分。 ② 实验结束清洗仪器,试剂物品归原位,3分。 ③ 未损坏仪器,5分

七、思考题

1. 分离纯化过程中 LAS 的浓度对降解率有影响吗？为什么？

2. 如何评定在实验室摇瓶实验对表面活性剂的降解效果？

任务九　其他难降解化合物降解菌

一、实验目的

1. 了解菌种驯化的原理及意义。
2. 掌握简单的菌种驯化及筛选方法。

二、实验原理

难降解化合物通常被认为是环境外来化合物，由于自然界中的微生物缺乏相应的降解酶，所以难以被微生物利用。但是利用微生物的遗传变异特性经过人工驯化，在难降解化合物的诱导下，有些微生物通过变种或形成诱导酶，逐步改变自身以适应环境，产生降解或部分降解难降解化合物的能力，从中获取生长所需要的碳源和能源，逐渐形成优势菌种。

三、实验用品

生化培养箱、恒温振荡器、高压蒸汽灭菌器等。

可溶性淀粉、硫酸铵、磷酸二氢钾、磷酸氢二钠、硫酸镁、酵母膏、磷酸氢二钾、氯化铵、硫酸锰、硫酸锌、钼酸铵、氯化钙、氯化铁等。

四、实验操作

1. 液体培养基配制

可溶性淀粉 10.0g，$(NH_4)_2SO_4$ 2.0g，KH_2PO_4 0.5g，Na_2HPO_4 0.5g，$MgSO_4$ 0.3g，酵母膏 0.2g，蒸馏水 1.0L。

2. 磷酸盐缓冲液配制

KH_2PO_4 8.5g/L，$K_2HPO_4 \cdot 3H_2O$ 21.75g/L，$Na_2HPO_4 \cdot 12H_2O$ 33.4g/L，NH_4Cl 5.0g/L，$MnSO_4 \cdot 4H_2O$ 39.9mg/L，$ZnSO_4 \cdot 7H_2O$ 42.8mg/L，$(NH_4)_6Mo_7O_{24} \cdot 4H_2O$ 34.7mg/L，硫酸镁水溶液 22.5g/L，氯化钙水溶液 36.4g/L，氯化铁水溶液 0.25g/L。

3. 菌种的采集与富集

从含特定难降解化合物废水处理厂的曝气池中采集活性污泥，取其悬浮液经 24h 曝气后，取 5mL 加入 200mL 液体培养基中，在摇床（100r/min）上，25℃培养 24h，200r/min 离心 15min，弃去上清液，沉淀用磷酸盐缓冲液摇匀，再在 300r/min 下离心 15min，弃去上清液，如此反复 2～3 次，最后得到菌悬液。

经适当稀释后，可作为降解率试验用菌种。

4. 降解率测定

以上述菌种作为菌源，以特定难降解化合物为微生物的唯一碳源进行降解试验。

在装有一定浓度化合物和无机盐营养液的分液漏斗中，加入适量的菌种，细菌浓度为 10^6～10^7 个/mL，摇匀后分装至 15mL 具塞玻璃刻度试管中（培养液体积为 5mL），密封试管口，然后将试管放入空气浴振荡器中。培养温度为（20＋1）℃。

开始计时，每个浓度组取出一支试管，放入冰箱（4℃）1h，在试管中加入一定体积的正己烷，萃取后取有机相测定化合物的浓度，作为该试验组的本底数据。计时后，每隔 24h 取出一支试管测定被试验化合物的浓度，观察微生物对被试化合物的降解情况。同时，设空白组作对照，空白组只加化合物和无机盐溶液，不加菌种。

五、注意事项

含大量黏土、沙或有机碳的土壤不宜作为接种物来源。

六、考评

考评标准见表 2-81。

表 2-81　考评表

序号	考核点	配分	评分标准
1	实验准备	10	试剂的准备与清点，10 分
2	实验操作	20	培养基及溶液配制： ① 正确配制液体培养基，10 分。 ② 正确配制磷酸盐缓冲液，10 分
		25	菌种采集与富集： ① 正确采样、选取菌种来源，10 分。 ② 正确富集菌悬液，10 分。 ③ 正确进行菌液稀释，5 分
		20	降解率测定： ① 正确配制降解率测定培养液，10 分。 ② 正确测定降解率，10 分
3	结果分析	15	实验结果正确，总结分析全面，15～11 分； 实验结果较正确，总结分析较全面，10～6 分； 实验结果不正确，总结分析不到位，5～0 分

序号	考核点	配分	评分标准
4	文明实验	10	① 实验过程台面、地面清洁,2分。 ② 实验结束清洗仪器,试剂物品归原位,3分。 ③ 未损坏仪器,5分

七、思考题

1. 常见人工合成的难降解物有哪些?

2. 如何确定难降解物的菌种来源?

项目十三　细菌的 16S rRNA 基因序列测定及发育树构建

传统的微生物分类鉴定主要对细菌进行分离培养，然后从形态特征、生理生化反应及免疫学特性等方面进行鉴定。但这些传统手段均存在耗时长、特异性差、敏感度低等问题，难以满足现代细菌学研究的发展要求。随着分子生物学技术的迅速发展，特别是聚合酶链反应（PCR）的出现及核酸研究技术的不断完善，细菌的 16S rRNA 基因序列测定已经被广泛应用于微生物分类鉴定，具体过程包括细菌总 DNA 的提取、PCR 扩增、琼脂糖凝胶电泳分析、基因序列测序与同源性分析、系统发育树构建等。

任务一　细菌总 DNA 的提取

一、实验目的

1. 了解细菌基因组 DNA 提取原理。
2. 掌握细菌总 DNA 的提取过程。

二、实验原理

DNA 作为遗传信息的载体，DNA 的提取是分子生物学技术中最基本、最常规的工作。目前，细菌总 DNA 制备的具体方法很多，针对不同的环境样品，DNA 提取的步骤往往不是完全相同，但都包括一些基本步骤：先裂解细胞，再除去样品中的蛋白质、RNA、多糖等杂质，纯化 DNA。目前，市场上有许多种针对不同样品的 DNA 提取试剂盒在售，为了便于掌握 DNA 的提取过程及提取原理，该实验以传统的手工提取法为例，介绍 DNA 提取的基本过程。

1. 细胞裂解

因为细菌都带有细胞壁，特别是革兰氏阳性菌，由于细胞壁较厚，可先在碱性环境下用溶菌酶降解细胞壁后，再用十二烷基磺酸钠（SDS）裂解细胞。对于革兰氏阴性菌，细胞壁肽聚糖层较薄，有时可不用溶菌酶，直接采用 SDS 裂解细胞。溶菌酶能够水解细菌细胞壁中的 N-乙酰胞壁酸和 N-乙酰氨基葡糖之间的 β-1，

4 糖苷键，破坏细胞壁的肽聚糖结构，导致细胞壁的破裂。

SDS 是一种较强的表面活性剂，能够溶解细菌细胞膜上的脂类和蛋白质，从而使细胞裂解。而且还能够解聚细胞中的核蛋白，释放 DNA。

如果样品中含有一些特殊的物质，可能会影响 DNA 的质量或后续的 PCR 过程，一般需要另外加入用以去除这些物质的试剂，如含有较多腐殖酸的土壤样品，腐殖酸会抑制 DNA 聚合酶的活性，影响 PCR 过程，所以，在提取 DNA 时往往需要在缓冲液中加入聚乙烯吡咯烷酮（PVP）以除去腐殖酸。

2. DNA 的纯化

细胞裂解后，DNA 样品中含有大量的 RNA、多糖、蛋白质等大分子物质，需要对其进一步纯化分离。

RNA 杂质一般可用 RNA 酶水解去除，RNA 酶可以在破坏细胞壁之后紧接着加入，这样在后续步骤去除蛋白质的时候可以顺便把 RNA 酶当作蛋白质去除。

十六烷基三甲基溴化铵（CTAB）作为阳离子去污剂，在较高离子强度环境下，可与蛋白质和多糖（酸性多糖除外）相结合而使其变性沉淀。

饱和酚、酚-氯仿-异戊醇混合液以及蛋白酶等能够除去蛋白质杂质。其中，酚与氯仿属于非极性分子，能够使蛋白质变性，相比来说，酚的变性作用更强，但是，酚在水中有一定的溶解度。由于酚易溶于氯仿等有机溶剂中，氯仿不溶于水，所以，氯仿在抽提过程中还有助于分相，酚与氯仿混合使用的效果较好。异戊醇的加入是为了减少气泡的产生。因为在提取过程中，为了使蛋白质去除效果更好，必须剧烈振荡，使溶液混合均匀，这个过程容易产生大量的气泡，从而影响有机相和蛋白质的相互作用，异戊醇能够降低分子表面张力，减少气泡的生成，同时，异戊醇还有助于分相。经过有机溶剂的作用，变性蛋白质密度增大，离心后与水相分离（DNA 溶于水相），位于水相下部作为中间相，有机相相对密度最大，位于最下层。另外，蛋白酶 K 也可去除部分蛋白质，用于生物样品中蛋白质的一般降解。

3. DNA 的沉淀与回收

DNA 的沉淀通常用乙醇或异丙醇。在溶液中，DNA 是以水合状态稳定存在的，乙醇能够以任意比与水混溶，与 DNA 争夺水分子，使其失水聚合。异丙醇疏水性较乙醇更强，也能很好地使核酸沉淀。它们的主要区别在于：

乙醇亲水性好，对盐类的沉淀较少，而且易于挥发，对后续实验的影响小。但是，乙醇的加入量较大，沉淀所需时间较长。

异丙醇的加入量相比乙醇要少，且沉淀完全，速度快。但缺点是盐会与 DNA 共沉淀，降低 DNA 的纯度，而且，异丙醇难以挥发除去，需要再用 70% 的乙醇洗涤沉淀，在除去异丙醇的同时也除去共沉淀的盐，使 DNA 进一步纯化。

另外，用乙醇沉淀 DNA 时，通常要在溶液中加入单价的阳离子，如 NaCl 或

NaAc，因为在弱碱性环境下，DNA 分子带负电荷，加入的 Na^+ 可以和 DNA 分子形成 DNA 钠盐，减少 DNA 分子之间的相斥作用，易于聚合沉淀。

4. DNA 纯度和浓度检测

由于 DNA 碱基具有苯环结构，在 260nm 波长处有较强的吸收峰，吸光度的大小不仅与 DNA 总量有关，还与其构型有关，因为构型的不同造成碱基的暴露程度不同。一般来说，纯的 DNA 样品，当用 1cm 的石英比色皿测量时，1 OD_{260} 相当于 dsDNA 约为 $50\mu g/mL$，相当于 ssDNA 约为 $37\mu g/mL$，相当于寡核苷酸约为 $30\mu g/mL$。

但是，如果 DNA 抽提样品中含有 RNA、蛋白质、酚等污染物时，DNA 样品纯度检测一般需要测定 DNA 溶液的 OD_{260} 和 OD_{280}，通过计算 OD_{260}/OD_{280} 的比值确定样品的纯度。纯的 DNA 样品的 $OD_{260}/OD_{280} \approx 1.8$（经验值），若样品含有未去除干净的蛋白质或酚，该比值会略低（<1.6），若样品中含有 RNA 污染，该比值会略高（>1.9）。若样品纯度不高，可按下式估算 DNA 的浓度（$\mu g/\mu L$）：

DNA 的浓度＝$OD_{260} \times 0.063 - OD_{280} \times 0.036$

（注：以上 DNA 浓度的计算方法不适用于质粒 DNA。）

三、实验用品

高速离心机、紫外可见分光光度计、微量离心管（1.5mL）、移液器、水浴锅、超净工作台、恒温振荡培养箱等。

大肠杆菌（*Escherichia coli*）、LB 培养基、TE 缓冲液、SDS 溶液、蛋白酶 K、RNase 溶液、NaCl 溶液、CTAB/NaCl 溶液、酚-氯仿-异戊醇混合液（25：24：1）、氯仿-异戊醇混合液（24：1）、乙酸钠溶液等。

四、实验操作

1. 将大肠杆菌接种到 LB 液体培养基中，37℃恒温振荡培养至对数生长期。

2. 取 1.5mL 大肠杆菌培养液至微量离心管中，12000r/min 离心 20～30s，弃上清液。

3. 用 1mL TE 缓冲液洗涤菌体两次，最后加入 560μL TE 缓冲液，将菌体充分悬浮。

4. 在缓冲体系中依次加入 30μL SDS 溶液、3μL 蛋白酶 K 和 7μL RNase 溶液，混合均匀，37℃保温 1h。

5. 加入 5mol/L 的 NaCl 溶液 100μL 混匀后，再加入 80μL CTAB-NaCl 溶液，65℃保温 10min。

6. 加入等体积（780μL）的酚-氯仿-异戊醇混合液混匀后，置冰浴中 10min。

7. 12000r/min 离心 5min，收集上层水相。

8. 加入等体积的氯仿-异戊醇混合液混匀后，再次离心 5min，收集上层水相。

9. 加入 0.6~0.8 倍体积的异丙醇，混匀，DNA 逐渐沉淀下来。

10. 用 1mL 70％乙醇洗涤 DNA 沉淀，12000r/min 离心 5min，弃上清液，并将离心管倒置于干净的滤纸上，使乙醇完全流出，再置室温下，让残余的乙醇自然挥发。

11. 用一定量的 TE 缓冲液完全溶解 DNA 沉淀。

12. 取一定量的 DNA 溶液，用 TE 缓冲液适当稀释后，用 1cm 的石英比色皿在紫外分光光度计上测定溶液的 OD_{260} 和 OD_{280}，计算 OD_{260}：OD_{280} 的比值，确定样品的纯度，并计算样品浓度。

五、实验结果

1. 根据测定结果，计算 DNA 溶液的浓度。

2. 制备的 DNA 样品的纯度如何？如果样品不纯，请分析原因。

六、注意事项

1. DNA 浓度的计算方法不适用于质粒 DNA。

2. DNA 混匀时应避免剧烈振荡，否则会使 DNA 链断裂。

3. 为了提高结果的准确度，DNA 溶液的 OD_{260} 值最好在 0.2~0.8 范围内，若浓度太高，需要预先稀释。

七、考评

考评标准见表 2-82。

表 2-82　考评表

序号	考核内容	分值	评分标准
1	实验准备	20	试剂的配制： LB 培养基、TE 缓冲液、SDS 溶液、蛋白酶 K、RNase 溶液、NaCl 溶液、CTAB-NaCl 溶液、酚-氯仿-异戊醇混合液（25：24：1）、氯仿-异戊醇混合液（24：1）、乙酸钠溶液，20 分
2	实验操作	5	样品预处理： 正确接种，5 分
		40	① 正确提取细菌总 DNA，20 分。 ② 正确使用分光光度计，10 分。 ③ 正确计算样品浓度，10 分

序号	考核内容	分值	评分标准
3	数据记录	10	根据公式正确计算 DNA 的浓度,10 分
4	结果分析	15	实验结果正确,总结分析全面,15～11 分; 实验结果较正确,总结分析较全面,10～6 分; 实验结果不正确,总结分析不到位,5～0 分
5	文明实验	10	① 实验过程台面、地面清洁,2 分。 ② 实验结束清洗仪器,试剂物品归原位,3 分。 ③ 未损坏仪器,5 分

八、思考题

1. 为提高 DNA 样品纯度,应该注意哪些问题?

2. 进行 DNA 抽提,为什么用 pH 8.0 的 Tris 水饱和苯酚?显红色的苯酚可否使用,如何保护苯酚不被空气氧化?在使用苯酚进行 DNA 抽提时应注意什么?

任务二 PCR 扩增

一、实验目的

1. 了解 DNA 序列的 PCR 扩增原理。
2. 掌握 PCR 扩增技术。

二、实验原理

PCR 是一种体外快速扩增特定 DNA 序列的技术，该技术是以已知序列的寡核苷酸为引物，在 DNA 聚合酶的作用下，以靶序列为模板，按碱基配对的原则合成一条新的 DNA 链，完成一个循环，这条新的 DNA 链又作为下次循环的模板，重复该过程，从而将位于两引物之间的特定 DNA 片段复制几百万倍。PCR 扩增的过程一般可分为变性→退火→延伸 3 个步骤（图 2-16），其特异性取决于与靶序列两端互补的寡核苷酸引物。

1. 变性

变性是指模板 DNA 双链间碱基对的氢键断裂，DNA 双螺旋结构解体成两条单链，以便下一步与引物结合。一般采用热变性，将模板 DNA 加热至 $90\sim95℃$，双链 DNA 变性。变性的温度与 DNA 中（G+C）含量有关，（G+C）含量越多，变性所需温度越高。若变性温度过高或变性时间过长，会使 DNA 聚合酶活性下降，但若变性温度过低，会使 DNA 模板变性不完全。

2. 退火

退火是特异性寡聚核苷酸引物与 DNA 单链的互补结合。由于引物浓度较高，长度较短，在适宜的温度下，与模板互补结合的速度要比两条模板链之间形成双链的速度快。退火温度与引物的长度和碱基组成有关，若退火温度较高，引物不能与模板形成稳定的碱基配对；若退火温度过低，非特异性结合增多。

3. 延伸

在 DNA 聚合酶的作用下，从引物的结合位点开始，以单链 DNA 为模板，按照碱基配对的原则，利用反应体系中的 4 种脱氧核苷三磷酸（dNTPs），合成与模板互补的 DNA 新链（半保留复制）。目前，PCR 反应使用较多的是 TaqDNA 聚合酶，这种酶可以耐受长时间的高温，最适反应温度为 72℃。

4. 循环次数

随着 PCR 循环次数的增加，扩增片段以指数方式不断增多，但经过约 30 个循

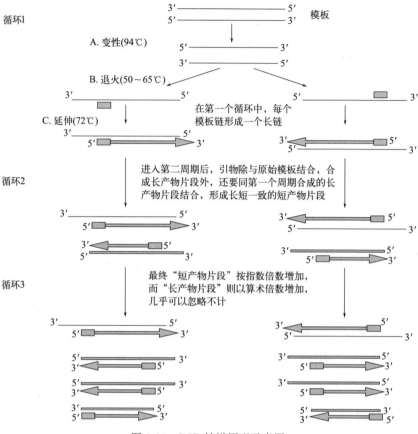

图 2-16 PCR 扩增原理示意图

环以后，由于扩增产物的累积、引物及 dNTP 浓度的逐渐减少、聚合酶活性的不断降低，PCR 产物趋于饱和，进入平台期，非特异性产物开始逐渐增多。因此，在能够获得足够的产物量的前提下，应尽量减少循环次数，一般为 25～35 次，PCR 扩增量可达 10^6～10^7 个拷贝。

三、实验用品

PCR 仪、微量离心管、微量移液器等。

提取的大肠杆菌总 DNA、10×PCR 缓冲液、4 种 dNTP 混合液（各 10mmol/L）、TaqDNA 聚合酶、引物，见表 2-83。

表 2-83　PCR 扩增引物序列

引物	核酸序列 5'—3'	基因的位置	片段大小
UidA$_1$	AAAACGGCAAGAAAAAGCAG	754～773	147
UidA$_2$	ACDCDTGGTTACAGTCTTGCG	880～900	

四、实验操作

1. 在冰浴中，按表 2-84 于微量离心管中依次加入 PCR 反应体系中的各成分，振荡混匀，并短暂离心。

表 2-84　PCR 反应体系

反应物	加入量/μL
10×PCR 缓冲液	10
dNTP	2.0(各 200μmol/L)
UidA$_1$	5
UidA$_2$	5
TaqDNA	0.5
DNA	0.1μg(根据 DNA 浓度确定加入量)
ddH$_2$O	100

2. 设定 PCR 仪的反应程序：94℃预变性 6min，进入 PCR 循环阶段，94℃、30s，58℃、30s，72℃、1min，30 个循环，最后 72℃延伸 5min。

3. 反应结束，将反应管从 PCR 仪中取出，置 4℃待进一步电泳分析。

五、注意事项

PCR 反应的 DNA 模板量为 10ng～1μg，引物的合适终浓度可在 0.1～1.0μmol/L 之间选择，引物浓度太低时，扩增产物太少，引物浓度太高时则易出现非特异性扩增反应。

六、考评

考评标准见表 2-85。

表 2-85　考评表

序号	考核内容	分值	评分标准
1	实验准备	20	试剂的配制： 提取的大肠杆菌总 DNA、10×PCR 缓冲液、4 种 dNTP 混合液(各 10mmol/L)、TaqDNA 聚合酶、引物，20 分
2	实验操作	10	样品预处理： 正确选择引物，10 分
		40	① 正确加入试剂，20 分。 ② 正确使用 PCR 仪，20 分

序号	考核内容	分值	评分标准
3	结果分析	20	实验结果正确,总结分析全面,20～13分; 实验结果较正确,总结分析较全面,12～7分; 实验结果不正确,总结分析不到位,6～0分
4	文明实验	10	① 实验过程台面、地面清洁,2分。 ② 实验结束清洗仪器,试剂物品归原位,3分。 ③ 未损坏仪器,5分

七、思考题

哪些因素会影响 PCR 扩增的特异性？为什么？该如何控制？

任务三 琼脂糖凝胶电泳分析 PCR 产物

一、实验目的

1. 了解 DNA 的琼脂糖凝胶电泳分析的原理。
2. 掌握琼脂糖凝胶电泳分析技术。

二、实验原理

电泳分析是指带电荷的物质在电场中，向与其电性相反的电极移动，根据迁移速度的不同而达到分离的目的。核酸分子因其结构中含有氨基和磷酸基，属于两性离子，当环境的 pH 高于其等电点时，核酸分子解离，表现出负电荷（磷酸基），在电场中将向正极迁移；反之，当环境的 pH 低于其等电点时，在电场中将向负极迁移。

琼脂糖凝胶和聚丙烯酰胺凝胶是核酸电泳分析时最常用的两种介质，其中，琼脂糖凝胶的孔径较大，通常用来分离 100bp～60kb 的核酸分子，是一种简便、快速、常用的分离、纯化和鉴定核酸的方法；而聚丙烯酰胺凝胶孔径较小，用来分离 5～500bp 的较小核酸片段，有更高的分辨率，常用于小分子基因片段的分离、DNA 序列分析等。下面以琼脂糖凝胶电泳为例介绍核酸的电泳分析技术。

琼脂糖是一种天然的线型高聚物，在水中 90℃ 以上开始溶解，40℃ 以下形成半固体透明的凝胶，具有均匀稳定的网状结构，其孔径大小取决于琼脂糖的浓度，从而能够分离不同大小的 DNA 片段（表 2-86）。琼脂糖凝胶对生物大分子物质的吸附性很小，以此作为电泳支持介质，近似于自由电泳，当 DNA 分子在琼脂糖凝胶中泳动时，受电荷效应与分子筛效应的双重作用。由于单位长度的双链 DNA 分子所带电荷相等，所以，DNA 分子在电场中的迁移速度取决于凝胶网孔的迁移阻力，即分子筛效应，所以，DNA 分子的迁移速度不仅与 DNA 分子所带电荷的性质和数量有关，还受其分子大小和构型的影响。一般来说，DNA 分子的迁移速度，与分子量的对数值成反比，而且，超螺旋 DNA＞线状 DNA＞开环 DNA，从而形成不同的电泳区带。另外，凝胶中的 DNA 可与溴化乙锭（EB）形成 EB-DNA 复合物，在紫外线照射下发射 590nm 的橘红色荧光，且荧光强度与 DNA 的含量成正比，通过与标准 DNA 的比对，还可测得 DNA 片段的分子量及浓度。

表 2-86 琼脂糖浓度和 DNA 分子的有效分离范围

琼脂糖浓度/%	线状 DNA 大小/kb
0.3	5～60

琼脂糖浓度/%	线状 DNA 大小/kb
0.6	1～20
0.7	0.8～10
0.9	0.5～7
1.2	0.4～6
1.5	0.2～4
2.0	0.1～3

三、实验用品

电泳装置、凝胶成像系统、微量移液器、胶带等。

PCR 扩增产物或提取的细菌总 DNA、0.5×TBE（pH 8.0）（电泳缓冲液）、凝胶加样缓冲液（6×）、0.5μg/mL 的溴化乙锭溶液、琼脂糖、DNA Marker 等。

四、实验操作

1. 制胶

① 用胶布或胶带纸将胶床两端封闭，垂直插好梳子，水平放置于桌面上。

② 称取 0.5g 琼脂糖，加入 50mL 0.5×TBE 缓冲液，加热直至琼脂糖完全熔化。

③ 将熔化的琼脂糖冷却至 60℃ 左右，倒入胶床中（注意不要有气泡产生），形成厚度为 3～5mm 的胶层，室温下自然冷却、凝固。

④ 取下胶床两端的胶布或胶带纸，将凝胶连同胶床一起放在电泳槽中，加入 0.5×TBE 缓冲液，高出凝胶面 1～2mm。

⑤ 小心拔出梳子，避免破坏加样孔。

2. 上样

① 取 5μL 的 DNA 样品与 1μL 的上样缓冲液，用移液器反复吹吸混匀，轻轻地加入凝胶的样品孔中。

② 同样取 DNA 标准液（DNA Marker）加入另外的加样孔中。

3. 电泳

① 接通电源，设置电压为 120V，开始电泳。

② 当溴酚蓝指示剂移动到距凝胶前端 1cm 左右时，关闭电源，停止电泳。

4. 染色

取出凝胶，用 0.5μg/mL 的 EB 浸泡染色 10～20min，用蒸馏水漂洗两次。

5.结果观察

取出凝胶，置凝胶成像系统中，打开紫外灯检测仪，观察呈橘红色荧光的DNA条带。与 DNA Marker 的电泳条带相比较，估测 DNA 片段的分子量及浓度，并打印电泳图谱。

五、实验结果

1.分析电泳结果存在的问题及其产生的可能原因。

2.根据电泳图谱估测 DNA 片段的分子量及其浓度。

六、注意事项

1.EB 是诱变剂，具有一定毒性，在操作过程中必须戴上手套，避免皮肤接触，而且含 EB 的废液或固体废物必须进行净化处理。

2.上样缓冲液中含有指示剂，用于指示 DNA 样品在凝胶中的电泳过程，一般用 0.25％的溴酚蓝（呈蓝紫色），电泳时，它与 0.5kb 的 DNA 具有相似的迁移速度。上样缓冲液中还含有用于增加样品相对密度的物质，一般用 40％的蔗糖或 30％的甘油，从而使样品沉降于加样孔的底部，而不扩散。注意加完一个样品换一个枪头，避免污染，加样时不要破坏样品孔周围的凝胶面。

七、考评

考评标准见表 2-87。

表 2-87 考评表

序号	考核内容	分值	评分标准
1	实验准备	20	试剂的配制： PCR 扩增产物或提取的细菌总 DNA、0.5×TBE(pH 8.0)(电泳缓冲液)、凝胶加样缓冲液(6×)、0.5μg/mL 的溴化乙锭溶液、琼脂糖、DNA Marker,20 分
2	实验操作	5	样品预处理： 提前连接电泳槽,5 分
		40	① 正确制备琼脂糖凝胶,10 分。 ② 正确上样,10 分。 ③ 正确使用电泳仪,5 分。 ④ 正确染色,10 分。 ⑤ 正确观察结果,5 分
3	数据记录	10	正确记录电泳图,估算 DNA 分子量和浓度,10 分
4	结果分析	15	实验结果正确,总结分析全面,15～11 分； 实验结果较正确,总结分析较全面,10～6 分； 实验结果不正确,总结分析不到位,5～0 分

序号	考核内容	分值	评分标准
5	文明实验	10	① 实验过程台面、地面清洁,2分。 ② 实验结束清洗仪器,试剂物品归原位,3分。 ③ 未损坏仪器,5分

八、思考题

影响电泳条带均匀、清晰的因素有哪些?为什么?

任务四　基因序列测定与同源性分析

一、实验目的

1. 了解 DNA 序列的导出与处理方法。
2. 掌握同源性比对分析方法。

二、实验原理

DNA 序列分析是在核酸的酶学和生物化学的基础上创立并发展起来的一门重要的 DNA 技术。目前用于测序的技术主要为双脱氧链末端终止法（chain termination method），并且可以由生物技术公司利用 ABI 3730 等测序仪进行 DNA 序列的测定，然后进行 DNA 序列的同源性分析。

常见的核酸和蛋白质的数据库有：

1. 核酸序列

GenBank、EMBL、DDBJ 数据库是三个世界著名的核酸序列数据库，属于一级数据库，三个数据库之间每天相互进行序列信息的交换，以便使三个数据库的数据同步。①EMBL：位于德国海德堡的欧洲分子生物学实验室（European Molecular Biology Laboratory），于 1980 年创建。②GenBank：1982 年美国国立卫生研究院（National Institute of Health，NIH）等机构建立。③DDBJ：1987 年日本国立遗传学研究所建立的 DNA 数据库。

2. 蛋白质序列

①PIR-International：美国生物医学研究基金会（NBRF）、德国 Martinsried 蛋白质序列研究所（MIPS）、日本国际蛋白质信息数据库（JIPID）联合开发。②SWISS-PROT：瑞士日内瓦大学 Amos Bairoch 开发。

3. 核酸蛋白质序列分析

①PDB：美国 Brookhaven 国家实验室于 1971 年创建，主要收集蛋白质和核酸三维结构数据，可用于结构预测和结构同源性比较。②Entrez：美国国立卫生研究院开发，美国国立医学图书馆生物技术信息库，包括核酸序列、蛋白质序列、分子序列文献等信息。

由于 DNA 克隆和测定较之蛋白质纯化和序列测定来得容易，现在蛋白质序列库中的大多数蛋白质序列是从编码蛋白质的基因序列翻译而来的。因此，核酸序列数据库和蛋白质序列数据库之间有着密切的合作关系。

运用计算机进行核酸和蛋白质的序列分析是分子生物学研究的一个新的发展动态，到目前为止已知的各种生物的核酸和蛋白质序列的数据可以通过计算机国际网络中的数据库进行查阅和检索，如 EMBL Network、GOS（GenBank on-line Service）和 NCBI Network（NCBI：美国国立医学图书馆生物技术信息中心）。

利用网络系统中的软件对测序获得的 16S rRNA 序列与数据库中来自其他生物的相关类型的基因进行同源性（同源百分率）分析，以确定菌株在系统发育中的进化地位，并构建系统进化树。

三、实验用品

测序返回的 16S rRNA 序列等。

四、实验操作

1. 序列的导出与处理

① 测序回来的数据有.abl 格式以及.abd 格式等，可以通过 Chromas 软件或 DNAMAN 软件将序列以 FASTA 格式导出。

② 寻找 16S rRNA 的 PCR 扩增的引物序列，将载体的序列删除。

③ 将所得的序列通过 Blast 程序与 GenBank 中的核酸数据进行比对分析。

2. 序列同源性比较方法

① 打开 NCBI 主页 http://www.ncbi.nlm.nih.gov/，点击 BLAST，选择 Nucleotide Blast。

② 然后将测序获得的序列（FASTA sequence）粘贴在"search"空白处，在 Choose Search Set 中 Database 选择 Standard databases（nr etc.），再选 Nucleotide collection（nr/nt）选项，然后点击 BLAST。

③ 计算机自动开始搜索核苷酸序列数据库中的序列并进行序列比较。

④ 搜寻的结果可以获得同源性由高到低的一系列 DNA 片段。

⑤ 将同源性较高的 DNA 片段序列（特别是标准菌株的 DNA 序列），以及同一个属的菌株的 16S rRNA 序列以 FASTA 格式保存起来。

五、实验结果

根据同源性高低列出相近序列及其所属种或属，以及菌株相关信息，初步判断 16S rDNA 鉴定结果，对菌种类别进行分析。

六、注意事项

测序回来的序列必须将其中载体的序列删除，然后再进行同源序列的分析比对。

七、考评

考评标准见表 2-88。

表 2-88　考评表

序号	考核内容	分值	评分标准
1	实验操作	60	① 利用软件导出 DNA 序列,10 分。 ② 将载体的序列删除,10 分。 ③ 正确选择比对网站,20 分。 ④ 正确进行 BLAST 比对,20 分
2	数据记录	10	正确保存搜索结果,以 FASTA 格式保存起来,10 分
3	结果分析	20	实验结果正确,总结分析全面,20~13 分; 实验结果较正确,总结分析较全面,12~7 分; 实验结果不正确,总结分析不到位,6~0 分
4	文明实验	10	① 实验过程台面、地面清洁,2 分。 ② 实验结束正确关闭软件和电脑,3 分。 ③ 未损坏软件和电脑,5 分

八、思考题

1. DNA 测序的基本原理是什么?

2. 利用测序获得的某一菌株的 16S rRNA 序列,进行核苷酸序列的同源性比对,初步判断菌株所属的种和属。

任务五　微生物系统发育树构建

一、实验目的

1. 了解系统发育树的构建原理。
2. 掌握 MEGA4 的使用方法。

二、实验原理

随着分子生物学的不断发展，自 20 世纪中叶以来有关进化研究也进入了分子进化（molecular evolution）研究水平，并建立了一套依赖于核酸、蛋白质序列信息的理论和方法。通过核酸、蛋白质序列同源性的比较，了解基因的进化以及生物系统发生的内在规律。分子进化研究的基础假设是核苷酸和氨基酸序列中含有生物进化历史的全部信息。而分子钟理论认为在各种不同的发育谱系及足够大的进化时间尺度中，许多序列的进化速率几乎是恒定不变的。

由于原核微生物的 16S rDNA 和真核微生物的 18S rDNA 的序列组成非常稳定，不会随着环境条件的变化而变化，因此，根据所分离菌株是原核微生物还是真核微生物，分析 16S rDNA 或 18S rDNA 的碱基序列，与已知的属种的 16S rDNA 或 18S rDNA 碱基序列作比对，利用不同微生物在 16S rRNA 及其基因（rDNA）序列上的差异来进行微生物种类的鉴定和定量分析，确定分离菌株的归属地位。通过比较未知菌株的 16S rDNA 的序列，计算不同物种之间的遗传距离，采用聚类分析等方法，将微生物进行归类，并绘制出该菌株的系统发育树（phylogenetic tree）。

系统树的构建主要有三种方法：距离矩阵法、最大简约法、最大似然法。

1. 距离矩阵法（distance matrix method）

首先通过各个物种之间的比较，根据一定的假设（进化距离模型）推导出分类群之间的进化距离，构建一个进化距离矩阵。由进化距离构建进化树的方法，常用的有如下几种：

① 平均连接聚类法（UPGMA 法）　聚类的方法很多，应用最广泛的是平均连接聚类法（average linkage clustering）或称为应用算术平均数的非加权成组配对法（unweighted pair-group method using anarithmetic average，UPGMA）。该法将类间距离定义为两个类的成员所有成对距离的平均值，广泛用于距离矩阵。有关突变率相等（或几乎相等）的假设对于 UPGMA 的应用是重要的。UPGMA 法

包含这样的假定：沿着树的所有分枝突变率为常数。

②　Fitch-Margoliash method（FM 法）　该法的应用过程包括插入"丧失的"实用分类单位（operational taxonomic units，OTU）作为后面 OTU 的共同祖先，并每次使分枝长度拟合于 3 个 OTU 组。采用 Fitch 和 Margoliash 称之为"百分标准差"的一种拟合优度来比较不同的系统树，最佳系统树应具有最小的百分标准差。根据百分标准差选择系统树，其最佳系统树可能与由 Fitch-Margoliash 法则所得的不同。当存在分子钟时，可以预期这一标准差的应用将给出类似于 UPGMA 法的结果。如果不存在分子钟，在不同的世系（分枝）中的变更率不同，则 Fitch-Margoliash 标准就会比 UPGMA 法好得多。通过选择不同的 OTU 作为初始配对单位，就可以选择其他的系统树进行考查。

③　邻接法（neighbor-joining method，NJ）　通过确定距离最近（或相邻）的成对分类单位来使系统树的总距离达到最小。相邻是指两个分类单位在某一无根分叉树中仅通过一个节点（node）相连。通过循序地将相邻点合并成新的点，就可以建立一个相应的拓扑树。

2. 最大简约法（maximum parsimony， MP）

MP 是通过寻求物种间最小的变更数来完成的。其理论基础是奥卡姆（Ockham）哲学原则，认为解释一个过程的最好理论是所需假设数目最少的那一个。对所有可能的拓扑结构进行计算，并计算出所需替代数最小的那个拓扑结构，作为最优树。其优点是：最大简约法不需要在处理核苷酸或者氨基酸替代的时候引入假设（替代模型）。此外，最大简约法对于分析某些特殊的分子数据如插入、缺失等序列有用。其缺点是：在分析的序列位点上没有回复突变或平行突变。

3. 最大似然法（maximum likelihood， ML）

在分析中，选取一个特定的替代模型来分析给定的一组序列数据，使得获得的每一个拓扑结构的似然率都为最大值，然后再挑出其中似然率最大的拓扑结构作为最优树。在最大似然法的分析中，所考虑的参数并不是拓扑结构而是每个拓扑结构的枝长，并对似然率求最大值来估计枝长。最大似然法是一个比较成熟的参数估计的统计学方法，具有很好的统计学理论基础，当样本量很大的时候，似然法可以获得参数统计的最小方差。

系统进化树的构建除了常用的邻接法（NJ）、最大简约法（MP）和最大似然法（ML）外，还有贝叶斯（Bayesian）方法。一般情况下，若有合适模型，ML 的效果较好；近缘序列，一般使用 MP（基于的假设少）；远缘序列，一般使用 NJ 或 ML。对相似度很低的序列，NJ 往往出现长枝吸引现象（long-branch attraction，LBA），有时会严重干扰进化树的构建；贝叶斯方法则太慢。用各种方法构建的系统进化树。贝叶斯方法的准确性最高，其次是 ML，后是 MP。对于 NJ 和 ML 两种方法，需要选择构建模型。对于核酸及蛋白质序列，两者模型的选择是不同的。蛋白质序列，一般选择 Poisson correction（泊松修正）这一模型；而对于核酸序列，一般选择 Kimura 2 参数（parameter）模型。

Bootstrap 选项一般都要选择，当 Bootstrap 的值＞70 时，一般都认为构建的进化树较为可靠。对于进化树的构建，如果对理论的了解并不深入，则推荐使用缺省的参数，并启用 Bootstrap 检验。一般情况下，使用两种不同的方法构建进化树，如果得到的进化树基本一致，结果较为可靠。

构建软件的选择：构建 NJ 树，可以用 PHYLIP 或者 MEGA。MEGA 是图形化的软件，使用非常方便。虽然多序列比对工具 ClustalW/X 也自带了一个 NJ 的建树程序，但是该程序只有 p-distance 模型，而且构建的树不够准确，一般不用来构建进化树。构建 MP 树，最好的工具是 PAUP，但该程序属于商业软件，并不对科研学术免费。MEGA 和 PHYLIP 也可以用来构建 MP 树。构建 ML 树可以使用 PHYML，速度较快，也可使用 Tree-puzzle，该程序做蛋白质序列的进化树效果比较好。ML 还可以使用 PAUP、PHYLIP（或 BioEdit）来构建。BioEdit 集成了一些 PHYLIP 的程序，用来构建进化树。

MEGA4 是一个关于序列分析以及比较统计的工具包，其中包括距离建树法和 MP 建树法，可自动或手动进行序列比对、推断进化树、估算分子进化率、进化假设验证，还能联机 Web 数据库检索。主要包含几个方面的功能软件：①DNA 和蛋白质序列数据的分析软件；②序列数据转变成距离数据后，对距离数据进行分析的软件；③对基因频率和连续的元素进行分析的软件；④把序列的每个碱基/氨基酸独立看待（碱基/氨基酸只有 0 和 1 的状态）时，对序列进行分析的软件；⑤绘制和修改进化树的软件，进行网上 BLAST 搜索。

三、实验用品

用电脑及相关软件测序返回的 16S rRNA 序列等。

四、实验操作

1. 测序：对微生物 16S rDNA 进行全长测序，尤其是所测序列用于新物种确定时，最好是 TA 克隆后的全长测序。

2. 经 Chromas 软件分析，截取其中的有效序列，并将得到的分离菌株 16S rDNA 序列进入 GenBank（http://www.ncbi.nih.gov/Genbank）申请登录号。

3. 比对：得到的分离菌株 16S rDNA 序列与 GenBank 中的核酸数据进行 BLAST 分析（http:/blast.ncbi.nlm.nih.gov/BLAST.cgi），获取一些相似性较高的菌株信息，从中选取这些菌株的 16S rRNA 序列，并且结合 DSMZ（Deutsche SammLung von Mikroorganismen und Zellkulturen Gmbh）的网站（http://www.

dsmz. de/dsmz/）获取有效命名生物学名的序列，以 FASTA 格式下载到写字板上。

4. 安装 MEGA4 软件，将写字板上的文件扩展名从"××.txt"改为"××.fas"，并双击打开"××.fas"文件"fas"文件采用 clastalW 进行多序列配比排列，并以"××.meg"格式保存文件。

5. 将比对后的结果通过 MEGA3.1 软件根据 Kimura 双参数方式，通过序列数据计算矩阵距离，然后使用邻接法（NJ）进行系统进化树的估算，并进行拔靴（Bootstrap）检验（1000 次重复），计算各分支的置信度，从而生成系统发育树（图 2-17）。

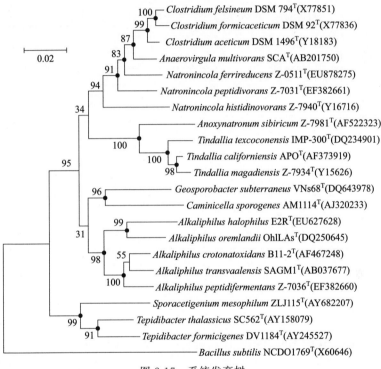

图 2-17　系统发育树

五、实验结果

根据系统发育树，判断菌株的同源关系。

六、注意事项

1. 有许多软件和网页可以进行比对，但大多数都基于 ClustalW 算法，ClustalX 软件实际上是图形化界面的 ClustalW。ClustalX 1.81 做序列联配，自己的序列最后粘贴。

2.做系统发育树时，需选择 10～20 个菌株的序列，选序列原则：①用已经合格发表的标准菌株；②选择相邻属的模式种；③与待测菌株有相似功能；④构树时要用 txt 格式，不要用 Word 格式；⑤构树时还要剪切序列，因为各序列不一样长短，点 Align 两两联配，以确定要剪去的前后序列，用 Edit 软件编辑（NCBI 主页，输入登录号，就可以获得其序列，然后将其改成 FASTA 格式，发送到文献）。

七、考评

考评标准见表 2-89。

表 2-89　考评表

序号	考核内容	分值	评分标准
1	实验准备	15	使用正确的软件,15 分
2	实验操作	50	① 将文件扩展名从"××.txt"改为"××.fas",10 分。 ② 正确使用 MEGA 软件计算置信度,20 分。 ③ 正确生成系统发育树,20 分
3	数据记录	10	正确记录系统发育树,判断菌株的同源关系,10 分
4	结果分析	15	实验结果正确,总结分析全面,15～11 分; 实验结果较正确,总结分析较全面,10～6 分; 实验结果不正确,总结分析不到位,5～0 分
5	文明实验	10	① 实验过程台面、地面清洁,2 分。 ② 实验结束正确关闭软件和电脑,3 分。 ③ 未损坏软件和电脑,5 分

八、思考题

1.如何来构建系统发育树？

2.利用目标菌株的 16S rDNA 序列进行系统发育树的建立。

第三章 拓展实验

任务一 低温蛋白酶在大肠杆菌中的重组表达

低温蛋白酶：蛋白酶是指一类能够对蛋白质肽键进行分解的酶的总称，它能够将一些蛋白质进行分解，形成氨基酸或者形成多肽。低温蛋白酶是指能在低温或常温下，高效催化肽键水解的一类酶。最适生长温度在 $20\sim30℃$，最适酶活作用温度在 $40℃$ 以下，甚至在 $0℃$ 的低温条件下都有一定的催化活性，而中温和高温蛋白酶，最适反应温度为 $50℃$ 以上，有的甚至达到 $60℃$ 以上，在 $0℃$ 的低温条件下基本没有催化活性。

利用重组 DNA 技术中分离、克隆低温蛋白酶的编码基因，使低温蛋白酶编码基因在新的宿主体内得以克隆表达，常见的表达宿主菌是大肠杆菌和枯草芽孢杆菌，重组 DNA 技术是开发新的工程菌一种有效途径。

大肠杆菌表达系统：为了实现对功能蛋白的高效表达，许多优质的表达系统被建立起来，现在已经构建成功的蛋白表达系统非常多，比如大肠杆菌表达系统、酵母表达系统、枯草芽孢杆菌表达系统、昆虫表达系统和哺乳动物表达系统。现如今大肠杆菌以及芽孢和酵母表达系统是最常用来表达蛋白酶的系统。

一、实验目标

1.学会菌株的基因组提取以及一系列的 PCR 等实验以及对大肠杆菌表达系统的掌握。

2.了解和掌握 IPTG 诱导表达的原理和操作方法。

3.学习掌握测定蛋白酶活力的方法。

二、实验用品

LB 培养基：10g/L 胰蛋白胨，5g/L 酵母粉，10g/L NaCl（固体培养基添加20g/L 琼脂粉）。

IPTG 溶液（100mmol/L）：将 238.3mg IPTG 溶解于 10mL 双蒸水，0.22μm 细菌滤器过滤除菌，分装，－20℃保存备用，贮存浓度为 100mmol/L。

移液枪、离心机、摇床、PCR 扩增仪、蛋白电泳仪、恒温金属浴、水浴锅、灭菌锅、超低温冰箱、超净台、超声破碎仪等。

三、实验步骤

1. 大肠杆菌表达系统构建

（1）菌株基因组提取

首先将保存于－80℃的菌株划线于 LB 固体培养基，37℃培养箱培养 12h 后，挑单菌落于 5mL LB 试管，于 37℃、160r/min 培养 12h 后，12000r/min 离心 1min，收集菌体，提取其基因组。实验中基因组提取的方法参照细菌基因组提取试剂盒（Omega：Bacterial DNA Kit）。

（2）PCR 扩增低温蛋白酶基因组

根据已获得的低温蛋白酶基因序列，设计一步克隆重组引物。

根据一步克隆法实验要求，设计引物序列需要与载体的重合区域设置 20～25 个碱基的重合。以基因组为模板，以 F 和 R 为双向引物，PCR 扩增获得目的基因。PCR 反应条件：预变性 94℃，2min；变性 98℃，30s；退火 55℃，30s；延伸 72℃，1min；30 个循环，后延伸 72℃，5min。

PCR 结束后，将 PCR 产物用 0.8％的核酸电泳进行检测，结果正确的 PCR 产物用 Cycle Pure Kit 直接进行回收，PCR 产物回收方法参照 PCR 回收试剂盒说明书（Omega：Cycle Pure Kit）。

（3）酶切载体质粒

对已提取的空质粒进行双酶切，于 37℃进行酶切，酶切时间为 4h，酶切反应结束后，对酶切后的质粒进行 0.8％核酸电泳验证，用 EB 染色后，于凝胶成像仪进行观察，并进行切胶回收，切胶回收方法参照切胶回收试剂盒说明书（Omega：Gel Extraction Kit）。

2. 一步克隆法连接转化

将 PCR 回收所得产物和质粒双酶切后切胶回收所得产物进行一步克隆法连接，连接反应在 50℃下进行，连接时间为 1h，连接完成后，直接转化到大肠感受态细胞。转化方法参照 ABclonal MultiF Seamless Assembly Mix 说明书。复苏后涂布到含有相应抗生素抗性 LB 平板，置于 37℃，倒置培养 16h。

3. 阳性克隆子验证

挑取筛选平板上的单克隆于 5mL 含有相应抗生素抗性 LB 试管，培养 12h。取其中的 800μL 菌液与 400μL 60％灭菌甘油混匀后，于－80℃保藏，剩下的菌液收集菌体，提取质粒。对提取的质粒用通用引物进行 PCR 验证。

PCR 反应条件：预变性 94℃，2min；变性 94℃，30s；退火 56℃，30s；延伸 72℃，90s；30 个循环，后延伸 72℃，5min。用 0.8％核酸电泳对 PCR 产物进行检测，在凝胶成像仪下拍照。PCR 验证正确的克隆子，送测序公司测序，测序正确的克隆子用于后续的蛋白酶表达纯化实验。

4. 诱导表达

（1）转化菌株的活化

首先将送测正确的菌株进行活化：挑取其单菌落，将其接种到 5mL 的 LB 液体培养基中（含相应抗生素），于 37℃、160r/min 培养 12h。

（2）放大培养

取三支灭菌装有 5mL LB 液体培养基的试管（含相应抗生素），分别编号为 1 号、2 号、3 号，另一锥形瓶内装有 150mL LB 液体培养基（含相应抗生素），编号为 4 号。接种量 1∶50，于 37℃、250r/min 培养 2h。

（3）诱导

1 号和 2 号不做处理。3 号加入 20％葡萄糖 250μL，至终浓度为 1.0％；加入 25μL 100mmol/L IPTG 至终浓度为 0.5mmol/L。4 号加入 100mmol/L IPTG 约 750μL 至终浓度为 0.5mmol/L。于 25℃、250r/min 培养过夜。

（4）收集菌体

从 4 号锥形瓶培养的 150mL 菌液中取出 5mL 置于一支试管中（编号为 5 号）。

分别从 2 号、3 号、5 号培养物各取 100μL 于 EP 管用于电泳（相应编号为 S2、S3、S5）。

将 1 号、2 号、3 号、5 号试管中的菌液分别收集到 4 个 1.5mL EP 离心管中（收 3 次），记录相应编号。1 号、2 号、3 号离心弃上清（10000r/min 离心 1min）；5 号第三次离心后上清液收集到另一个 EP 管，编号为 6 号。

4 号锥形瓶中剩余菌液用两管 50mL 离心管于 8000r/min、4℃离心 5min，弃上清收集菌体。

（5）观察

于紫外灯下观察 1～6 号管收集的菌体或上清液，观察哪支管有荧光（荧光强弱），记录观察到的现象，并拍照。

5. 酶活力测定

（1）酪氨酸标准曲线的制作

取 6 支试管（标号分别为 0、1、2、3、4、5），按顺序分别加入 0.00mL、0.20mL、0.40mL、0.60mL、0.80mL 和 1.00mL 标准酪氨酸溶液，再用水补足到 1.00mL，摇匀后各加入 0.55mol/L 碳酸钠 5.0mL，摇匀。依次加入 Folin-酚试剂 1.00mL，摇匀并计时，于 30℃水浴锅中保温 15min。然后 680nm 处测定吸光值

（以 0 号管作对照）。以酪氨酸含量（μg）作横坐标，吸光度为纵坐标绘制标准曲线。

（2）样品液和对照液的制备

取一支试管，加入 2.0mL 0.5％的酪蛋白溶液，于 30℃水浴中预热 5min，再加入 1.0mL 已预热好的蛋白酶液，立即计时，水浴中准确保温 10min，从水浴中取出后，立即加入 2.0mL 的 10％三氯醋酸溶液，摇匀静置数分钟，干滤纸过滤，收集滤液（样品液）。

另取一试管，先加入 1.0mL 已预热好的蛋白酶液和 2.0mL 的 10％三氯醋酸溶液，摇匀，放置数分钟，再加入 2.0mL 0.5％的酪蛋白溶液，然后于 30℃水浴保温 10min，同样干滤纸过滤，收集滤液（对照液）。以上两过程，应各做一次平行实验。

（3）滤液中酪氨酸含量的测定

取 3 支试管，分别加入 1.0mL 水、样品液、对照液，然后各加入 5.0mL 0.55mol/L 碳酸钠溶液和 1.00mL Folin-酚试剂，摇匀按标准曲线制作方法保温并测吸光度。根据吸光度，由标准曲线查出样品液、对照液中酪氨酸含量差值，即可推算出酶的活力单位。

四、实验结果

$$酶活力单位数(U/g)=(A_{样品}-A_{对照})K(V/T)N$$

式中　$A_{样品}$——样品液的吸光度值；

　　　$A_{对照}$——对照液的吸光度值；

　　　V——酶促反应液的体积（本实验为 5mL）；

　　　K——标准曲线上 $A=1$ 时对应的酪氨酸 μg 数；

　　　N——酶溶液稀释倍数；

　　　T——酶促反应时间（本实验为 10min）。

五、考评

考评标准见表 3-10。

表 3-1　考评表

序号	考核内容	分值	评分标准
1	研究背景、目的及意义	20	研究背景来自专业的相关内容,研究目的符合专业的培养目标,来自生产实践第一线或学科前沿,有较大理论意义或实用价值
2	实验方案	30	实验方案合理、详细,具有可行性
3	数据处理	30	理论分析与计算正确,实验数据正确,有较强的实际动手能力,能独立使用计算机软件进行数据处理、绘图
4	结果分析	10	实验结果正确,总结分析全面
5	学习态度	10	学习态度认真,工作作风严谨务实,遵守纪律,能按指导老师要求按时独立完成工作任务

任务二　海洋藻类功能性提取物的提取和测定

岩藻黄质（fucoxanthin）是一种在自然界中普遍存在的天然色素，属于胡萝卜素的含氧衍生物，主要存在于褐藻纲、硅藻纲以及金藻纲等众多藻类中。在近年的研究中，岩藻黄质已被证明是一种安全有效的膳食补充剂，具有抗肥胖、抗糖尿病、抗氧化、抗炎、抗肿瘤等多种生理活性。

硅藻纲的三角褐指藻，富含岩藻黄质，野生型含量在 $15.42 \sim 16.51 \text{mg/g}$ 之间。三角褐指藻作为微藻研究的模式生物，一直是人们研究的重要对象，同时也是一种重要的水产饵料，富含活性物质如 EPA 和岩藻黄质。该藻基因组已完成测序，遗传背景清晰，便于深入开展岩藻黄质的生物合成过程和调控机制相关研究，可为实现岩藻黄质的人工可控化生产提供理论支撑。

一、实验目的

学会三角褐指藻的培养、岩藻黄质的提取方法以及岩藻黄质测定分析。

二、实验用品

f/2 培养基（海水）的配方如下：$NaNO_3$ 75mg/L，$NaH_2PO_4 \cdot H_2O$ 0.6mg/L，维生素 B_{12} $0.5\mu\text{g/L}$，生物素 $0.5\mu\text{g/L}$，维生素 B_1 $100\mu\text{g/L}$，$Na_2SiO_3 \cdot 9H_2O$ 10mg/L，f/2 微量元素溶液 1mL。f/2 微量元素溶液配方：$Na_2EDTA \cdot 2H_2O$ 4.4g/L，$FeCl_3 \cdot 6H_2O$ 3.16g/L，$CoSO_4 \cdot 7H_2O$ 0.012g/L，$ZnSO_4 \cdot 7H_2O$ 0.021g/L，$MnCl_2 \cdot 4H_2O$ 0.18g/L，$CuSO_4 \cdot 5H_2O$ 0.007g/L，$Na_2MoO_4 \cdot 2H_2O$ 0.007g/L，dH_2O。

光照培养箱、充气设备、各种规格离心管、离心机、烘箱、分析天平、冷冻干燥机、高效液相色谱仪、色谱柱、滤膜、乙腈等。

三、实验步骤

1. 三角褐指藻的培养

三角褐指藻 X1 菌株是从青岛沿海水域分离，保存在液氮中。活化的 X1 菌株在 f/2 培养基中作为种子培养。在 23℃、光暗比为 16h:8h、2000lx 光强下培养，细胞密度为 1.5×10^7。然后将种子转移到 500mL 的烧瓶中，装 $250 \sim 300\text{mL}$ f/2 培养基，在相同的温度下进行三角褐指藻的培养来生产岩藻黄质，其光暗比为 16h:8h，光强 5500lx。

2. 岩藻黄质标准曲线的制作

取不同质量的岩藻黄质标准品用无水乙醇进行稀释配制成 1.8μg/mL、2.2μg/mL、2.7μg/mL、3.7μg/mL、5.5μg/mL、11μg/mL、22μg/mL 不同浓度，然后在高效液相色谱（HPLC）系统中运行，以峰面积为纵坐标，岩藻黄质浓度为横坐标，绘制标准曲线并按照标准曲线计算样品中岩藻黄质的浓度。

3. 对三角褐指藻 X1 进行连续取样测定

（1）测定三角褐指藻生长过程中生物量的变化

取 30～40mL 藻液，8000r/min 离心 8min，弃上清将藻泥放在烘箱（70～85℃）中干燥过夜，然后称其质量 M。

$$生物量 = M/V(g/L)$$

（2）三角褐指藻内色素的提取

将三角褐指藻藻细胞在 4000g 速度下离心收集，用蒸馏水洗一遍，再次离心并收集藻细胞。选择乙醇作为萃取剂，将藻细胞重悬在乙醇中进行色素的提取（乙醇：藻液＝1:1，体积比），45℃孵育 2h，每半小时振荡一次，最后，通过高速离心将提取的色素与藻渣分离。

（3）三角褐指藻岩藻黄质提取与测定

取 40～50mL 藻液于 8000g 离心后冷冻干燥处理。用 ULTRA-TURRAX Tube Drive 以 10～15mL 乙醇提取生物质。上清经离心，用旋转真空浓缩器在 65～70℃下浓缩至 4～5mL。岩藻黄质溶液使用 0.22μm 滤膜过滤，并在高效液相色谱（HPLC）系统中运行。

提取出的色素中岩藻黄质含量的测定使用日立高效液相色谱仪检测系统，选择反相安捷伦 C 18 色谱柱（2.7μm，100×4.6mm）。检测波长为 445nm，流动相流速为 1mL/min，进样量 5μL。流动相为乙腈和水进行梯度洗脱。乙腈比例在 8min 内由 80% 升至 100%，维持这个比例洗脱 3min 后，将乙腈比例在 5min 内线性降至 80%，然后再将乙腈浓度升至 100% 并维持 15min。记录具体数据进行分析。

四、考评

考评标准见表 3-2。

表 3-2　考评表

序号	考核内容	分值	评分标准
1	研究背景、目的及意义	20	研究背景来自专业的相关内容，研究目的符合专业的培养目标，来自生产实践第一线或学科前沿，有较大理论意义或实用价值
2	实验方案	30	实验方案合理、详细，具有可行性
3	数据处理	30	理论分析与计算正确，实验数据正确，有较强的实际动手能力，能独立使用计算机软件进行数据处理、绘图

序号	考核内容	分值	评分标准
4	结果分析	10	实验结果正确,总结分析全面
5	学习态度	10	学习态度认真,工作作风严谨务实,遵守纪律,能按指导老师要求按时独立完成工作任务

任务三　海洋微生物产脂酶发酵纯化及酶学性质研究

脂肪酶（lipase）也称甘油三酯水解酶，属于三酰基甘油水解酶，能够催化中长链甘油三酯分解，使之水解成为甘油二酯、甘油单酯、甘油和脂肪酸等物质。脂肪酶可以催化甘油酯及水不溶性酯类的水解、醇解、酯化、酯交换以及合成等反应，且不需要辅酶，反应条件温和，副产物少，此外这些反应通常具有高度立体异构专一性和化学选择性。脂肪酶由于其本身酶学性质的特殊性，现已被广泛应用于食品、医药、皮革、日用化工等方面；微生物脂肪酶由于具有资源丰富、便于工业化生产等特点已经成为工业用脂肪酶的主要来源。

一、实验目标

1. 学会产脂酶菌株的培养、显微镜的使用以及酶活力测定方法。
2. 掌握 SDS-PAGE 电泳。

二、实验用品

高压蒸汽灭菌锅、超净工作台、恒温培养摇床、冷冻离心机、显微镜、PCR仪、分光光度计、恒温水浴等。

种子培养基：每升培养基含蛋白胨 10g、葡萄糖 10g、NaCl 3g、牛肉膏 5g（固体培养基另加琼脂 20g），调 pH 至 7.5，115℃高压蒸汽灭菌 30min。

产酶用液体培养基：每升培养基含硫酸铵 5g、葡萄糖 5g、硫酸镁 0.5g、磷酸氢二钾 2g、氯化钠 3g，pH 7.5。

SDS-PAGE 电泳试剂：

30.0% 分离胶贮液：29.2% 丙烯酰胺、0.8% N',N'-亚甲基双丙烯酰胺、双蒸水，过滤后棕色瓶 4℃保藏（储存不超过 2 周）。

分离胶缓冲液：1.5mol/L Tris-HCl，pH 8.8，过滤后 4℃保存。

浓缩胶缓冲液：1.0mol/L Tris-HCl，pH6.8，过滤后 4℃保存。

100g/L SDS：1.0g 十二烷基磺酸钠（sodium dodecyl sulfate，SDS）溶解于 10mL 无菌双蒸水中，室温下保存。

电泳缓冲液：Tris-base 3.0g、甘氨酸 14.4g、SDS 1.0g，双蒸水定容至 1000mL，室温保存。

上样缓冲液：SDS 0.5g、50%（体积分数）甘油 5.0mL、巯基乙醇 0.25mL、1.0% 溴酚蓝 2.0mL、浓缩胶缓冲液 2.5mL，定容至 50.0mL。

考马斯亮蓝染色液：考马斯亮蓝 R-250 0.5g、蒸馏水 740.0mL、异丙醇 250.0mL、冰醋酸 110.0mL。

脱色液：甲醇 300.0mL、乙酸 300.0mL、蒸馏水 400.0mL。

三、实验步骤

1.产脂酶菌株的培养

首先将保存于−80℃的菌株划线于固体培养平板30℃培养箱培养 12h 后，挑单菌落于 5mL 试管，30℃、200r/min 培养 12h 后，测定酶活力。

2.酶活力测定方法

脂肪酶活力的测定以对硝基苯丁酸酯（p-NPB）为底物，每 5mL 测定体系含 72mmol/L Tri-HCL（pH 9.5）缓冲液、0.8mmol/L 对硝基苯丁酸酯。30℃保温 15min 后加入 100μL 酶液，在 405nm 下测定吸光度。利用对硝基酚的消光系数 18600L/（mol·cm）计算对硝基酚的产生量，以 1min 内催化产生 1μmol 的对硝基酚所需的酶量为 1 个酶活力单位（CFU）。

3.分离纯化

（1）粗酶液的制备

菌株自斜面接种于 50mL 的液体种子培养基中，按吸光度（OD_{600}）＝0.3 的接种量接种到含 50mL 产酶培养基的 250mL 锥形瓶中，30℃，摇床转速为 180r/min 振荡培养 58h，测定上清液中的酶活力。酶浓缩液的制备参照以下方法：上清液 0.2μm 滤膜过滤，滤液用 5-kDa LabscaleTM TFF System 超滤器（Millipore，美国）超滤浓缩，整个超滤过程在 4℃下进行，浓缩液保存于冰箱中作为待纯化的脂酶粗酶样品。

（2）Sephadex TM G-75 凝胶过滤

① 凝胶的处理和装柱　称取 15.0g Sephadex TM G-75 凝胶干粉于大烧杯中，加入 500mL 蒸馏水浸泡，将烧杯放入沸水浴中水浴 2h，水浴期间不断轻轻搅拌悬液，勿使凝胶颗粒沉底。待凝胶冷却后，以凝胶过滤洗脱缓冲液（0.05mol/L 柠檬酸-磷酸氢二钠缓冲液，pH 6.0）浸泡洗涤数次，真空抽气以去除胶中存留的气泡。使用 2.5×100.0cm 的色谱柱，关闭出水口加入凝胶过滤洗脱缓冲液至 1/3 柱高，缓慢加入经过处理的凝胶，当凝胶沉降至柱高约 3cm 时，打开出水口使缓冲液流出。不断添加凝胶直至合适的柱体积为止，柱表面保持 1~3cm 的凝胶过滤洗脱缓冲液。

② 平衡　装好的色谱柱在使用前，用凝胶过滤洗脱缓冲液在柱压 0.2MPa、流速 0.5mL/min 下平衡过夜，使柱床稳定。色谱柱应均匀、无气泡、柱顶交换层表面平坦。用蓝色葡聚糖 2000 在上述条件下走柱，色带均匀下降，说明柱子均匀

可以使用，否则需重装。

③ 上样和洗脱　小心移出柱床表面的缓冲液，使溶液与胶面相切，取经超滤浓缩得到的脂酶粗酶液 3.0mL，在接近胶面 1cm 高的柱内壁处转动加样，使样品尽可能快地覆盖胶面，打开出水口，使样品进入凝胶，待样品与胶面相切时关闭出水口，用凝胶过滤洗脱缓冲液加满色谱柱。在柱压 0.1MPa、流速 0.5mL/min 条件下洗脱，自动分步收集，每管收集 3.0mL，测定每个收集管脂酶的酶活力含量。整个洗脱过程在蛋白质纯化系统中于 4℃ 下进行，在波长 280nm 下检测样品吸光度，样品由自动组分收集仪收集。

（3）DEAE-Sephorose Fast Flow 阴离子交换

① 凝胶的处理和装柱　DEAE-Sephorose Fast flow 阴离子交换凝胶保存在 20% 的乙醇溶液中，量取 200.0mL 凝胶，蒸馏水浸泡洗涤数次，去除残留乙醇，用离子交换缓冲液（0.05mol/L 柠檬酸-磷酸氢二钠缓冲液，pH 4.5）浸泡洗涤数次，真空抽气去除胶中存留的气泡。使用 2.5×30.0cm 的色谱柱，采取与（2）相同的方法装柱。

② 平衡　采取与（2）相同的方法，用阴离子交换凝胶洗脱缓冲液（pH＝2.5）平衡过夜，使柱床稳定。

③ 上样和洗脱　将凝胶过滤分步收集的具有脂酶活力的收集管合并，经离子交换缓冲液过夜平衡后全部上样至 DEAE-Sephorose Fast Flow 阴离子交换色谱柱，待样品全部进入凝胶后，用离子交换缓冲液在柱压 0.3 MPa、流速 1mL/min 下洗涤色谱柱 1～2h，用 1.0mol/L NaCl 和离子交换缓冲液在相同条件下梯度洗脱，自动分步收集，每管收集 2.0mL。

④ 超滤浓缩收集液　经离子交换色谱收集的各管样品，使用 10kDa 离心超滤膜（Millipore，美国），在 4℃、10000g 速度下离心超滤浓缩至 100.0μL。

（4）不连续 SDS 聚丙烯酰胺凝胶电泳（SDS-PAGE）

① 制备凝胶板　用电泳仪胶条密封玻璃板侧边，将 12.0% 的分离胶均匀加入玻璃板孔隙内，使凝胶的高度至玻璃板 2/3 左右。加入少量双蒸水进行水封。静置 1～1.5h，聚合完成，凝胶与水封之间可见清晰的水平界面。吸去胶面上的水，用浓缩胶缓冲液冲洗胶面 2 次，加入 5.0% 浓缩胶凝胶，安装梳板，静置 1～1.5h，聚合完成。

② SDS-PAGE 电泳　凝胶凝固后，加入 SDS-PAGE 电极缓冲液。将待测蛋白质浓缩液与适量的 SDS-PAGE 样品缓冲液混匀，沸水浴中加热 5min，每个上样孔上样 20.0μL。20mA/板稳流电泳至样品进入分离胶后，将电流恒定至 30mA/板，电泳至溴酚蓝前沿离玻璃板下沿 1～2cm 处。

③ 染色　取下凝胶板，小心将玻璃与凝胶分开。取下凝胶，将其置于考马斯亮蓝染色液中，振荡染色 0.5～2h，也可染色过夜。用脱色液清洗，少量多换，直

至背景干净，条带清晰。在凝胶成像系统（G：Box，Syngene，英国）上对电泳结果进行分析。

4. 酶学性质研究

（1）pH

在 pH 为 8.0、8.5、9.0、9.5、10.0 的缓冲液中分别测定脂肪酶的活力，以确定最适 pH。

将脂肪酶 LIP-1、LIP-2 分别在 50mmol/L 不同 pH 的 Tris-HCl 缓冲液（pH 3.0、4.0、5.0、6.0、7.0、8.0、9.0）中放置 24h，然后在最适 pH 和最适温度下测定其酶活力，与未经处理的样品酶活力进行比较。

（2）温度

酶活力测定缓冲液分别在不同温度（0℃、5℃、10℃、15℃、20℃、25℃、30℃、35℃、40℃）下保温 15min 后，测定 LIP-1、LIP-2 酶活力。

四、考评

考评标准见表 3-3。

表 3-3　考评表

序号	考核内容	分值	评分标准
1	研究背景、目的及意义	20	研究背景来自专业的相关内容,研究目的符合专业的培养目标,来自生产实践第一线或学科前沿,有较大理论意义或实用价值
2	实验方案	30	实验方案合理、详细,具有可行性
3	数据处理	30	理论分析与计算正确,实验数据正确,有较强的实际动手能力,能独立使用计算机软件进行数据处理、绘图
4	结果分析	10	实验结果正确,总结分析全面
5	学习态度	10	学习态度认真,工作作风严谨务实,遵守纪律,能按指导老师要求按时独立完成工作任务

任务四　壳寡糖的酶法制备实验

壳聚糖是甲壳素脱 N-乙酰基的化合物，具有生物可降解性、安全无毒、良好的生物兼容性。但壳聚糖是长链大分子，生理条件下水溶性差，溶液黏度大，使其作为生物效应剂的应用受到很大限制。壳寡糖是其降解产物，分子量小，水溶性好，易被分散和吸收，且许多生物学性质与壳聚糖相似，特别是聚合度为 6 左右的壳寡糖，有较强的生理活性和功能，具有抗氧化、抗肿瘤、免疫增强等活性，壳寡糖在体内治疗肿瘤时，不引起急性中毒以及体质量的迅速下，毒副作用较小，适用于临床治疗，也可作为食品添加剂和保健品，在食品、医药及化妆品领域有着广泛的应用。

目前由壳聚糖制备壳寡糖主要有 2 种方法：化学降解法（如酸解法）和酶解法。化学降解法降解效果较好但得到较多的单糖产物，壳寡糖含量低。酶解法主要有专一性酶解和非专一性酶解，前者虽然对壳聚糖的降解专一性强，但目前获得壳聚糖酶菌株的产酶能力较低，且来源有限。

一、实验目标

学会壳寡糖的酶法制备实验。

二、实验用品

壳聚糖、乙酸、壳聚糖酶、DNS 试剂等。

高速冷冻离心机、水浴锅、锥形瓶、pH 剂、移液枪、摇床、分光光度计等。

三、实验步骤

1. 壳寡糖制备工艺

将壳聚糖溶于 1mol/L 乙酸水溶液中至 10g/L 的浓度，并用 1mol/L NaOH 将 pH 调节至 6.0。并加入壳聚糖酶溶液，于摇床振荡 200r/min、40℃孵育，随着反应进行壳聚糖底物的黏度逐渐降低，当还原糖的含量不再增加时，从中提取壳寡糖。再次加入壳聚糖和壳聚糖酶。据此，通过循环往复提取壳寡糖并加入壳聚糖和酶制备壳寡糖。定期收集反应混合物，并在 100℃加热 30min 以终止反应。用 1mol/L NaOH 溶液将混合物的 pH 调节至 7.0，随后以 6000r/min 离心 20min，并收集上清液。

2. 氨基葡萄糖盐酸盐标准曲线

称取 0.1g 干燥的氨基葡萄糖盐酸盐，用去蒸馏水定容至 100mL，配成浓度为 1mg/mL 的氨基葡萄糖盐酸盐标准溶液。分别取 0mL、0.05mL、0.1mL、0.2mL、0.3mL、0.4mL、0.5mL 的标准溶液定容至 0.5mL，各加入 DNS 试剂 375μL，在沸水中加热 10min，待溶液冷却后，检测其在 520nm 波长下的吸光度值，即 OD_{520}。以氨基葡萄糖盐酸盐的浓度（μmol/mL）为横坐标，以相应的吸光度值（OD_{520}）为纵坐标绘制标准曲线。

3. 壳寡糖的含量测定

称取干燥的壳寡糖 2.0g，配制 50mg/mL 的壳寡糖溶液。取壳寡糖溶液 1mL 于玻璃试管中，将试管浸入冰水中，缓慢向试管中加入浓硫酸 2mL。90℃ 水浴 2h 后，用 6mol/L 的 NaOH 溶液中和至中性。取 0.5mL 溶液加入 DNS 试剂 375μL，沸水浴 10min 后测定 520nm 波长处的吸光度。根据氨基葡萄糖盐酸盐标准曲线可计算出还原糖的含量。

四、计算

壳寡糖含量（w）计算公式为：$w = \dfrac{M_1}{M_2} \times 0.994 \times 100\%$

式中，M_1 为由标准曲线计算出样品中氨基葡萄糖盐酸盐的质量，mg；M_2 为壳寡糖样品的质量，mg；0.994 为单糖折算成多糖的系数。

五、考评

考评标准见表 3-4。

表 3-4　考评表

序号	考核内容	分值	评分标准
1	研究背景、目的及意义	20	研究背景来自专业的相关内容，研究目的符合专业的培养目标，来自生产实践第一线或学科前沿，有较大理论意义或实用价值
2	实验方案	30	实验方案合理、详细，具有可行性
3	数据处理	30	理论分析与计算正确，实验数据正确，有较强的实际动手能力，能独立使用计算机软件进行数据处理、绘图
4	结果分析	10	实验结果正确，总结分析全面
5	学习态度	10	学习态度认真，工作作风严谨务实，遵守纪律，能按指导老师要求按时独立完成工作任务

任务五　微生物群落结构多样性分析
——磷脂脂肪酸（PLFA）法

磷脂脂肪酸技术常被用于研究复杂群落中微生物的多样性。磷脂是所有活细胞细胞膜的基本组成，具有多样性和生物学特异性，可用于微生物群落结构的研究。

一、任务概述

磷脂脂肪酸（phospholipid fatty acid，PLFA）谱图分析技术是 20 世纪 80 年代初期发展起来的对微生物群落进行定量分析的环境微生物生态分析技术。该技术成功地克服了传统方法的缺点，定量分析微生物群落的生物量和群落结构时不需要进行微生物纯培养，虽然它不能在菌种和菌株（strain）的水平鉴别出微生物的种类，但是能够依靠脂肪酸谱图定量描述整个微生物群落，是一种快捷、可靠的检测方法。

PLFA 谱图分析方法的原理基于磷脂几乎是所有生物细胞膜的重要组成部分，细胞中磷脂的含量在自然条件下（正常的生理条件下）恒定，其长链脂肪酸的形式——磷脂脂肪酸可作为微生物群落的标记物。此外，磷脂不能作为细胞的贮存物质，在细胞死亡后会很快降解，可以代表微生物群落中"存活"的那部分群体。但是古菌不能使用 PLFA 谱图进行分析，因为它的极性脂质是以醚而不是酯键的形式出现。PLFA 谱图发生变化更多的是源于样品中微生物的组成和生物量发生变化，生物体内细胞中磷脂的含量通常可认为相对显著恒定。不过，磷脂含量并非绝对不变，例如温度的变化就会影响膜脂（membrane lipid）。温度的增加会带来磷脂双分子层流动性的增加，这会导致形成磷脂非双分子层相，进而影响细胞膜的渗透性。PLFA 成分发生适应性变化以改变膜的流动性变化是生物体内消除这些影响的机制之一。营养状况的变化也有可能改变磷脂的含量，有学者对此进行了相关研究，不过目前还很少见到这方面的报道。

PLFA 的命名一般采用以下原则。以总碳数：双键数 ω 双键距离分子末端位置命名，前缀 a 和 i 分别表示支链的反异构和异构，后缀 c 和 t 分别表示顺式和反式，br 表示不知道甲基的位置，10Me 表示一个甲基基团在距分子末端第 10 个碳原子上，环丙烷脂肪酸用 cy 表示。从已有的研究结果可以发现，作为革兰氏阳性细菌的标记 PLFA 主要有 i14：0、a15：0、i15：0、18：1ω9，作为革兰氏阴性细菌的标记 PLFA 主要有 cy17：0、cy19：0、16：1ω5、18：1ω5c、16：1ω7c 等，作为真菌标记的 PLFA 有 18：2ω6c、18：1ω9c，用作放线菌的标记 PLFA 主要是

10Me18：0。当然，对这些 PLFA 来源的划分并不是绝对的，而是根据它们在同类群微生物中出现概率和专一性及稳定性的一个相对划分，旨在通过它们反映土壤微生物的变化。不可否认的是，有的 PLFA 可能同时来自不止一种微生物，如10Me18：0 就可能同时来自放线菌和细菌。

不同菌群的 PLFA 特征谱图不同，在高度专一性基础上具有多样性，可以作为微生物群落中不同群体的标记物。因为各种菌群的微生物生物量和群落组成很难与其他样品相同，所以每种样品具有独特的 PLFA 谱图（包括 PLFA 总量、组成），即具有专一性，不同样品的谱图之间差别很大，即具有多样性。磷脂构成的变化能够说明环境样品中微生物群落结构的变化，可以对微生物群落进行识别和定量描述，并为进一步的研究提供相关信息。细菌的生物量（bact PLFA）可以通过以下 PLFA 的总含量估算：i15：0，a15：0，15：0，i16：0，16：1ω9，16：1ω7t，i17：0，a17：0，17：0，18：1ω7 和 cy19：0。真菌的生物量则通过 18：2ω6 的含量估算。18：2ω6：bact PLFA 被用来代表土壤中真菌与细菌生物量的比率。也有研究表明可用 16：0（10Me）、17：0（10Me）、18：0（10Me）、i15：0、a15：0、i16：0、i17：0 和 a17：0 的总含量来估算革兰氏阳性菌的含量，16：1ω5.16：1ω7t、16：1ω9、cy17：0、18：1ω5、18：1ω7 和 cy19：0 的总含量来估算革兰氏阴性菌的含量。

PLFA 谱图分析首先要提取出磷脂脂肪酸，用气相色谱（常与质谱联用，GC-MS）检测得到 PLFA 谱图，再使用统计方法进行分析。磷脂脂肪酸的提取一般使用 Bligh-Dyer 法，White、Petersen 和 Klug 等都在此基础上提出过改进方法。基本步骤包括：提取脂质，硅胶柱分离磷脂，甲醇分解 PLFA。Frostegard 等评估了提取过程中使用不同的提取缓冲液、不同的提取和消化时间、不同的样品提取量、不同的脂质材料消化量的效果。Petersen 等对筛分、贮藏和培育温度对土壤微生物群落 PLFA 谱图的影响进行了研究。大部分 PLFA 研究中都使用气相色谱与质谱联用分析脂肪酸甲酯；也有人使用液相色谱来分析完整的磷脂脂肪酸而无需甲醇分解磷脂脂肪酸的步骤。Fang 等比较了气相色谱和液相色谱这两种不同的检测方法，结果表明在微生物区分和识别上用液相色谱检测完整的磷脂脂肪酸效果更好。由于生命现象的复杂性，PLFA 谱图分析主要采用多元统计方法，包括主成分分析（principal component analysis，PCA）、部分最小二乘法识别和冗余分析（RDA）等；其中，主成分分析方法最为常用。此外，构造人工神经元网络（neural network，NN）解释 PLFA 谱图也具有很高的准确率。

在微生物生态学研究中，PLFA 谱图分析方法主要被应用于检测环境样品的微生物生物量、群落结构、营养状况和新陈代谢活动等。PLFA 方法已经被成功应用在不同农业与林业土壤的检测上。由于土壤之间成分十分相似，仅仅依靠成分分析来区分是非常困难的。以化学组成为基础的 PLFA 方法从土壤微生物中提取出

PLFA，作为其群落组成的标记，可以清楚地识别出与特定土壤作物相关联的微生物群落。除了受植被、土壤成分影响外，土壤微生物群落的生物量和群落结构还受诸多环境因素的影响，这些均可通过 PLFA 谱图反映出来。在污染物研究中，PLFA 谱图分析是一种灵敏度很高的检测方法，但是也容易受其他非研究对象的有毒物质和环境因素（例如土壤水分、温度、碳利用度、pH 等）的影响。在实验室研究中，通常将这些因素标准化，以消除干扰。

每一种分析方法都有其自身的优、缺点。PLFA 谱图分析方法虽然不能在菌种和菌株的水平精确地描述环境中微生物的种类，但是能定量描述环境样品中的微生物群体，并且操作相对简便，是一种快捷、可靠的分析方法。PLFA 在进行群落结构等方面研究时，尽管温度等其他非研究因素的变化也会引起 PLFA 谱图变化，进而影响到实验结果，但是可以通过将环境因素标准化来解决这一问题。

在实际研究中，PLFA 谱图分析还常常与其他方法共同使用，以获得更为准确的分析结果。Pennanen 等就同时使用分析 PLFA 谱图与测定微生物耐受能力两种方法，探讨了两种污染梯度下，重金属长期沉积对针叶林土壤微生物群落的影响，既克服了 PLFA 谱图易受非研究因素影响的缺点，又保证了测定的高灵敏度。在建立细菌进化史和分类学的生化基础等其他领域的研究中，PLFA 分析方法也被证明十分有效。随着 PLFA 谱图分析方法的应用越来越广泛，其自身也在不断地得到改进、发展，相信在今后的研究工作中该方法将会发挥越来越大的作用。

二、部分参考方法

PLFA 的提取和分析是 PLFA 方法的关键步骤。PLFA 的提取主要采用简单提取、扩展提取和商用微生物鉴定系统（MIDI）提取等方法。简单提取用于提取酯链磷脂脂肪酸（EL-PLFA），该方法为经适当调整的 Bligh-Dyer 法。先用有机溶剂提取土壤中的细胞脂类，将提取液上样于硅酸键合固相抽提柱（solid-phase-extraction silicic acid bonded phase column，SPE-SI），分别用氯仿、丙酮和甲醇洗脱，可将脂类裂解，并分离出中性脂、糖脂和磷脂。用温和碱性甲醇将磷脂水解和皂化，得到酯链脂肪酸甲酯（EL-FAME），进一步用 GC 或 GC-MS 进行定性和定量测定，这种提取方法不能将非酯链 PLFA（NEL PLFA）从脂类中解离和提取出来。

1. 实验用品

仪器：气相色谱-质谱联用仪（GC-MS）、氮气瓶、真空抽滤机、Pyrex 玻璃试管、离心机、硅胶柱等。

试剂：磷酸盐缓冲液，甲醇-二氯甲烷混合液（2：1，体积比），NaBr 溶液（800g/L）等。

2. 实验步骤

（1）磷脂提取阶段

① 将土壤样品分装到较小的试管中，每管分装约 2g 土壤。

② 加入磷酸盐缓冲液（50mmol/L，pH7.4）使总体积为 2mL。

③ 加入 7.5mL 甲醇-二氯甲烷混合液（DCM），样品旋转混合 2h。

④ 加入 2.5mL DCM 以及 10mL 过饱和的 NaBr 溶液（800g/L），混合过夜，使分层。

⑤ 7500g 速度离心 30min，将包含磷脂的上层有机相溶液转移到 10mL 的具螺纹特氟龙盖子的 Pyrex 玻璃试管中。

⑥ N_2 吹干。

（2）磷脂酸分离提取阶段

① 将吹干的磷脂样品溶解在 100μL 氯仿中。

② 过硅胶柱分离，柱子可选择性截留磷脂，但是非极性的脂类（中性脂以及糖脂）被更低极性的溶液冲洗下来。将柱子安装在真空抽滤瓶上，连接抽滤机。

③ 开机抽滤，同时在柱子上依次加入正己烷 1.5mL 两次以及正己烷-氯仿（1：1）1.5mL。

④ 加 100μL 氯仿分 3 次过柱；加入 1.5mL 氯仿-异丙醇（2：1）以及 1.5mL 含 2% 乙酸的二乙醚去除中低极性的脂。

⑤ 加入 1mL 甲醇洗提柱子 2 次，用干净的玻璃试管接到柱子下方收集洗提液。

⑥ N_2 吹干后进行 GC-MS 联用分析。

三、方法分析

与传统的基于培养基的微生物分离技术及生理学、分析生物学方法相比，PLFA 方法具有一定的优越性，具体表现在：①不需要分离和培养技术，即可获得微生物群落信息，适合微生物群落的动态追踪；②减少分离和培养过程中的人为误差，更为快速、简便、精确；③试验条件要求较低，结果较为客观、可靠；④能定量描述环境样品中的微生物群体；⑤最适合用作微生物群落的总体分析，而不是专一的微生物种类的研究。

虽然 PLFA 方法在分析土壤微生物群落结构方面有许多优势，但也存在不足之处：①因目前并没有搞清楚土壤中所有微生物的特征脂肪酸，因此，土壤中存在的某些脂肪酸无法与土壤中特定的微生物对应；②不同种类微生物的特征脂肪酸有可能重叠；③该方法很大程度上依赖特征脂肪酸来表征微生物群落结构，故标记上的变动将导致群落估算上的误差；④PLFA 谱图分析不能从菌种和菌株的水平精确描述环境中微生物的种类；⑤土壤中难免会有植物残体存在，所以植物体内的磷脂脂肪酸可能会对土壤微生物群落的分析产生一定的干扰；⑥土样保存条件不同，得到的 PLFA 分析结果也不同，因而在实际研究工作中受到一定限制；⑦PLFA 方法不能分析古细菌。

四、小结

PLFA 方法已广泛应用于土壤微生物群落分析中，但其方法本身仍有改进之处，如分析结构特异性的磷脂脂肪酸，以不断完善特定脂肪酸数据库，使 PLFA 方法更加精确等。随着 PLFA 方法的不断完善，其应用前景将会更加广阔。

五、考评

考评标准见表 3-5。

表 3-5　考评表

序号	考核内容	分值	评分标准
1	研究背景、目的及意义	20	研究背景来自专业的相关内容,研究目的符合专业的培养目标,来自生产实践第一线或学科前沿,有较大理论意义或实用价值
2	实验方案	30	实验方案合理、详细,具有可行性
3	数据处理	30	理论分析与计算正确,实验数据正确,有较强的实际动手能力,能独立使用计算机软件进行数据处理、绘图
4	结果分析	10	实验结果正确,总结分析全面
5	学习态度	10	学习态度认真,工作作风严谨务实,遵守纪律,能按指导老师要求按时独立完成工作任务

任务六　水体微生物多样性 PCR-DGGE 分析方法的比较研究

近年来微生物的多样性研究方法发展迅速，其中 PCR-DGGE 等非培养法突破了传统研究方法要依赖于培养技术的局限而显示出明显的优越性，而且已证实 PCR-DGGE 方法在区别不同种群的最初调查中以及在数量上占优势的群落的鉴定中尤其有用。在水体微生物多样性研究中，PCR-DGGE 条件必须进行优化以增强其灵敏性和可信度。

一、任务概述

分子生物学方法的应用使我们能够在遗传水平上研究微生物的多样性。原核生物的 16S rRNA 基因序列可被用于推断系统发育关系，并通过与数据库比较，鉴定未知的微生物。对 16S rRNA 基因进行克隆和序列分析成为探索自然环境样品中微生物多样性的有利方法，使用该方法使人们了解到用传统方法不足以得到的更加丰富的微生物多样性，但是微生物多样性的研究只是微生物生态学的一个方面。研究较长一段时期内或环境被其他因素干扰后微生物群落中种群的变化是另一方面，为此克隆方法因费时和劳动强度大而不适用，用特定的寡核苷酸探针的杂交技术研究种群的动态较为适当。然而，探针往往只针对某一特定的种群，因此研究自然生态系统中不同种生物的多样性和监视微生物群落的动态需要其他的分子生物学方法。

变性梯度凝胶电泳（DGGE）技术是由 Fischer 和 Lerman 于 1979 年最先提出用于检测 DNA 突变的一种电泳技术，可以检测到一个核苷酸水平的差异。1985年，Myers 等首次在 DGGE 中使用"GC 夹板"和异源双链技术，使该技术更加完善。1993 年，Muzyer 等将 DGGE 技术应用于微生物生态学研究领域，证实了该技术在揭示自然界微生物区系遗传多样性和种群差异方面的优越性。DGGE 技术的突出优点是可从凝胶中切下谱带，然后用测序分析来揭示群落成员系统发育的从属关系，可进一步用类群特异探针与群落图谱杂交检测出特异细菌种群的存在。

DGGE 技术的基本原理为，一组特定引物所扩增出的特定 DNA 片段，它们虽然具有相同的片段长度，但它们的碱基序列不同，这就决定了它们具有不同的解链区域（melting domain）。在含有梯度变性剂（尿素、去离子甲酰胺）的聚丙烯酰胺凝胶电泳过程中，DNA 片段的分子大小影响迁移率，当达到一定浓度变性剂位置时，DNA 双链逐渐分开，迁移率开始降低，变性剂浓度持续升高，DNA 双链继续解开，在变性剂的某一浓度处完全分开，电泳迁移率急速下降；不同序列

DNA 片段在一定温度下解链的程度不同，造成电泳迁移率发生变化，最终会停到胶的某一特定位置，这样就可以把不同序列的 DNA 片段分离开来，如图 3-1 所示。根据电泳条带的多寡和条带的位置可以初步辨别出样品中微生物种类的多少，粗略分析环境样品中微生物的多样性。DGGE 使用具有化学变性剂梯度的聚丙烯酰胺凝胶，该凝胶能够有区别地解链 PCR 扩增产物，由 PCR 产生的不同的 DNA 片段长度相同但核苷酸序列不同，因此不同的双链 DNA 片段由于沿着化学梯度的不同解链行为将在凝胶的不同位置上停止迁移，DNA 解链行为的不同导致一个凝胶带图案，该图案是微生物群落中主要种类的一个轮廓。DGGE 使用所有生物中保守的基因片段，如细菌中的 16S rRNA 基因片段和真菌中的 18S rRNA 基因片段。

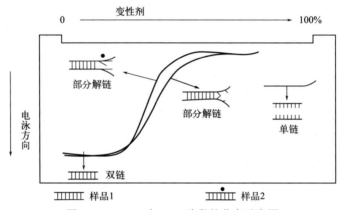

图 3-1　DGGE 对 DNA 片段的分离示意图

理论上这项技术可以检测到 1 个碱基对的差异。其中，值得注意的一个问题就是当变性剂浓度足以使某条 DNA 片段达到完全变性时，双链打开变成单链分子，这样它又可以继续迁移，导致生物信息不准确和丢失。使用富含 GC 的序列或 GC 夹板（GC-clamp，由富含 GC 序列的 30～50 个碱基组成）可防止 PCR 产物完全解链。

DGGE 已广泛用于分析自然环境中细菌、蓝细菌、古细菌、真核生物和病毒群落的生物多样性，这一技术能够提供群落中优势种类信息和同时分析多个样品，具有可重复和容易操作等特点，适合于调查种群的时空变化，并且可通过对切下的条带进行序列分析或与特异性探针杂交分析鉴定群落成员。

二、部分参考方法

使用 DGGE 方法对样品进行分析，首先需要提取总 DNA，进行 PCR 扩增。PCR 是 DGGE 分析的关键，在 DNA 模板质量一定的前提下，影响 PCR 扩增效果的主要因素是引物的选择和扩增程序等。在扩增过程中需要选择合适的引物和确定最佳条件。目前，细菌引物设计一般选择16S rRNA基因的可变区，常用通用引物有338f/518r（V3区）、341f/926r（V3～V5区）和968f/1401r（V6～V8区）。扩增片段大小对DGGE分析影响也较大，200bp的V3区分离效果较好。在PCR扩增中，随着模板浓度和循环数的增加，非特异性扩增产物的量也随之增加。一般来讲反应体系中以模板浓度0.05ng/μL、PCR循环数30～35为适宜。退火温度过低，容易引起引物的错配，增加非特异性扩增产物；适当地延长延伸时间可以减少人工突变的产生。此外，不同的DNA聚合酶对扩增效果也有影响，使用具有校对功能（proof reading）和高保真（high fidelity）的聚合酶可以减少人为突变的引入。

DGGE技术有两种电泳形式，即垂直电泳（变性剂梯度与电泳方向垂直）和水平电泳（变性剂梯度与电泳方向平行）。通常根据基因片段的大小来确定聚丙烯酰胺凝胶浓度，200bp的片段可用8％的凝胶，500bp的片段采用6％的凝胶。变性剂梯度范围的选择取决于样品的解链温度（T_m）值，可以利用垂直变性剂梯度实验来选择所要研究的DNA片段的解链性质，确定变性剂浓度梯度。通常选择水平胶的变性剂梯度为30％（相当于T_m10℃左右），对于16S V3 rRNA基因被广泛使用的变性剂梯度是30％～60％，针对不同的样品需要进行调整。通常要求电泳的温度要低于样品解链区域的T_m的，对大多数DNA片段50～65℃是比较适合的。电泳时间取决于样品的片段大小、凝胶浓度、变性剂梯度、电泳时的电压等因素，可以利用时间进程实验来确定最佳的电泳时间。通过各种染色可以看到DGGE胶中的DNA条带。最常用的染色方法有溴化乙锭（EB）、SYBR Green I、银染等。SYBR Green I的灵敏度要高于EB。

1. 实验用品

仪器：DEEG系统（Bio-Rad）等。

试剂：40％丙烯酰胺、尿素、Formamide（去离子甲酰胺）、TAE、10％APS（过硫酸铵）、TEMED（四甲基乙二胺）、去离子水等。

2. 实验步骤

（1）DNA的提取方法比较

采用CTAB法、SDS法、PVP法等3种DNA提取方法，3种方法只在裂解液配制上存在不同。

（2）制胶

分别制备30％和60％的变性胶，如表3-6所示。

表3-6　DGGE变性胶的制备参数

成分	30％变性胶	60％变性胶
40％丙烯酰胺/mL	5	5

成分	30%变性胶	60%变性胶
尿素/g	2.25	5.04
Formamide(去离子甲酰胺)/mL	2.4	4.8
50×TAE/μL	400	400
10%APS(过硫酸铵)/μL	100	100
TEMED(四甲基乙二胺)/μL	20	20
去离子水/mL	定容至20	定容至20

注：APS及TEMED在灌胶之前再迅速加入。

（3）灌胶

① 灌胶之前先用去离子水清洗制胶用的两块玻璃板，自然干燥，然后将垫片放在两块玻璃板之间，插入模具中，在实验台上对齐玻璃板的底边，两边同时用力并保持平衡，拧紧螺丝并夹好夹子，用手摸底部是否平整，如果不平易造成玻璃板破碎并可能导致漏胶。将底座上的软垫放好，把玻璃板放在软垫上固定，插入所需胶孔。连接好胶管和Y形适配器，并预冷注射器。

② 将配制好的低浓度变性梯度液（30%）和高浓度梯度液（60%），在上述两种胶液中加入一定量的APS和TEMED，迅速振荡混匀。分别使用对应标号（注射器使用前标记高浓度和低浓度）预冷过的注射器，排除注射器中的气体及多余胶，使吸入量各为15mL。

③ 将注射器固定于梯度混合器上，顺时针方向缓慢而匀速地转动推动轮，确保灌胶过程没有产生气泡。

④ 根据实验需要插入合适的梳子，将上述灌注好的梯度胶放于光下聚合2h左右。

⑤ 垂直向上拔去梳子，用1×TAE电泳缓冲液通过注射器彻底洗净未完全聚合的丙烯酰胺胶液，直至干净，否则会影响加样。

（4）点样

① 点样之前，在DGGE槽中加7L左右1×TAE电泳缓冲液，使槽中的缓冲液至Full和Run的中间位置。装好玻璃板后，将电泳核心架放入水槽中，将温度控制器盖在电泳槽上，注意长杆应进入底部对应的洞中。打开电源，打开加热键使电泳液升温至60℃。

② 温度达60℃后，立即进样。先关掉所有电源，取下温度控制器。将45μL的PCR产物和7～8μL的6×凝胶加样缓冲液（loading buffer）混合均匀，小心地用进样器进样，进样要缓慢，使样品顺着玻璃板均匀地落入进样孔中，每一个进样孔加入50μL左右的样品。

注意：进样要缓慢，使样品能够均匀落入进样孔。

（5）不同电泳时间的比较

① 电泳 5h。待胶凝固后，加入 PCR 样品 20μL，在 220V 电压下预电泳 10min，然后调电压至 200V，在 60℃下对 PCR 产物电泳 5h。

② 电泳 16h。待胶凝固后，加入 PCR 样品 20μL，在 220V 电压下预电泳 10min，跑过浓缩胶，然后调电压至 80V，在 60℃下对 PCR 产物电泳 16h。

（6）染色条件的优化

电泳结束后，关掉电源，打开盖子，将电泳核心架拿出，卸下玻璃板，使用滤纸从 DGGE 胶的一角，轻轻粘起来，慢慢将玻璃板倒置，小心地将 DGGE 胶取下。取下后使用 EB 染色方法或银染色方法。

（7）成像

将染色过的 DGGE 胶，放入凝胶成像系统（Bio-RAD）中，观察并拍照。

（8）DGGE 图谱分析

对获得的 DGGE 图谱进行分析，观察各个样品的 PCR 产物经 DGGE 分离后的电泳图谱照片，采用 Bio-RAD 公司的凝胶定量软件 Quantity One 得到相似性图谱，根据相似性图谱，对样品的生物多样性进行初步分析。

（9）DGGE 条带回收

在对 DGGE 电泳胶照相后，进行条带的 DNA 回收。DNA 条带回收步骤如下。

① 将 DGGE 胶转移至紫外分析仪中，在紫外线下用 75% 乙醇擦拭过的无菌刀切割下 DGGE 胶上的目标条带，做到少带凝胶并完全将目标条带切下。

② 将切下的目标条带转移到新的 0.2mL 无菌的 EP 管中，使用 70% 的 4℃左右的冰乙醇洗涤 2 或 3 次，在超净工作台中自然风干。

③ 将风干的胶块转移到新的 0.2mL 无菌的 EP 管中，添加 50μL 灭过菌的去离子水，4℃冰箱里过夜。

④ 以凝胶混合液为 DNA 回收样进行琼脂糖凝胶电泳，检测回收效果和 DNA 的质量。

⑤ 直接以凝胶混合液为模板进行 PCR 扩增，PCR 反应体系和反应程序同上，重新进行 DGGE 分离，切割同一位置条带，回收方法同上。以备 PCR 测序。

（10）回收条带序列测定

DGGE 后切胶回收得到的 DNA 样品，使用不带 GC 发夹的引物 518r 和 357f 进行 PCR 扩增。PCR 产物进行琼脂糖凝胶电泳检测合格后，送测序公司测序。测序结果通过 BLAST 程序，与 GenBank 核酸数据进行同源性比较分析。

三、方法分析

在 DGGE 图中，从条带的明暗程度大概可以看出某种菌的多少与丰度，说明这种菌在环境中所占比例的大小，而条带的多少可以看出环境中菌体数量的多少。但是由于一些细菌在环境中所占比例过小（有报道少于1％的菌用DGGE就无法检测了），所以从水体中提取的DNA用DGGE分析所产生的条带就可能少于从其他环境中（如土壤、肠道等环境）提取的DNA，这就对样品收集、总DNA提取的PCR-DGGE条件提出了挑战。

为解决短时间电泳分离度不高，长时间电泳条带容易跑出凝胶的问题，可以考虑在变性剂梯度方向增加一个丙烯酰胺凝胶梯度，形成双梯度-变性梯度凝胶电泳（DG-DGGE），这样则可以减缓条带的进一步迁移，提高分离效果，从而解决这一问题。电泳时间往往受样品片段大小、凝胶浓度、变性剂梯度线性好坏、电泳电压等因素的影响，因此如果改变了这些参数，电泳时间必须重新优化和调整，有时即使参数不变，但是样品不同，也需要进行优化。

四、小结

PCR-DGGE技术可以监测复杂水样环境中特异的功能基因及其表达研究，为基因组学研究提供有利信息和基因筛选方案。尽管DGGE电泳技术在研究群落动态和多样性方面拥有较大的优势，但是该技术无法给出微生物代谢活性、细菌数量和基因表达水平方面的信息，因此必须与其它技术相结合才能弥补不足。随着分子诊断技术的日益普及，PCR-DGGE技术将得到不断的完善和补充，将在自然群体的遗传变异、微生物的鉴定与监测、开发新物种等研究领域中发挥重要作用。

五、考评

考评标准见表3-7。

表 3-7　考评表

序号	考核内容	分值	评分标准
1	研究背景、目的及意义	20	研究背景来自专业的相关内容,研究目的符合专业的培养目标,来自生产实践第一线或学科前沿,有较大理论意义或实用价值
2	实验方案	30	实验方案合理、详细,具有可行性
3	数据处理	30	理论分析与计算正确,实验数据正确,有较强的实际动手能力,能独立使用计算机软件进行数据处理、绘图
4	结果分析	10	实验结果正确,总结分析全面
5	学习态度	10	学习态度认真,工作作风严谨务实,遵守纪律,能按指导老师要求按时独立完成工作任务

任务七　土壤微生物群落的功能结构多样性分析（Biolog法）

环境微生物是由多个种群组成的微生物群落，不同种群之间存在着共生、互利、共存、竞争等各种复杂的关系，在物质循环和能量转化过程中发挥着重要作用。对环境微生物群落的研究可以从微生物的量、代谢活性、群落结构及代谢功能等几个不同层面上进行。其中，微生物群落结构、代谢功能以及两者的关系是环境微生物群落研究的核心内容。传统的微生物菌群的研究方法主要是通过分离纯培养的微生物菌种，对分离出来的纯菌种分别研究。这种研究方法分离出来的微生物种类有限，分离培养后微生物的生理特性容易发生变异。近年来，各种基于生物标志物的测定方法（脂肪酸法等）和分子生物学方法（FISH、TGGE、DGGE等）相继得到了广泛应用。这些方法无需分离培养就可反映微生物的菌落结构信息，但却无法获得有关微生物菌落总体活性与代谢功能的信息，Biolog法则弥补了这一不足。

一、任务概述

Biolog方法由美国的Biolog公司于1989年开发成功，最初应用于纯种微生物鉴定，至今已经能够鉴定包括细菌、酵母菌和霉菌在内的2000多种病原微生物和环境微生物。1991年，Garland Mill开始将这种方法应用于土壤微生物菌落的研究。Biolog方法用于环境微生物菌落研究具有以下特点：

① 灵敏度高、分辨力强。通过对多种碳源利用能力的测定可以得到微生物菌落的代谢特征指纹，分辨微生物菌落的微小变化。

② 无需分离培养纯种微生物，可最大限度地保留微生物菌落原有的代谢特征。

③ 测定简便，数据的读取与记录可以由计算机辅助完成。微生物对不同碳源代谢能力的测定在一块微平板上一次完成，效率大大提高。

Biolog分类鉴定系统的微孔板有96个孔，横排为1、2、3、4、5、6、7、8、9、10、11、12，纵排为A、B、C、D、E、F、G、H。96个孔中都含有四唑类氧化还原染色剂，其中A1孔内为水，作为对照，其他95个孔是95种不同的碳源物质。

待测细菌在利用碳源的过程中产生的自由电子，与四唑盐染料发生还原显色反应，使染色剂从无色还原成紫色，从而在微生物鉴定板上形成该微生物特征性的反应模式或"指纹"，通过人工读取或者纤维光学读取设备——读数仪来读取颜色变化，并将该反应模式或"指纹"与数据库进行比对，就可以在瞬间得到鉴定结果。对于真核微生物——酵母菌和霉菌，还需要通过读数仪读取碳源物质被同化后的变化（即浊度的变化），以进行最终的分类鉴定。Biolog 系统主要由 Biolog 微平板、微平板读数器和一套微机系统组成，见表 3-8。

表 3-8　Biolog 系统组成与说明

系统组成	说明
Biology 微平板	共 96 个孔,孔中含油营养盐和四唑盐染料 TTC;其中一孔不含碳源为对照孔,其中 95 个孔含有不同单碳源
读数器	测定一定波长下每个小孔内的吸光度及变化
微机系统	与读数器相连,自动完成数据采集、传输、存储与分析

Biolog 方法的主要流程与操作步骤：Biolog 方法的一般流程包括平板的选择、样品的制备、加样、温育与读数等几个过程。平板可根据研究目的进行选择，不同的 Biolog 平板具有不同的碳源组成特点及其应用范围，见表 3-9。

表 3-9　Biolog 板的特点及其应用范围

微孔板种类	用途	微孔板种类	用途
GN	用于革兰氏阴性好氧菌的鉴定	ECO	用于微生物特性和群落分析研究(31 种碳源)
GP	用于革兰氏阳性好氧菌的鉴定	MT2	用于微生物代谢研究(不含碳源)
AN	用于厌氧菌的鉴定	SF-N2	用于革兰氏阴性放线菌和真菌代谢研究
YT	用于酵母菌的鉴定	SF-P2	用于革兰氏阳性放线菌和真菌代谢研究
FF	用于丝状真菌的鉴定		

Biolog 方法用于研究土壤微生物群落功能多样性的原理与其鉴定单一物种的反应原理相似，不同的是：前者利用以群落水平（而不是单一物种）碳源利用类型为基础的 Biolog 氧化还原技术来表达土壤样品微生物群落特征，运用主成分分析（PCA）或相似类型的多变量统计分析方法展示不同微生物群落产生的不同代谢多样性类型。其理论依据是：Biolog 代谢多样性类型的变化与群落组成的变化相关。根据测定对象的不同，还研制出了除革兰氏阴性板之外的不同类型的 Biolog 板，用于研究土壤微生物群落的功能多样性，如生态板（eco-plates）、MT 板（MT plates）、真菌板、SFM 和 SFI 板等。

二、部分参考方法

Biolog 自动微生物分析系统主要根据细菌对糖、醇、酸、酯、胺和大分子聚合物等 95 种碳源的利用情况进行鉴定。细菌利用碳源进行呼吸时，会将四唑类氧化还原染色剂（TV）从无色还原成紫色，从而在鉴定微平板上形成该菌株特征性的反应模式或"指纹图谱"，通过纤维光学读取设备——读数仪来读取颜色变化，由计算机通过概率最大模拟法将该反应模式或"指纹图谱"与数据库相比较，将目标菌株与数据库相关菌株的特征数据进行比对，获得最大限度的匹配，可以在瞬间得到鉴定结果，确定所分析的菌株的属名。

1. 实验用品

仪器：Biolog 微生物分类鉴定系统及数据库、浊度仪（Biolog 公司）、读数仪、恒温培养箱、光学显微镜、pH 计、8 孔移液器、试管等。

试剂：芽孢菌、酵母菌、霉菌等各类微生物斜面。磷酸盐缓冲液，甲醇-二氯甲烷混合液（2：1，体积比），NaBr 溶液（800g/L）等。

2. 实验步骤

（1）待测微生物的纯培养

使用 Biolog 推荐的培养基和培养条件，对待测微生物进行纯化培养。其中好氧细菌使用 BUG＋B 培养基，厌氧细菌使用 BUA＋B 培养基，酵母菌使用 BUY 培养基，丝状真菌使用质量分数为 2% 的麦芽汁琼脂培养基。

（2）选择合适的微孔板

对培养好的微生物进行革兰氏染色，选择合适的微孔板进行实验。

（3）制备特定浓度的菌悬液

氧浓度决定待测微生物培养后的细胞浓度，在 Biolog 系统中，氧浓度是必须加以控制的关键参数。因此，接种物的准备必须严格按照 Biolog 系统的要求进行。如果是 GP 球菌和杆菌，则在菌悬液中加入 3 滴巯基乙酸钠和 1mL 100mmo/L 的水杨酸钠，使菌悬液浓度与标准悬液浓度具有同样的浊度。

（4）接种并对点样后的微孔板进行培养

使用 8 孔移液器，将菌悬液接种于微孔板的 96 个孔中：一般细菌 $150\mu L$，芽孢菌 $150\mu L$，酵母菌 $100\mu L$，霉菌 $100\mu L$，接种过程不能超过 20min。

（5）读取结果

读取结果之前要对读数仪进行初始化。可事先输入微孔板的信息，以缩短读取结果时间，这对人工和读数仪读取结果都适用。由于工作表中无培养时间，所以人工和读数仪读取结果时首先要选择培养时间，然后选择 Select Read，从已打开的工作表读取结果，之后可以 Read Next 按次序读取结果。

如果认为自动读取的结果与实际不符，可以人工调整域值以得到认为是正确的结果。对霉菌域值的调整，会导致颜色和浊度的阴阳性都发生变化，实验时应加以注意。

GN、GP 数据库是动态数据库：微生物总是最先利用最适碳源并最先产生颜色变化，颜色变化也最明显；其次最适的碳源菌体利用较慢，相应产生的颜色变化也较慢，颜色变化没有最适碳源明显。动态数据库则充分考虑了微生物的这种特性，使结果更准确和一致。

酵母菌和霉菌是终点数据库：软件同时检测颜色和浊度的变化。

（6）结果解释

软件将对 96 孔板显示出的实验结果按照与数据库的匹配程度列出 10 个鉴定结果，并在 ID 框中进行显示，如果 10 个结果都不能很好匹配，则在 ID 框中就会显示"No ID"。

评估鉴定结果的准确性：探针提供使用者可以与其他鉴定系统比较的参数；SIM 显示 ID 与数据库中的种之间的匹配程度；DIST 显示 ID 与数据库中的种间的不匹配程度。

种的比较："＋"表示样品和数据库的匹配程度≥80％；"－"表示样品和数据库的匹配程度≤20％。欲查 10 个结果之外的结果，按"Other"显示框。双击 Other 显示数据库，在数据库中选中欲比较的种，就可以显示出各种指标，用右键点击显示动态数据库和终点数据库。

（7）结果分析

① 对于纯菌种鉴定，将 95 种基质的测定结果与菌种库中的数据进行对比，可判断菌种的归属。

② 对于微生物群落分析，一般要记录每孔的吸光度及其时间变化。95 个孔吸光度的平均值（average well color development，AWCD）的计算公式如下：

$$AWCD = \sum (C_i - R)/95$$

式中　C_i——除对照孔外各孔吸光度值；

　　　R——对照孔吸光度值。

AWCD 及其时间变化可以用来表示微生物的平均活性。

95 种碳源的测定结果形成了描述微生物群落代谢特征的多元向量，不易直观比较。通过 PCA 可以将不同样本的多元向量变换为互不相关的主元向量，在降维后的主元向量空间中可以用点的位置直观地反映出不同微生物群落的代谢特征。另外，各种多样性指数还可以反映微生物群落代谢功能的多样性。

三、方法分析

为防止菌体结团，确保菌悬液均一稳定，鉴定革兰氏阴性肠道菌、革兰氏阴性球菌、革兰氏阳性球菌和杆菌时，每管接种液中需添加 3 滴（0.1mL）7.66％的巯基乙酸钠溶液。鉴定革兰氏阴性非肠道菌时，如果 A1 孔呈阳性，需在每管接种液中加 3 滴 7.66％的巯基乙酸钠溶液。鉴定革兰氏阳性球菌和杆菌时，如果 A1 孔呈阳性，接种液中除加巯基乙酸钠溶液外，还需加入 100mmol/L 的水杨酸钠溶液 1mL。厌氧菌要分批制备菌悬液，1 次不超过 6 个。制备第 1 个菌悬液到完成最后 1 个的时间间隔不宜超过 5min。

四、小结

由美国 Biolog 公司生产的用于微生物菌种鉴定的自动分析系统，可鉴定包括需氧细菌、厌氧细菌、酵母菌和丝状真菌在内的 2000 余种微生物，几乎涵盖了微生物学不同领域中比较重要的菌种，所涉及领域包括制药、生物技术、化妆品、兽医和临床医学、农业和环境科学、食品加工和安全，也可应用于微生物代谢、特性和群落等的分析研究。针对 Biolog 细菌鉴定系统，今后需要在大量实验基础上补充和形成鉴定土壤细菌的数据库，解决目前用其无法鉴定数据库内未有的以及在 TSATM 和 BUGMTM 中生长不良细菌的问题，为使鉴定结果更加准确、稳妥，可配合使用 DNA 探针等鉴定方法。

五、考评

考评标准见表 3-10。

表 3-10　考评表

序号	考核内容	分值	评分标准
1	研究背景、目的及意义	20	研究背景来自专业的相关内容,研究目的符合专业的培养目标,来自生产实践第一线或学科前沿,有较大理论意义或实用价值
2	实验方案	30	实验方案合理、详细,具有可行性
3	数据处理	30	理论分析与计算正确,实验数据正确,有较强的实际动手能力,能独立使用计算机软件进行数据处理、绘图
4	结果分析	10	实验结果正确,总结分析全面
5	学习态度	10	学习态度认真,工作作风严谨务实,遵守纪律,能按指导老师要求按时独立完成工作任务

（接种 5 份 10mL 水样、5 份 1mL 水样、5 份 0.1mL 水样时，

不同阳性及阴性情况下 100mL 水样中细菌数的最可能数和 95％置信限值）

单位：MPN/100mL

各接种量阳性份数			MPN	95％置信限		各接种量阳性份数			MPN	95％置信限	
10mL	1mL	0.1mL		下限	上限	10mL	1mL	0.1mL		下限	上限
0	0	0	<2			0	5	0	9		
0	0	1	2	<0.5	7	0	5	1	11		
0	0	2	4	<0.5	7	0	5	2	13		
0	0	3	5			0	5	3	15		
0	0	4	7			0	5	4	17		
0	0	5	9			0	5	5	19		
0	1	0	2	<0.5	7	1	0	0	2	<0.5	7
0	1	1	4	<0.5	11	1	0	1	4	<0.5	11
0	1	2	6	<0.5	15	1	0	2	6	<0.5	15
0	1	3	7			1	0	3	8	1	19
0	1	4	9			1	0	4	10		
0	1	5	11			1	0	5	12		
0	2	0	4	<0.5	11	1	1	0	4	<0.5	11
0	2	1	6	<0.5	15	1	1	1	6	<0.5	15
0	2	2	7			1	1	2	8	1	19
0	2	3	9			1	1	3	10		
0	2	4	11			1	1	4	12		
0	2	5	13			1	1	5	14		
0	3	0	6	<0.5	15	1	2	0	6	<0.5	15
0	3	1	7			1	2	1	8	1	19
0	3	2	9			1	2	2	10	2	23
0	3	3	11			1	2	3	12		
0	3	4	13			1	2	4	15		
0	3	5	15			1	2	5	17		
0	4	0	8			1	3	0	8	1	19
0	4	1	9			1	3	1	10	2	23
0	4	2	11			1	3	2	12		
0	4	3	13			1	3	3	15		
0	4	4	15			1	3	4	17		
0	4	5	17			1	3	5	19		

各接种量阳性份数			MPN	95%置信限		各接种量阳性份数			MPN	95%置信限	
10mL	1mL	0.1mL		下限	上限	10mL	1mL	0.1mL		下限	上限
1	4	0	11	2	25	2	3	2	17		
1	4	1	13			2	3	3	20		
1	4	2	15			2	3	4	22		
1	4	3	17			2	3	5	25		
1	4	4	19			2	4	0	15	4	37
1	4	5	22			2	4	1	17		
1	5	0	13			2	4	2	20		
1	5	1	15			2	4	3	23		
1	5	2	17			2	4	4	25		
1	5	3	19			2	4	5	28		
1	5	4	22			2	5	0	17		
1	5	5	24			2	5	1	20		
2	0	0	5	<0.5	13	2	5	2	23		
2	0	1	7	1	17	2	5	3	26		
2	0	2	9	2	21	2	5	4	29		
2	0	3	12	3	28	2	5	5	32		
2	0	4	14			3	0	0	8	1	19
2	0	5	16			3	0	1	11	2	25
2	1	0	7	1	17	3	0	2	13	3	31
2	1	1	9	2	21	3	0	3	16		
2	1	2	12	3	28	3	0	4	20		
2	1	3	14			3	0	5	23		
2	1	4	17			3	1	0	11	2	25
2	1	5	19			3	1	1	14	4	34
2	2	0	9	2	21	3	1	2	17	5	46
2	2	1	12	3	28	3	1	3	20	6	60
2	2	2	14	4	34	3	1	4	23		
2	2	3	17			3	1	5	27		
2	2	4	19			3	2	0	14	4	34
2	2	5	22			3	2	1	17	5	46
2	3	0	12	3	28	3	2	2	20	6	60
2	3	1	14	4	34	3	2	3	24		

各接种量阳性份数			MPN	95%置信限		各接种量阳性份数			MPN	95%置信限	
10mL	1mL	0.1mL		下限	上限	10mL	1mL	0.1mL		下限	上限
3	2	4	27			4	2	0	22	7	67
3	2	5	31			4	2	1	26	9	78
3	3	0	17	5	46	4	2	2	32	11	91
3	3	1	21	7	63	4	2	3	38		
3	3	2	24			4	2	4	44		
3	3	3	28			4	2	5	50		
3	3	4	32			4	3	0	27	9	80
3	3	5	36			4	3	1	33	11	93
3	4	0	21	7	63	4	3	2	39	13	110
3	4	1	24	8	72	4	3	3	45		
3	4	2	28			4	3	4	52		
3	4	3	32			4	3	5	59		
3	4	4	36			4	4	0	34	12	93
3	4	5	40			4	4	1	40	14	110
3	5	0	25	8	75	4	4	2	47		
3	5	1	29			4	4	3	54		
3	5	2	32			4	4	4	62		
3	5	3	37			4	4	5	69		
3	5	4	41			4	5	0	41	16	120
3	5	5	45			4	5	1	48		
4	0	0	13	3	31	4	5	2	56		
4	0	1	17	5	46	4	5	3	64		
4	0	2	21	7	63	4	5	4	72		
4	0	3	25	8	75	4	5	5	81		
4	0	4	30			5	0	0	23	7	70
4	0	5	36			5	0	1	31	11	89
4	1	0	17	5	46	5	0	2	43	15	110
4	1	1	21	7	63	5	0	3	58	19	140
4	1	2	26	9	78	5	0	4	76	24	180
4	1	3	31			5	0	5	95		
4	1	4	36			5	1	0	33	11	93
4	1	5	42			5	1	1	46	16	120

各接种量阳性份数			MPN	95％置信限		各接种量阳性份数			MPN	95％置信限	
10mL	1mL	0.1mL		下限	上限	10mL	1mL	0.1mL		下限	上限
5	1	2	63	21	150	5	3	4	210	53	670
5	1	3	84	26	200	5	3	5	250	77	790
5	1	4	110			5	4	0	130	35	300
5	1	5	130			5	4	1	170	43	490
5	2	0	49	17	130	5	4	2	220	57	700
5	2	1	70	23	170	5	4	3	280	90	850
5	2	2	94	28	220	5	4	4	350	120	1000
5	2	3	120	33	280	5	4	5	430	150	1200
5	2	4	150	38	370	5	5	0	240	68	750
5	2	5	180	44	520	5	5	1	350	120	1000
5	3	0	79	25	190	5	5	2	540	180	1400
5	3	1	110	31	250	5	5	3	920	300	3200
5	3	2	140	37	340	5	5	4	1600	640	5800
5	3	3	180	44	500	5	5	5	≥2400	800	

注：1. 接种 5 份 10ml 样品、5 份 1ml 样品、5 份 0.1ml 样品。

2. 如果有超过三个的稀释度用于检验，在一系列的十进稀释中，计算 MPN 时，只需要用其中依次三个的稀释度，取其阳性组合。选择的标准是：先选出 5 支试管全部为阳性的最大稀释（小于它的稀释度也全部为阳性试管），然后再加上依次相连的两个更高的稀释。用这三个稀释度的结果数据来计算 MPN 值。

附表 2　12 管法最大可能数（MPN）表　单位：MPN/100mL

10mL 样品量的阳性管数	100mL 样品量的阳性瓶数		
	0	1	2
	1L 样品中粪大肠菌群数	1L 样品中粪大肠菌群数	1L 样品中粪大肠菌群数
0	＜3	4	11
1	3	8	18
2	7	13	27
3	11	18	38
4	14	24	52
5	18	30	70
6	22	36	92
7	27	43	120
8	31	51	161
9	36	60	230
10	40	69	＞230

注：接种 2 份 100mL 样品，10 份 10mL 样品，总量 300mL。

大孔阳性格数	小孔阳性格数											
	0	1	2	3	4	5	6	7	8	9	10	11
0	<1.0	1.0	2.0	3.0	4.0	5.0	6.0	7.0	8.0	9.0	10.0	11.0
1	1.0	2.0	3.0	4.0	5.0	6.0	7.1	8.1	9.1	10.1	11.1	12.1
2	2.0	3.0	4.1	5.1	6.1	7.1	8.1	9.2	10.2	11.2	12.2	13.3
3	3.1	4.1	5.1	6.1	7.2	8.2	9.2	10.3	11.3	12.4	13.4	14.5
4	4.1	5.2	6.2	7.2	8.3	9.3	10.4	11.4	12.5	13.5	14.6	15.6
5	5.2	6.3	7.3	8.4	9.4	10.5	11.5	12.6	13.7	14.7	15.8	16.9
6	6.3	7.4	8.4	9.5	10.6	11.6	12.7	13.8	14.9	16.0	17.0	18.1
7	7.5	8.5	9.6	10.7	11.8	12.8	13.9	15.0	16.1	17.2	18.3	19.4
8	8.6	9.7	10.8	11.9	13.0	14.1	15.2	16.3	17.4	18.5	19.6	20.7
9	9.8	10.9	12.0	13.1	14.2	15.3	16.4	17.6	18.7	19.8	20.9	22.0
10	11.0	12.1	13.2	14.4	15.5	16.6	17.7	18.9	20.0	21.1	22.3	23.4
11	12.2	13.4	14.5	15.6	16.8	17.9	19.1	20.2	21.4	22.5	23.7	24.8
12	13.5	14.6	15.8	16.9	18.1	19.3	20.4	21.6	22.8	23.9	25.1	26.3
13	14.8	16.0	17.1	18.3	19.5	20.6	21.8	23.0	24.2	25.4	26.6	27.8
14	16.1	17.3	18.5	19.7	20.9	22.1	23.3	24.5	25.7	26.9	28.1	29.3
15	17.5	18.7	19.9	21.1	22.3	23.5	24.7	25.9	27.2	28.4	29.6	30.9
16	18.9	20.1	21.3	22.6	23.8	25.0	26.2	27.5	28.7	30.0	31.2	32.5
17	20.3	21.6	22.8	24.1	25.3	26.6	27.8	29.1	30.3	31.6	32.9	34.1
18	21.8	23.1	24.3	25.6	26.9	28.1	29.4	30.7	32.0	33.3	34.6	35.9
19	23.3	24.6	25.9	27.2	28.5	29.8	31.1	32.4	33.7	35.0	36.3	37.6
20	24.9	26.2	27.5	28.8	30.1	31.5	32.8	34.1	35.4	36.8	38.1	39.5
21	26.5	27.9	29.2	30.5	31.8	33.2	34.5	35.9	37.3	38.6	40.0	41.4
22	28.2	29.5	30.9	33.2	33.6	35.0	36.4	37.7	39.1	40.5	41.9	43.3
23	29.9	31.3	32.7	34.1	35.5	36.9	38.3	39.7	41.1	42.5	43.9	45.4
24	31.7	33.1	34.5	35.9	37.3	38.8	40.2	41.7	43.1	44.6	46.0	47.5
25	33.6	35.0	36.4	37.9	39.3	40.8	42.2	43.7	45.2	46.7	48.2	49.7
26	35.5	36.9	38.4	39.9	41.4	42.8	44.3	45.9	47.4	48.9	50.4	52.0
27	37.4	38.9	40.4	42.0	43.5	45.0	46.5	48.1	49.6	51.2	52.8	54.4
28	39.5	41.0	42.6	44.1	45.7	47.3	48.8	50.4	52.0	53.6	55.2	56.9
29	41.7	43.2	44.8	46.4	48.0	49.6	51.2	52.8	54.5	56.1	57.8	59.5

大孔阳性格数	小孔阳性格数											
	0	1	2	3	4	5	6	7	8	9	10	11
30	43.9	45.5	47.1	48.7	50.4	52.0	53.7	55.4	57.1	58.8	60.5	62.2
31	46.2	47.9	49.5	51.2	52.9	54.6	56.3	58.1	59.8	61.6	63.3	65.1
32	48.7	50.4	52.1	53.8	55.6	57.3	59.1	60.9	62.7	64.5	66.3	68.2
33	51.2	53.0	54.8	56.5	58.3	60.2	62.0	63.8	65.7	67.6	69.5	71.4
34	53.9	55.7	57.6	59.4	61.3	63.1	65.0	67.0	68.9	70.8	72.8	74.8
35	56.8	58.6	60.5	62.4	64.4	66.3	68.3	70.3	72.3	74.3	76.3	78.4
36	59.8	61.7	63.7	65.7	67.7	69.7	71.7	73.8	75.9	78.0	80.1	82.3
37	62.9	65.0	67.0	69.1	71.2	73.3	75.4	77.6	79.8	82.0	84.2	86.5
38	66.3	68.4	70.6	72.7	74.9	77.1	79.4	81.6	83.9	86.2	88.6	91.0
39	70.0	72.2	74.4	76.7	78.9	81.3	83.6	86.0	88.4	90.9	93.4	95.9
40	73.8	76.2	78.5	80.9	83.3	85.7	88.2	90.8	93.3	95.9	98.5	101.2
41	78.0	80.5	83.0	85.5	88.0	90.6	93.3	95.9	98.7	101.4	104.3	107.1
42	82.6	85.2	87.8	90.5	93.2	96.0	98.8	101.7	104.6	107.6	110.6	113.7
43	87.6	90.4	93.2	96.0	99.0	101.9	105.0	108.1	111.2	114.5	117.8	121.1
44	93.1	96.1	99.1	102.2	105.4	108.6	111.9	115.3	118.7	122.3	125.9	129.6
45	99.3	102.5	105.8	109.2	112.6	116.2	119.8	123.6	127.4	131.4	135.4	139.6
46	106.3	109.8	113.4	117.2	121.0	125.0	129.1	133.3	137.6	142.1	146.7	151.5
47	114.3	118.3	122.4	126.6	130.9	135.4	140.1	145.0	150.0	155.3	160.7	166.4
48	123.9	128.4	133.1	137.9	143.0	148.3	153.9	159.7	165.8	172.2	178.9	186.0
49	135.5	140.8	146.4	152.3	158.5	165.0	172.0	179.3	187.2	195.6	204.6	214.3

大孔阳性格数	小孔阳性格数											
	12	13	14	15	16	17	18	19	20	21	22	23
0	12.0	13.0	14.1	15.1	16.1	17.1	18.1	19.1	20.2	21.2	22.2	23.3
1	13.2	14.2	15.2	16.2	17.3	18.3	19.3	20.4	21.4	22.4	23.5	24.5
2	14.3	15.4	16.4	17.4	18.5	19.5	20.6	21.6	22.7	23.7	24.8	25.8
3	15.5	16.5	17.6	18.6	19.7	20.8	21.8	22.9	23.9	25.0	26.1	27.1
4	16.7	17.8	18.8	19.9	21.0	22.0	23.1	24.2	25.3	26.3	27.4	28.5
5	17.9	19.0	20.1	21.2	22.2	23.3	24.4	25.5	26.6	27.7	28.8	29.9
6	19.2	20.3	21.4	22.5	23.6	24.7	25.8	26.9	28.0	29.1	30.2	31.3
7	20.5	21.6	22.7	23.8	24.9	26.0	27.1	28.3	29.4	30.5	31.6	32.8

大孔阳性格数	小孔阳性格数											
	12	13	14	15	16	17	18	19	20	21	22	23
8	21.8	22.9	24.1	25.2	26.3	27.4	28.6	29.7	30.8	32.0	33.1	34.3
9	23.2	24.3	25.4	26.6	27.7	28.9	30.0	31.2	32.3	33.5	34.6	35.8
10	24.6	25.7	26.9	28.0	29.2	30.3	31.5	32.7	33.8	35.0	36.2	37.4
11	26.0	27.2	28.3	29.5	30.7	31.9	33.0	34.2	35.4	36.6	37.8	39.0
12	27.5	28.6	29.8	31.0	32.2	33.4	34.6	35.8	37.0	38.2	39.5	40.7
13	29.0	30.2	31.4	32.6	33.8	35.0	36.2	37.5	38.7	39.9	41.2	42.4
14	30.5	31.7	33.0	34.2	35.4	36.7	37.9	39.1	40.4	41.6	42.9	44.2
15	32.1	33.3	34.6	35.8	37.1	38.4	39.6	40.9	42.2	43.4	44.7	46.0
16	33.7	35.0	36.3	37.5	38.8	40.1	41.4	42.7	44.0	45.3	46.6	47.9
17	35.4	36.7	38.0	39.3	40.6	41.9	43.2	44.5	45.9	47.2	48.5	49.8
18	37.2	38.5	39.8	41.1	42.4	43.8	45.1	46.5	47.8	49.2	50.5	51.9
19	39.0	40.3	41.6	43.0	44.3	45.7	47.1	48.4	49.8	51.2	52.6	54.0
20	40.8	42.2	43.6	44.9	46.3	47.7	49.1	50.5	51.9	53.3	54.7	56.1
21	42.8	44.1	45.5	46.9	48.4	49.8	51.2	52.6	54.1	55.5	56.9	58.4
22	44.8	46.2	47.6	49.0	50.5	51.9	53.4	54.8	56.3	57.8	59.3	60.8
23	46.8	48.3	49.7	51.2	52.7	54.2	55.6	57.1	58.6	60.2	61.7	63.2
24	49.0	50.5	52.0	53.5	55.0	56.5	58.0	59.5	61.1	62.6	64.2	65.8
25	51.2	52.7	54.3	55.8	57.3	58.9	60.5	62.0	63.6	65.2	66.8	68.4
26	53.5	55.1	56.7	58.2	59.8	61.4	63.0	64.7	66.3	67.9	69.6	71.2
27	56.0	57.6	59.2	60.8	62.4	64.1	65.7	67.4	69.1	70.8	72.5	74.2
28	58.5	60.2	61.8	63.5	65.2	66.9	68.6	70.3	72.0	73.7	75.5	77.3
29	61.2	62.9	64.6	66.3	68.0	69.8	71.5	73.3	75.1	76.9	78.7	80.5
30	64.0	65.7	67.5	69.3	71.0	72.9	74.7	76.5	78.3	80.2	82.1	84.0
31	66.9	68.7	70.5	72.4	74.2	76.1	78.0	79.9	81.8	83.7	85.7	87.6
32	70.0	71.9	73.8	75.7	77.6	79.5	81.5	83.5	85.4	87.5	89.5	91.5
33	73.3	75.2	77.2	79.2	81.2	83.2	85.2	87.3	89.3	91.4	93.6	95.7
34	76.8	78.8	80.8	82.9	85.0	87.1	89.2	91.4	93.5	95.7	97.9	100.2
35	80.5	82.6	84.7	86.9	89.1	91.3	93.5	95.7	98.0	100.3	102.6	105.0
36	84.5	86.7	88.9	91.2	93.5	95.8	98.1	100.5	102.9	105.3	107.7	110.2
37	88.8	91.1	93.4	95.8	98.2	100.6	103.1	105.6	108.1	110.7	113.3	115.9

大孔阳性格数	小孔阳性格数											
	12	13	14	15	16	17	18	19	20	21	22	23
38	93.4	95.8	98.3	100.8	103.4	105.9	108.6	111.2	113.9	116.6	119.4	122.2
39	98.4	101.0	103.6	106.3	109.0	111.8	114.6	117.4	120.3	123.2	126.1	129.2
40	103.9	106.7	109.5	112.4	115.3	118.2	121.2	124.3	127.4	130.5	133.7	137.0
41	110.0	113.0	116.0	119.1	122.2	125.4	128.7	132.0	135.4	138.8	142.3	145.9
42	116.9	120.1	123.4	126.7	130.1	133.6	137.2	140.8	144.5	148.3	152.2	156.1
43	124.6	128.1	131.7	135.4	139.1	143.0	147.0	151.0	155.2	159.4	163.8	168.2
44	133.4	137.4	141.4	145.5	149.7	154.1	158.5	163.1	167.9	172.7	177.7	182.9
45	143.9	148.3	152.9	157.6	162.4	167.4	172.6	178.0	183.5	189.2	195.1	201.2
46	156.5	161.6	167.0	172.5	178.2	184.2	190.4	196.8	203.5	210.5	217.8	225.4
47	172.3	178.5	185.0	191.8	198.9	206.4	214.2	222.4	231.0	240.0	249.5	259.5
48	193.5	201.4	209.8	218.7	228.2	238.2	248.9	260.3	272.3	285.1	298.7	313.0
49	224.7	235.9	248.1	261.3	275.5	290.9	307.6	325.5	344.8	365.4	387.3	410.6

大孔阳性格数	小孔阳性格数											
	24	25	26	27	28	29	30	31	32	33	34	35
0	24.3	25.3	26.4	27.4	28.4	29.5	30.5	31.5	32.6	33.6	34.7	35.7
1	25.6	26.6	27.7	28.7	29.8	30.8	31.9	32.9	34.0	35.0	36.1	37.2
2	26.9	27.9	29.0	30.0	31.1	32.2	33.2	34.3	35.4	36.5	37.5	38.6
3	28.2	29.3	30.4	31.4	32.5	33.6	34.7	35.8	36.8	37.9	39.0	40.1
4	29.6	30.7	31.8	32.8	33.9	35.0	36.1	37.2	38.3	39.4	40.5	41.6
5	31.0	32.1	33.2	34.3	35.4	36.5	37.6	38.7	39.9	41.0	42.1	43.2
6	32.4	33.5	34.7	35.8	36.9	38.0	39.2	40.3	41.4	42.6	43.7	44.8
7	33.9	35.0	36.2	37.3	38.4	39.6	40.7	41.9	43.0	44.2	45.3	46.5
8	35.4	36.6	37.7	38.9	40.0	41.2	42.3	43.5	44.7	45.9	47.0	48.2
9	37.0	38.1	39.3	40.5	41.6	42.8	44.0	45.2	46.4	47.6	48.8	50.0
10	38.6	39.7	40.9	42.1	43.3	44.5	45.7	46.9	48.1	49.3	50.6	51.8
11	40.2	41.4	42.6	43.8	45.0	46.3	47.5	48.7	49.9	51.2	52.4	53.7
12	41.9	43.1	44.3	45.6	46.8	48.1	49.3	50.6	51.8	53.1	54.3	55.6
13	43.6	44.9	46.1	47.4	48.6	49.9	51.2	52.5	53.7	55.0	56.3	57.6
14	45.4	46.7	48.0	49.3	50.5	51.8	53.1	54.4	55.7	57.0	58.3	59.6
15	47.3	48.6	49.9	51.2	52.5	53.8	55.1	56.4	57.8	59.1	60.4	61.8

大孔阳性格数	小孔阳性格数											
	24	25	26	27	28	29	30	31	32	33	34	35
16	49.2	50.5	51.8	53.2	54.5	55.8	57.2	58.5	59.9	61.2	62.6	64.0
17	51.2	52.5	53.9	55.2	56.6	58.0	59.3	60.7	62.1	63.5	64.9	66.3
18	53.2	54.6	56.0	57.4	58.8	60.2	61.6	63.0	64.4	65.8	67.2	68.6
19	55.4	56.8	58.2	59.6	61.0	62.4	63.9	65.3	66.6	68.2	69.7	71.1
20	57.6	59.0	60.4	61.9	63.3	64.8	66.3	67.7	69.2	70.7	72.2	73.7
21	59.9	61.3	62.8	64.3	65.8	67.3	68.8	70.3	71.8	73.3	74.9	76.4
22	62.3	63.8	65.3	66.8	68.3	69.8	71.4	72.9	74.5	76.1	77.6	79.2
23	64.7	66.3	67.8	69.4	71.0	72.5	74.1	75.7	77.3	78.9	80.5	82.2
24	67.3	68.9	70.5	72.1	73.7	75.3	77.0	78.6	80.3	81.9	83.6	85.2
25	70.0	71.7	73.3	75.0	76.6	78.3	80.0	81.7	83.3	85.1	86.8	88.5
26	72.9	74.6	76.3	78.0	79.7	81.4	83.1	84.8	86.6	88.4	90.1	91.9
27	75.9	77.6	79.4	81.1	82.9	84.6	86.4	88.2	90.0	91.9	93.7	95.5
28	79.0	80.8	82.6	84.4	86.3	88.1	89.9	91.8	93.7	95.6	97.5	99.4
29	82.4	84.2	86.1	87.9	89.8	91.7	93.7	95.6	97.5	99.5	101.5	103.5
30	85.9	87.8	89.7	91.7	93.6	95.6	97.6	99.6	101.6	103.7	105.7	107.8
31	89.6	91.6	93.6	95.6	97.7	99.7	101.8	103.9	106.0	108.2	110.3	112.5
32	93.6	95.7	97.8	99.9	102.0	104.2	106.3	108.5	110.7	113.0	115.2	117.5
33	97.8	100.0	102.2	104.4	106.6	108.9	111.2	113.5	115.8	118.2	120.5	122.9
34	102.4	104.7	107.0	109.3	111.7	114.0	116.4	118.9	121.3	123.8	126.3	128.8
35	107.3	109.7	112.2	114.6	117.1	119.6	122.2	124.7	127.3	129.9	132.6	135.3
36	112.7	115.2	117.8	120.4	123.0	125.7	128.4	131.1	133.9	136.7	139.5	142.4
37	118.6	121.3	124.0	126.8	129.6	132.4	135.3	138.2	141.2	144.2	147.3	150.3
38	125.0	127.9	130.8	133.8	136.8	139.9	143.0	146.2	149.4	152.6	155.9	159.2
39	132.2	135.3	138.5	141.7	145.0	148.3	151.7	155.1	158.6	162.1	165.7	169.4
40	140.3	143.7	147.1	150.6	154.2	157.8	161.5	165.3	169.1	173.0	177.0	181.1
41	149.5	153.2	157.0	160.9	164.8	168.9	173.0	177.2	181.5	185.8	190.3	194.8
42	160.2	164.3	168.6	172.9	177.3	181.9	186.5	191.3	196.1	201.1	206.2	211.4
43	172.8	177.5	182.3	187.3	192.4	197.6	202.9	208.4	214.0	219.8	225.8	231.8
44	188.2	193.6	199.3	205.1	211.0	217.2	223.5	230.0	236.7	243.6	250.8	258.1
45	207.5	214.1	220.9	227.9	235.2	242.7	250.4	258.4	266.7	275.3	284.1	293.3

大孔阳性格数	小孔阳性格数											
	24	25	26	27	28	29	30	31	32	33	34	35
46	233.3	241.3	250.0	258.9	268.2	277.8	287.8	298.1	308.8	319.9	331.4	343.3
47	270.0	280.9	292.4	304.4	316.9	330.0	343.6	357.8	372.5	387.7	403.4	419.8
48	328.2	344.1	360.9	378.4	396.8	416.0	436.0	456.9	478.6	501.2	524.7	549.3
49	435.2	461.1	488.4	517.2	547.5	579.4	613.1	648.8	686.7	727.0	770.1	816.4

大孔阳性格数	小孔阳性格数											
	36	37	38	39	40	41	42	43	44	45	46	47	48
0	36.8	37.8	38.9	40.0	41.0	42.1	43.1	44.2	45.3	46.3	47.4	48.5	49.5
1	38.2	39.3	40.4	41.4	42.5	43.6	44.7	45.7	46.8	47.9	49.0	50.1	51.2
2	39.7	40.8	41.9	43.0	44.0	45.1	46.2	47.3	48.4	49.5	50.6	51.7	52.8
3	41.2	42.3	43.4	44.5	45.6	46.7	47.8	48.9	50.0	51.2	52.3	53.4	54.5
4	42.8	43.9	45.0	46.1	47.2	48.3	49.5	50.6	51.7	52.9	54.0	55.1	56.3
5	44.4	45.5	46.6	47.7	48.9	50.0	51.2	52.3	53.5	54.6	55.8	56.9	58.1
6	46.0	47.1	48.3	49.4	50.6	51.7	52.9	54.1	55.2	56.4	57.6	58.7	59.9
7	47.7	48.8	50.0	51.2	52.3	53.5	54.7	55.9	57.1	58.3	59.4	60.6	61.8
8	49.4	50.6	51.8	53.0	54.1	55.3	56.5	57.7	59.0	60.2	61.4	62.6	63.8
9	51.2	52.4	53.6	54.8	56.0	57.2	58.4	59.7	60.9	62.1	63.4	64.6	65.8
10	53.0	54.2	55.5	56.7	57.9	59.2	60.4	61.7	62.9	64.2	65.4	66.7	67.9
11	54.9	56.1	57.4	58.6	59.9	61.2	62.4	63.7	65.0	66.3	67.5	68.8	70.1
12	56.8	58.1	59.4	60.7	62.0	63.2	64.5	65.8	67.1	68.4	69.7	71.0	72.4
13	58.9	60.2	61.5	62.8	64.1	65.4	66.7	68.0	69.3	70.7	72.0	73.3	74.7
14	60.9	62.3	63.6	64.9	66.3	67.6	68.9	70.3	71.6	73.0	74.4	75.7	77.1
15	63.1	64.5	65.8	67.2	68.5	69.9	71.3	72.6	74.0	75.4	76.8	78.2	79.6
16	65.3	66.7	68.1	69.5	70.9	72.3	73.7	75.1	76.5	77.9	79.3	80.8	82.2
17	67.7	69.1	70.5	71.9	73.3	74.8	76.2	77.6	79.1	80.5	82.0	83.5	84.9
18	70.1	71.5	73.0	74.4	75.9	77.3	78.8	80.3	81.8	83.3	84.8	86.3	87.8
19	72.6	74.1	75.5	77.0	78.5	80.0	81.5	83.1	84.6	86.1	87.6	89.2	90.7
20	75.2	76.7	78.2	79.8	81.3	82.8	84.4	85.9	87.5	89.1	90.7	92.2	93.8
21	77.9	79.5	81.1	82.6	84.2	85.8	87.4	89.0	90.6	92.2	93.8	95.4	97.1
22	80.8	82.4	84.0	85.6	87.2	88.9	90.5	92.1	93.8	95.5	97.1	98.8	100.5
23	83.8	85.4	87.1	88.7	90.4	92.1	93.8	95.5	97.2	98.9	100.6	102.4	104.1
24	86.9	88.6	90.3	92.0	93.8	95.5	97.2	99.0	100.7	102.5	104.3	106.1	107.9

附表4 食品中大肠菌群最大可能数（MPN）检索表

单位：MPN/g（或 mL）

阳性管数 0.10	阳性管数 0.01	阳性管数 0.001	MPN	95%可信限 下限	95%可信限 上限	阳性管数 0.10	阳性管数 0.01	阳性管数 0.001	MPN	95%可信限 下限	95%可信限 上限
0	0	0	<3.0	—	9.5	2	2	0	21	4.5	42
0	0	1	3.0	0.15	9.6	2	2	1	28	8.7	94
0	1	0	3.0	0.15	11	2	2	2	35	8.7	94
0	1	1	6.1	1.2	18	2	3	0	29	8.7	94
0	2	0	6.2	1.2	18	2	3	1	36	8.7	94
0	3	0	9.4	3.6	38	3	0	0	23	4.6	94
1	0	0	3.6	0.17	18	3	0	1	38	8.7	110
1	0	1	7.2	1.3	18	3	0	2	64	17	180
1	0	2	11	3.6	38	3	1	0	43	9	180
1	1	0	7.4	1.3	20	3	1	1	75	17	200
1	1	1	11	3.6	38	3	1	2	120	37	420
1	2	0	11	3.6	42	3	1	3	160	40	420
1	2	1	15	4.5	42	3	2	0	93	18	420
1	3	0	16	4.5	42	3	2	1	150	37	420
2	0	0	9.2	1.4	38	3	2	2	210	40	430
2	0	1	14	3.6	42	3	2	3	290	90	1000
2	0	2	20	4.5	42	3	3	0	240	42	1000
2	1	0	15	3.7	42	3	3	1	460	90	2000
2	1	1	20	4.5	42	3	3	2	1100	180	4100
2	1	2	27	8.7	94	3	3	3	>1100	420	—

注：1. 本表采用3个稀释度 [0.1g(mL)、0.01g(mL)、0.001g(mL)]，每个稀释度接种3管。

2. 表内所列检样量如改用1g(mL)、0.1g(mL) 和 0.01g(mL) 时，表内数字应相应降低10倍；如改用 0.01g(mL)、0.001g(mL) 和 0.0001g(mL) 时，则表内数字应相应增高10倍，其余类推。

参 考 文 献

[1] 李玉锋，唐洁. 工科微生物学实验 [M]. 成都：西南交通大学出版社，2007：77.

[2] 蔡晶晶. 药用微生物技术实训 [M]. 南京：东南大学出版社，2013：8.

[3] 龙建友，阎佳. 环境工程微生物实验教程 [M]. 北京：北京理工大学出版社，2019：35.

[4] 张悦，曹艳茹. 微生物学实验 [M]. 昆明：云南大学出版社，2016：39.

[5] 赵咏梅. 微生物实验教程 [M]. 西安：陕西师范大学出版总社，2018：222.

[6] 高冬梅，洪波，李锋民. 环境微生物实验 [M]. 青岛：中国海洋大学出版社，2014：88.

[7] 王佳佳，周桦，张进，等. 土壤样品中微生物活性的荧光分析方法 [J]. 环境化学，2012，31 (10)：1637-1644.

[8] 马星竹. 长期施肥土壤的 FDA 水解酶活性 [J]. 浙江大学学报（农业与生命科学版），2010，36 (4)：451-455.

[9] 刘海芳，马军辉，金辽，等. 水稻土 FDA 水解酶活性的测定方法及应用 [J]. 土壤学报，2009，46 (2)：365-367.

[10] 姜懿珊，孙迎韬，张干，等. 森林土壤微生物与植物碳源的磷脂脂肪酸及其单体同位素研究 [J]. 地球化学，2022，51 (1)：9-18.

[11] 赵灿灿，李印，张济麟，等. 改变森林碳输入对土壤微生物磷脂脂肪酸群落组成的影响 [J]. 河南师范大学学报（自然科学版），2021，49 (6)：24-31.

[12] 赵美玲，张一鸣，张志麒，等. 神农架大九湖不同生境表土磷脂脂肪酸揭示的微生物群落结构差异 [J]. 地球科学，2020，45 (6)：1877-1886.

[13] 孙和泰，华伟，祁建民，等. 利用磷脂脂肪酸（PLFAs）生物标记法分析人工湿地根际土壤微生物多样性 [J]. 环境工程，2020，38 (11)：103-109.

[14] 侯素霞，雷旭阳，张辉，等. 基于 EEM 与 PCR-DGGE 技术分析温度对蚯蚓堆肥处理城镇污泥的影响 [J]. 生态环境学报，2021，30 (5)：1060-1068.

[15] 陈慧黠，韩民泳，于佳豪，等. 噬菌弧菌 N1 对淡水和海水养殖水体细菌群落影响 PCR-DGGE 分析 [J]. 广东海洋大学学报，2019，39 (5)：8-15.

[16] 冯丹妮，伍钧，杨虎德. 连续施用沼液水稻油菜轮作耕层土壤的细菌多样性 PCR-DGGE 分析 [J]. 甘肃农业科技，2019 (8)：41-49.

[17] 武志华，夏冬双，王雪寒，等. 利用 PCR-DGGE 技术分析内蒙古西部地区土壤细菌的多样性 [J]. 生态学报，2019，39 (7)：2545-2557.

[18] 贾淑宇，张克峰，逯南南，等. PCR-DGGE 技术在城镇供排水系统微生物多样性研究中的应用 [J]. 安全与环境工程，2018，25 (6)：60-66.

[19] 吴兰，程家劲，贺勇，等. 基于 Biolog-Eco 法对鄱阳湖不同湿地类型下土壤微生物功能多样性 [J]. 南昌大学学报（理科版），2020，44 (6)：585-592.

[20] 王雪梅，黄利群，刘成，等. 基于 Biolog-ECO 分析稀土、铅和氟复合污染农田土壤微生物群落功能多样性 [J]. 应用与环境生物学报，2021，27 (6)：1485-1491.

[21] 李慧，李雪梦，姚庆智，等. 基于 Biolog-ECO 方法的两种不同草原中 5 种不同植物根际土壤微生物群落特征 [J]. 微生物学通报，2020，47 (9)：2947-2958.

[22] 柳炳俊，王永，金刚. 基于 Biolog 微平板技术解析典型煤矿区煤层微生物代谢及其多样性分析 [J]. 安徽农业大学学报，2020，47 (2)：275-282.

[23] 林婉奇，薛立. 基于 BIOLOG 技术分析氮沉降和降水对土壤微生物功能多样性的影响 [J]. 生态学报，2020，40 (12)：4188-4197.

[24] 彭彩娟，黄巧云，陈雯莉. BIOLOG 微平板技术检测农田土壤微生物群落结构的方法比较 [J]. 华中农业大学学报，2017，36 (3)：7-12.

［25］　姚槐应，黄昌勇. 土壤微生物生态学及其实验技术［M］. 北京：科学出版社，2006.

［26］　杨玉盛，仝川，高人，等. 生态学实验与技术教程［M］. 福州：福建教育出版社，2008.10：76.

［27］　林海，吕绿洲. 环境工程微生物学实验教程［M］. 北京：冶金工业出版社，2020.10：77.